电工书架

最新电工电路应用实例

李 伟 王 建 主编

河南科学技术出版社

·郑州·

内 容 提 要

本书是根据最新国家职业标准，结合生产实际，以操作技能为主，以解决实际工作中的技术问题为目标而编写的。本书的主要内容包括：照明、配电及单相电动机电路，电动机典型控制电路，电动机保护电路，机床控制电路，稳压电路及充电电路，电气测量电路，PLC 与变频器应用电路等。

本书可作为广大电气安装与维修工作人员的技术用书，也可作为有关电气技术人员的参考用书，还可作为电工培训用书。

图书在版编目（CIP）数据

最新电工电路应用实例/李伟，王建主编. —郑州：河南科学技术出版社，2011.7
（电工书架）
ISBN 978-7-5349-4826-8

Ⅰ. ①最… Ⅱ. ①李… ②王… Ⅲ. ①电路-基本知识 Ⅳ. ①TM13

中国版本图书馆 CIP 数据核字（2011）第 010469 号

出版发行：河南科学技术出版社
地址：郑州市经五路 66 号　邮编：450002
电话：（0371）65737028　65788613
网址：www.hnstp.cn
策划编辑：孙　彤
责任编辑：张　建
责任校对：丁秀荣　王晓红
封面设计：张　伟
版式设计：栾亚平
责任印制：朱　飞
印　　刷：郑州美联印刷有限公司
经　　销：全国新华书店
幅面尺寸：140 mm×202 mm　印张：9.75　字数：252 千字
版　　次：2011 年 7 月第 1 版　2011 年 7 月第 1 次印刷
定　　价：19.00 元

《最新电工电路应用实例》编写人员名单

主　编　李　伟　王　建

副主编　田成明　朱彦齐　李春峰　李修霞
　　　　吴晨睿

参　编　（按姓氏笔画排序）
　　　　马青锋　邓敏杰　乔永攀　关理想
　　　　孙长安　李鲜艳　杨鹏飞　汪天天
　　　　姚冰楠

审　稿　张　宏

目录

第一章　照明、配电及单相电动机电路

第一节　照明电路

一、白炽灯照明电路

1. 三地控制一盏白炽灯电路

三地控制一盏白炽灯电路如图 1－1－1 所示。在图 1－1－1 的基础上，在两只双联开关之间加装一只双刀双掷开关，即可在三个地方控制一盏灯。

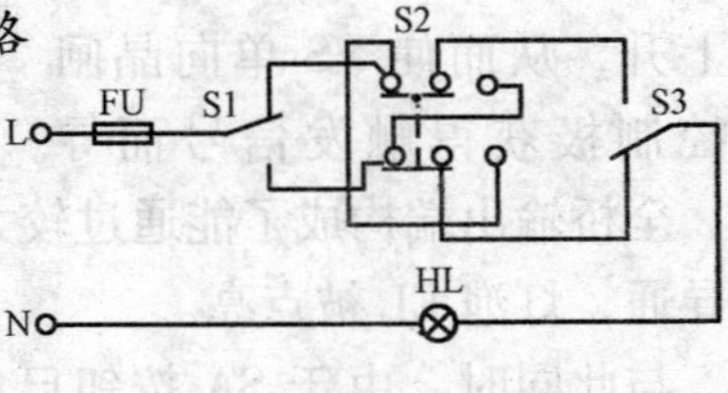

图 1－1－1　三地控制一盏白炽灯电路

2. 由一只晶体管和一只晶闸管组成的自动关灯电路

由一只晶体管和一只晶闸管组成的自动关灯电路如图 1－1－2 所示，能在按一下自复式按钮后开亮电灯，数分钟后又自动关断。

该电路主要由 VT 晶体三极管、VS 单向晶闸管、LED 发光二极管、SA 按钮开关为核心构成。四只二极管 VD1～VD4 组成的全桥串联于照明回路，延时电路与单向晶闸管同时跨接于全桥的输出端；延时电路控制晶闸管 VS 的导通与关断，实现对交流照明回路的控制。延时电路的工作电源是由全桥中的二极管两两顺向串联上的压降得到的。

（1）当未按下 SA 按钮时，电容 C 经电阻器 R1 进行充电，

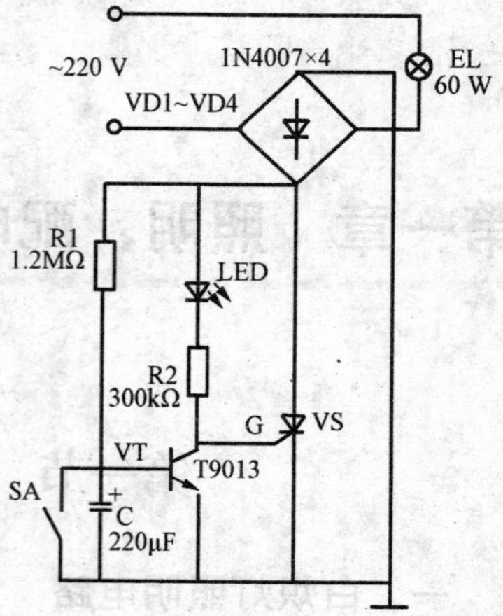

图 1-1-2 由一只晶体管和一只晶闸管组成的自动关灯电路

三极管 VT 获得基极电流而导通，等效于将单向晶闸管 VS 的控制极接地，VS 因无触发电压而截止，灯泡 EL 不会点亮。

当 VT 导通以后，又等效于将电阻器 R2 的下端接地，使发光二极管 LED 导通发光，以示电路处于待用状态。

（2）当按一次 SA 按钮后，C 上储存的电荷通过按钮接点迅速泄放掉，VT 基极电位降为零而截止，其集电极上的电位上升，从而使 VS 单向晶闸管控制极获得触发信号而导通，全桥输出端构成了能通过较大电流的回路，也就是使照明回路导通，灯泡 EL 被点亮。

与此同时，由于 SA 按钮已松开，故全桥输出端电压通过 R1 又对 C 电容进行充电，充电的时间就是电灯点亮的时间，当 C 电容两端上的电压上升到足以使 VT 重新导通时，VS 单向晶闸管的控制极重新等效接地，无触发电压，故 VS 关断，灯泡熄灭。

R1 与 C 的值决定了灯泡延时关断的时间，可通过调节这两只元器件的值来改变延时熄灭的时间。

3. 由两只单联开关控制两盏白炽灯电路

该电路如图 1-1-3 所示。EL1 与 SA1 开关串联以后，并联在零线与保险丝 FU 的电源输出端；而 EL2 与 SA2 开关串联以后，也并联在零线与保险丝 FU 的电源输出端。这样，当 SA1 闭合时，EL1 灯亮；SA2 闭合时，EL2 灯亮；SA1 与 SA2 同时闭合时，EL1 与 EL2 均会点亮。这是一种分别控制方式，两只灯分别在两个房间里使用，互不干扰。该电路还可以扩展为多只单联开关控制多盏白炽灯，如图 1－1－3 虚线所示。

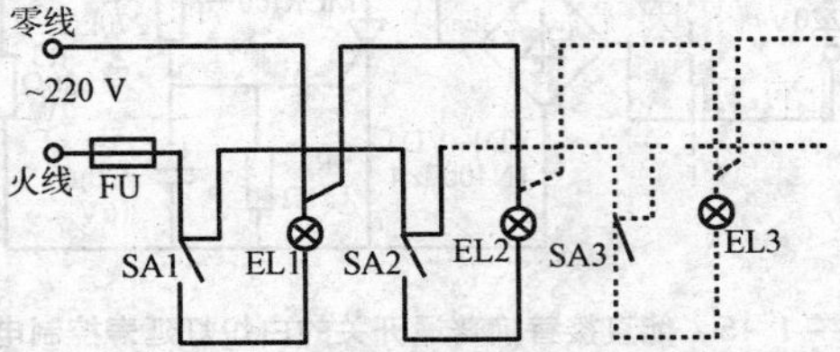

图 1－1－3　由两只单联开关控制两盏白炽灯电路

4. 小电流启动的白炽灯延寿控制电路

白炽灯灯丝的热阻较大，而冷阻很小，所以在开灯瞬间，流过灯丝的冲击电流很大，很容易使灯丝烧毁损坏。采用图 1－1－4 所示的延寿开关则能很好解决这一问题，使灯泡使用寿命大大延长。

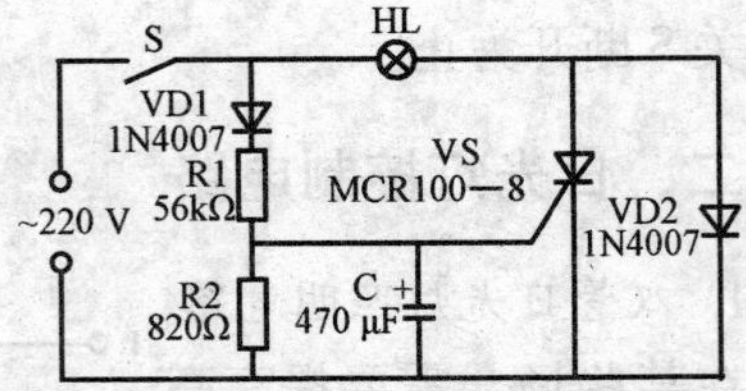

图 1－1－4　小电流启动的白炽灯延寿控制电路

当开关 S 接通的瞬间，由于电容两端电压不能突变，所以 C 两端电压为零，晶闸管 VS 因无触发电压而截止。此时流过灯泡 HL 的电流是经 VD2 整流后的半波电流，灯泡预热发暗光，冲击电流很小。此时电容 C 经 VD1 与 R1 充电，延迟约 0.6 s 后，C 两端电压上升达到晶闸管 VS 的开启电平时，VS 导通，灯泡 HL 即被正常点亮发光。由于灯泡从冷态到正常发光之间有 0.6 s 缓冲延迟时间，所以使灯泡使用寿命得到延长。

5. 能直接替换普通开关的白炽灯延寿控制电路

该电路如图 1－1－5 所示，图中虚线右边为延寿开关，左边为普通照明电路，所以灯泡 HL 与开关采用二线制接法，即单线进出，它可以直接替换普通开关，而不必更改室内原有布线。

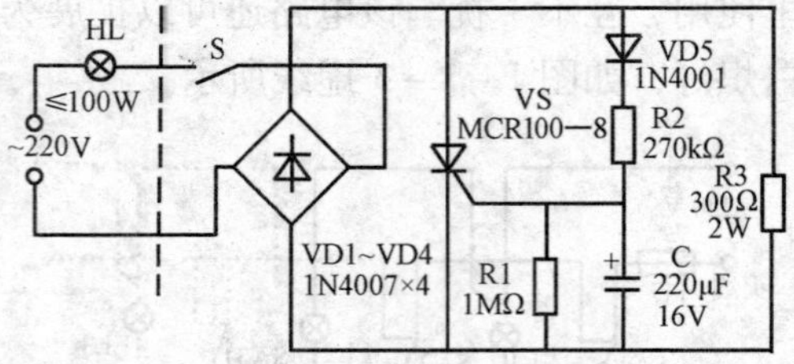

图1－1－5 能直接替换普通开关的白炽灯延寿控制电路

合上开关S，220 V交流电经VD1～VD4整流和电阻器R3，使灯泡HL通电发光．由于R3的降压限流作用，灯泡HL开始处于发暗光预热状态，然后整流后的直流脉动电流经VD5、R2，向电容C充电。当C两端电压上升到0.7 V左右，单向晶闸管VS导通，R3被短路，灯泡HL即“全亮”正常发光。由于VS的门极接有大电容C，因此VS一旦触发导通后就不会关断，直至开关S断开为止。

二、日光灯控制电路

1. 双管日光灯照明电路

在某些场合需要提高亮度，单管日光灯不能满足照明要求时，需采用双管日光灯照明，双管日光灯照明电路是两个单管日光灯照明电路的组合。电路如图1－1－6所示。

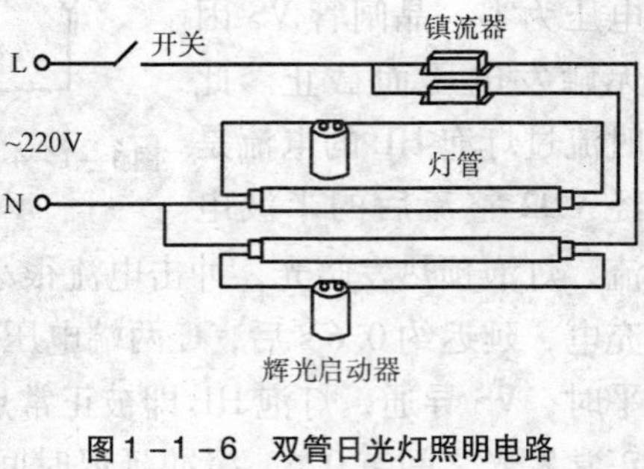

图1－1－6 双管日光灯照明电路

2. 具有低温低压启动特性的日光灯电路

具有低温低压启动特性的日光灯电路如图1－1－7所示。该电路是在气温低、电源电压也低，从而导致日光灯启动困难的情况下设计的。它是在荧光灯的启辉器回路中串联一只二极管，这样就构成了低温启辉器电路。其工作原理是：当启辉器接通时，二极管将交流整为脉动直流，因而镇流器的阻抗减小，使流过灯丝的瞬时电流加大，增加了电子发射能力；同时启辉器在断开瞬间的自感电势也较高，故很易将灯管点燃。图 1－1－7a 为带按钮开关的二极管低温启辉电路；图 1－1－7b 为二极管直接接入的低温启辉电路。

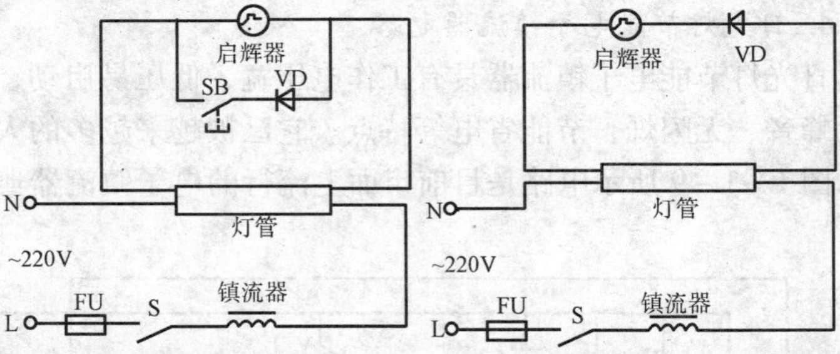

a.带按钮开关的二极管低温启动电路　　b.二极管直接串入的低温启动电路

图 1－1－7　日光灯低温、低压下启动的电路

3. *具有快速延寿启动特性的日光灯电路*

该电路如图 1－1－8 所示。其工作原理是：若将晶闸管或二极管串联在启辉器中，就能起到整流作用；而电容并联在晶闸管或二极管两端，则可以分流一部分交流电流，但整流电流将大于分流电流。启动时，因二极管的作用使镇流器内主要流过直流电

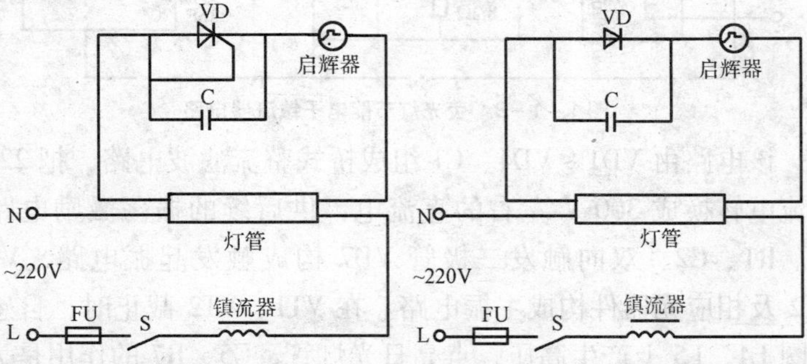

a. 用晶闸管、电容器组成的启辉电路　　b. 用二极管、电容器组成的启辉电路

图 1－1－8　日光灯快速延寿启动的电气电路

流，这时镇流器的直流电阻小于交流阻抗，启动电流要大于未用二极管时的启动电流，使灯丝温度增加，电容在此又起倍压作用而增加了灯管电压，故能快速延寿启动。图 1 – 1 – 8a 为由晶闸管、电容器组成的启辉电路，图 1 – 1 – 8b 为用二极管、电容器组成的启辉电路。

4. 日光灯节能电子镇流器电路

日光灯节能电子镇流器具有工作电压宽，低压易启动，工作时无蜂音、无闪烁，节能省电等特点。它已被越来越多的人所接受。图 1 – 1 – 9 所示电路是目前市面上流行的电子镇流器典型电路。

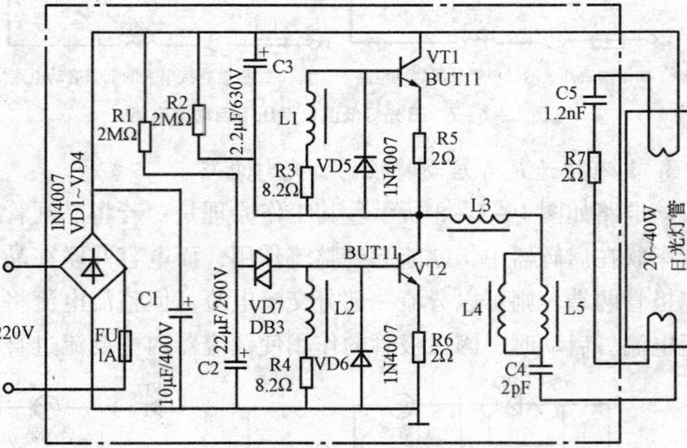

图 1 – 1 – 9　荧光灯节能电子镇流器电路

该电路由 VD1 ~ VD4、C1 组成桥式整流滤波电路，把 220 V 交流电转换成 300 V 左右的直流电，供后续的振荡激励电路使用。R1、C2、双向触发二极管 VD7 构成触发起振电路，VT1、VT2 及相应元器件构成主振电路。在 VT1、VT2 截止时，自感扼流圈 L4、L5 上产生高压，点亮日光灯管，C5、R7 的作用是为了消除因瞬间高压对灯丝的冲击而形成的灯管两端早期老化发黑现象，以延长灯管的使用寿命。

三、调光灯电路

1. 双向触发二极管控制的调光灯电路

双向触发二极管控制的调光灯电路如图 1－1－10 所示。该电路中，R1、RP、R2、C2、R3 和 C3 构成阻容移相电路。合上电源开关 S，交流电源电压通过 RP 等向电容器 C2、C3 充电，当电容器 C3 两端的电压上升到高于双向触发二极管 VD 的转折电压时，VD 和双向晶闸管 VS 相继导通，负载 HL 得电工作。当交流电源电压过零瞬间，双向晶闸管自行关断，灯泡熄灭，接着 C3 又被电源反向充电，重复上述过程。因为时间很短且人的眼睛有视觉暂留特性，所以灯泡看起来是一直亮的。

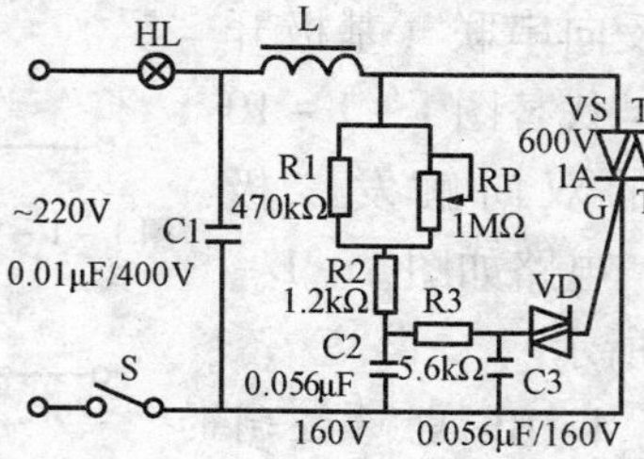

图 1－1－10　台灯调光电路

由于触发电路是工作在交流电路中的，交流电压的正、负半周分别会发出正、负触发脉冲送到双向晶闸管的控制极，使晶闸管在正、负半周内对称地导通一次。改变 RP 的阻值，就改变了 C3 的充电速度，从而改变触发脉冲出现的时刻，也就改变了双向晶闸管的导通角，相应地改变了加在负载 HL 上的交流电压的大小。

2. 氖管控制的台灯调光电路

本电路是用试电笔里的氖管替换图 1－1－10 中的双向触发二极管，当 C 上的电压上升到氖管的导通电压时，双向晶闸管就会被触发导通。如图 1－1－11 所示。

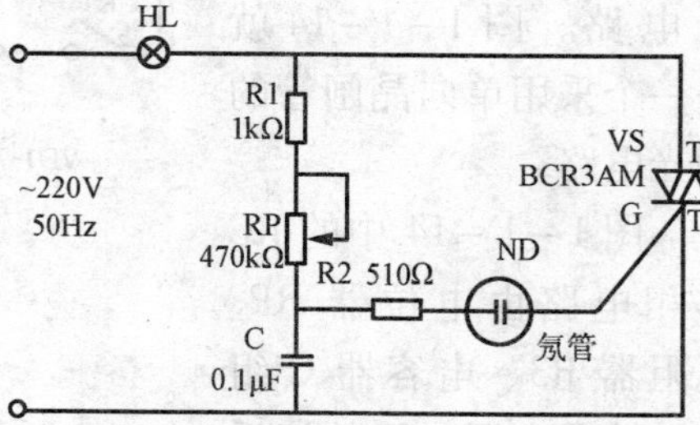

图 1－1－11　氖管替换双向触发二极管

3. 用两个 NPN 型三

极管反向串联控制的台灯调光电路

该台灯调光电路是用两个 NPN 型三极管反向串联（基极开路）代替图 1-1-10 中的双向触发二极管，电路如图 1-1-12 所示。

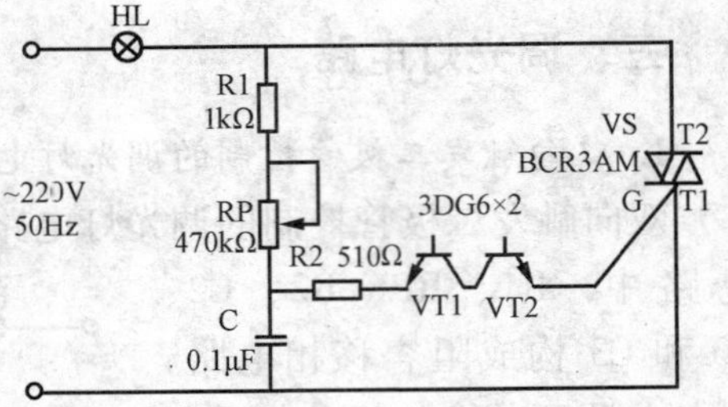

图 1-1-12　反向串联三极管代替双向触发二极管

4. RC 电路控制的台灯调光电路

在普通调光电路中，不用触发管，只采用 RC 电路也可对双向晶闸管进行触发，实现电路简单的白炽灯调光功能，如图 1-1-13 所示。

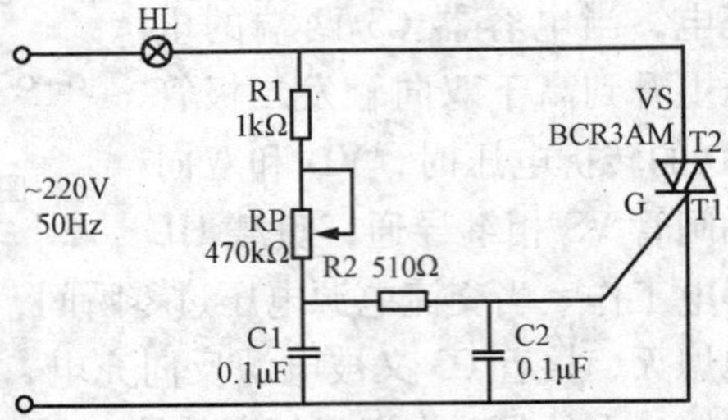

图 1-1-13　RC 触发电路

5. 单向晶闸管控制的调光电路

若无双向晶闸管，也可采用单向晶闸管组成调光电路。图 1-1-14 就是一个采用单向晶闸管的调光电路。

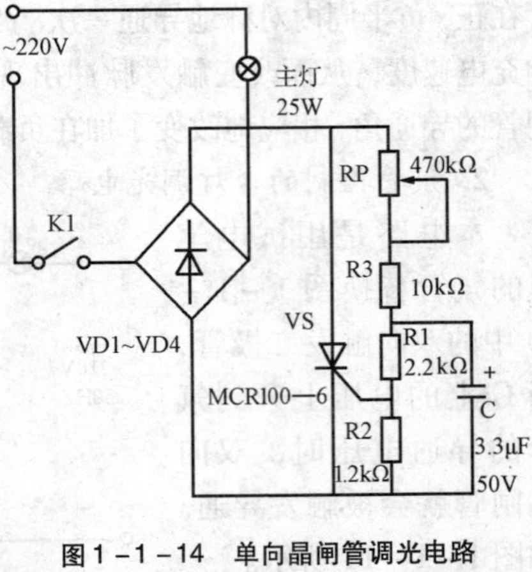

图 1-1-14　单向晶闸管调光电路

图 1-1-14 中的 RC 移相电路由电位器 RP、电阻器 R3、电容器 C 组成。接通电源，经整流后的脉动直流电通过 RP、R3 对电容器 C 充电，由 R1、R2 分压后

为晶闸管 VS 的控制极 G 提供正向触发电压，VS 导通，灯泡点亮。当交流电过零时，脉动直流电为最小值，晶闸管 VS 阳极电流小于维持导通的最小值，VS 截止，灯泡熄灭。在交流电的另一个半周时，VS 同样被触发导通，过零时截止。调整 RP 阻值的大小，就改变了 RC 时间常数，同时改变触发脉冲出现的时刻，也就改变了晶闸管的导通角，相应地改变了加在灯泡两端的电压，完成了调整灯泡亮度的工作。

电路中 R3 的作用是为了避免 RP 在阻值较小时更换灯泡而损坏晶闸管 VS 等元件设置的，四个整流二极管均采用 1N4007，单向晶闸管也可采用 MCR100—8 等其他型号。

6. 电子调光渐亮灯

电子调光渐亮灯电路如图 1－1－15 所示。

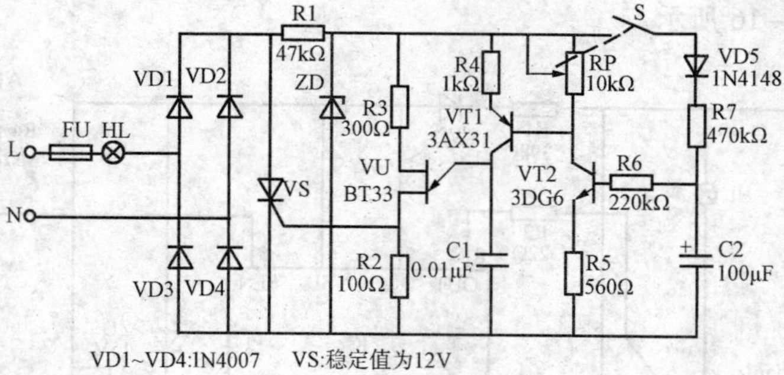

图 1－1－15　电子调光渐亮灯电路

白炽灯 HL 与电子线路串联接入市电。电路的电源由整流二极管 VD1 ~ VD4 整流后降压获得。单结晶体管 VU 和 R4、VT1 以及 C1 构成弛张振荡器，从 R2 输出尖脉冲去触发晶闸管 VS。晶体管 VT1 作为可调电阻，其导通程度可改变 C1 的充电时间常数，最后控制触发脉冲的移相。VT2 起着直流放大作用，可以提高控制灵敏度。

合上开关 S，电流通过 VD5、R7 向 C2 充电，使 VT2 基极电位逐渐升高，VT2 由截止慢慢导通，其集电极电流从小到大随之变化，VT1 基极电位降低，发射极电流增大，相当于 VT1 集电极和发射极间电阻变小，加速了电容 C1 的充电，从而使 VU 给 R2 发出的脉冲前移。晶闸管 VS 的导通角 θ 也就跟着由小向大连续变化，灯泡由暗到亮缓慢变化。适当调节 RP 阻值，就可以控制灯泡亮度，起到了普通调压器的作用。

当把开关 S 断开时，由于此时 C2 已充足了电荷，所以 C2 通过 R5、R6、VT2 放电，使 VT2 基极电位逐步下降，VT2 由导通渐渐截止，其集电极电流从大到小跟着变化。VT1 基极电位升高，发射极电流减小，集电极与发射极的电阻值由小变大，VS 的导通角 θ 由大到小，于是灯泡由亮到暗缓慢变化。

7. 触摸式调光电路

该触摸式调光灯电路由电源电路和触摸调光电路组成，如图 1－1－16 所示。

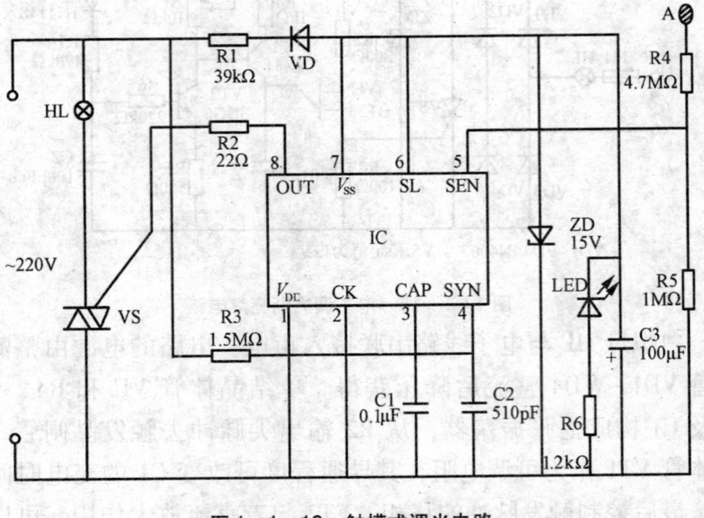

图 1－1－16　触摸式调光电路

电源电路由电阻器 R1、R6，整流二极管 VD，发光二极管 LED，稳压二极管 ZD 和滤波电容器 C3 组成。

触摸调光电路由金属电极片 A，电阻器 R2～R5，电容器

C1、C2，晶闸管 VS，触摸调光集成电路 IC 和照明灯 HL 组成。

交流 220 V 电压一路经 R1 限流降压、VD 整流、ZD 稳压及 C3 滤波后，为 IC 提供 15 V 直流工作电压，同时经 R6 将 LED 点亮；另一路经 R3 降压后加至 IC 的 4 脚，作为同步信号。

IC 在通电复位后，其 8 脚（OUT 触发脉冲输出端）无触发脉冲输出，VS 处于截止状态，HL 不亮。当用手触摸电极片 A 时，IC 的 8 脚将输出触发脉冲信号，使 VS 导通，HL 点亮。

若触摸电极片 A 的时间少于 0.4 s，则可实现开灯操作；再触摸一下电极片 A 时，照明灯关闭。

若触摸电极片 A 的时间超过 0.4 s，则 IC 的 8 脚将输出相位变化的触发脉冲，使 VS 在触发导通后，导通角由大逐渐变小，HL 在点亮后亮度由亮逐渐变暗。当手离开电极片 A 时，HL 的亮度稳定为某一状态。

若用手一直触摸电极片 A 不放，则 VS 的导通角由最大变为最小后截止，HL 也会由亮变暗后直至关闭。

四、节能灯控制电路

1. 由 BU406 晶体管构成的电子节能灯电路

由 BU406 晶体管构成的电子节能灯电路如图 1－1－17 所示。

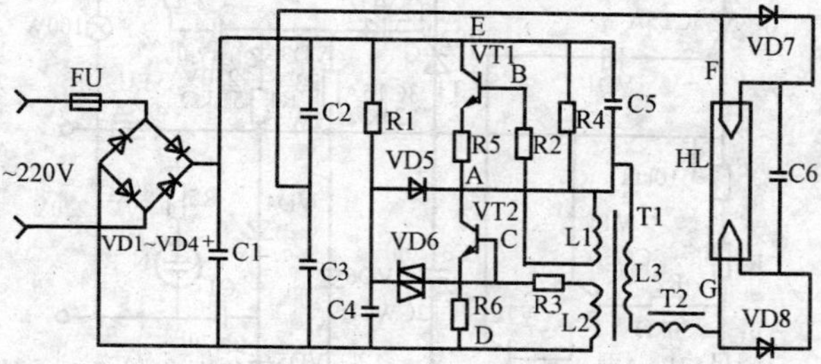

图 1－1－17　由 BU406 晶体管构成的电子节能灯电路

该电子镇流器组成的节能灯有一个系列，共有 13 W、15 W、20 W、30 W 到 40 W 五种产品，它们所使用的电路连接方式均相同，但各元器件的参数却不一样。该电路主要由两只功率推挽管 VT1、VT2（型号为 BLJ406），振荡变压器 T1、双向触发二极管 VD6 等组成。

图 1－1－17 电路中的 VD1～VD4 与 C1 组成的供电电路将市电整流滤波后，提供给后级电路。

当电源接通后，C4 充电电压超过 VD6 触发电压时，VD6 导通，此时 VT2 获得足够的偏流而导通。由于变压器 T1 的正反馈作用，使电路振荡，并产生方波（开关脉冲）电压，方波反馈至 T2 和 C6 的串联谐振电路，形成近似正弦波的高频（30～60 kHz）振荡电压。日光灯从 C6 上取得高频电压而启辉，一旦启辉，电感 T2 即起限流作用。灯管点亮后，电流主要通过灯管，但 C6 支路上仍有一定的分流而对灯丝有辅助和加热作用。

电容 C2 起隔直作用，二极管 VD7 和 VD8 起电压峰值阻尼作用，以防止灯管早期两端发黑。谐振电路的频率主要由电感 T2 和 C6 决定。

2. 由晶体管构成的光控节能灯电路

由晶体管构成的光控节能灯电路如图 1－1－18 所示。该电路主要由单向晶闸管 VS2、VS1 和晶体管 VT1、VT2 为核心构成。

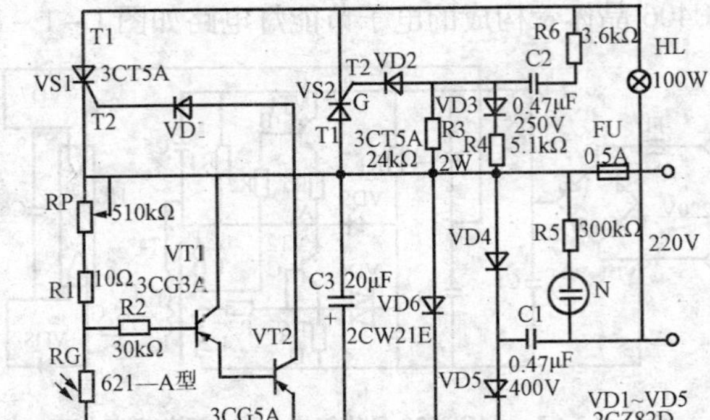

图 1－1－18　由晶体管构成的光控节能灯电路

（1）VS2晶闸管：VS2单向晶闸管的T1、T2两端分别串联在灯泡HL的一端和220 V电源的一端，灯泡的另一端与220 V交流电源的另一端相接。这样，只要VS2导通，灯泡就被220 V交流电源点亮，而VS2要导通，其触发极G必须要有触发电压。由于VS2的G端串联一只二极管VD2，故只有当其正向导通时，VS2的G极才会有触发电压。该触发电压就是C2的充电电压。

（2）VS1晶闸管：VS1单向晶闸管的触发极G通过二极管VD1与VT2的集电极相连，只有VT2导通，VD6稳压的9 V电源才会经VT2、VD1使VS1导通。而VT2是否导通又受VT1的控制，VT1则受光敏电阻器RG的控制。当VS1导通以后，就会对由R6、C2等组成的触发电路的电位产生影响。

工作原理如下：

（1）9 V直流电源电路：该电路由VD4 ~ VD6、C3及C1组成。这是一个简单的电容降压式稳压电路，由电容C1降压，VD4和VD5全波整流后得到的直流电压，经VD6稳压二极管稳压为9 V，再经C3滤波后提供给光控电路。

（2）光控电路：当光敏电阻器RG受光照时，其电阻值下降，导致VT1反偏截止，进而VT2也截止，VS1无触发电压也不会工作。这样，交流电源的正、负两个半周通过灯泡及R6等给电容C2充电。由于该充电电流较小，故灯泡不会被点亮；加上正半周的时间常数小，充电速度很快，使C2被充上了左端为负、右端为正的电压，导致VD2处于反向偏置状态而截止，VS2因无触发电压也不会工作（处于截止状态），灯不会被点亮。

当光敏电阻器RG不受光照时，其电阻值上升，致使VT1正偏导通，进而又使VT2也导通。这样，VD6稳压后的电压就将经导通的VT2的ec结→VD1二极管→VS1触发极，从而使VS1被触发导通，等效于将电阻器R6上端与220 V交流电源的另一端连接，使电容C2放电，进而使VD2、VS2导通，灯即被点亮。

（3）指示灯电路：该电路由 R5、氖泡 N 为主构成，只要给该电路接上 220 V 交流电源以后，氖泡即发亮，表示电路已处于工作状态。

（4）动作灵敏度调整电路：该电路以电位器 RP 为主构成，调节 RP 的阻值，即可调整 VT1、VT2 动作的灵敏度。

（5）熄灭时间的调整：R3 为熄灭时间调整电阻器。调整该电阻值的大小，即可改变 VS2 的导通角，进而就可对灯泡熄灭的时间进行调整。调整时，可将 RG 置于室内自然光下，然后调整 R3 的电阻值，使灯泡处于刚熄灭时即可。

3. 由晶体管构成的声控节能灯电路

由晶体管构成的声控节能灯电路如图 1－1－19 所示。该电路主要由 VT1～VT3、MIC 话筒、KAJ1 继电器为核心构成。

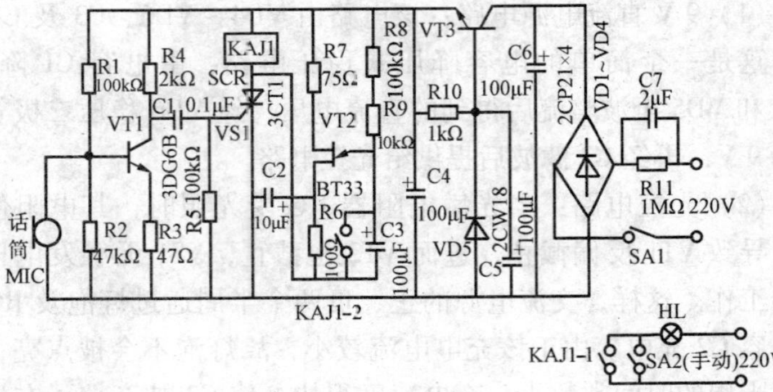

图 1－1－19 由晶体管构成的声控节能灯电路

（1）电源稳压电路：该电路由 C7、R11、C6、VT3、C5、VD5、R10、C4 等组成。220 V 交流电源经 C7、R11 并联降压，VD1～VD4 桥式整流电路整流，得到的直流电压经电容 C6 滤波，再由 VT3 等组成的简易串联稳压电路稳压为 12 V 以后，提供给声控电路。

（2）声控接收电路：该电路由 VT1、VS1 等组成。电路用话筒 MIC 将拍手声或喊声等声波转变为电信号，经 VT1 放大以后，通过 C1 触发晶闸管 VS1 导通，使继电器 KAJ1 线圈中的电流通路形成，使其触点吸合。继电器 KAJ1 有两组触点：一组为常开触点 KAJ1－1，另一组为常闭触点 KAJ1－2。

当常开触点 KAJ1－1 闭合接通以后，灯泡 HL 点亮。当常闭触点 KAJ1－2 断开以后，VT3 发射极输出的 12 V 直流电源通过电阻器 R8、R9 对电容器 C3 进行充电，当 C3 上的充电电压达到 VT2 峰值时，VT2 导通，在电阻器 R6 上产生脉冲电压，此电压反向加在 VS1 的两端，使其截止，导致继电器 KAJ1 线圈中的电流消失，其常开触点 KAJ1－1 断开，常闭触点 KAJ1－2 闭合，前者使灯泡熄灭，后者使电容器 C3 放电，为下一次工作提供准备。

（3）延时时间控制电路：该电路由 VT2、C3、R8、R9、C2、R6、R7 等组成。其中，适当调整 R8、C3 的数值即可改变灯亮的延时时间。

4. 声控灯照明电路

声控灯照明电路如图 1－1－20 所示。声控灯照明电路由传声器 BM、声音信号放大、半波整流、光控、电子开关、延时和交流开关七部分电路组成。传声器和 VT1、R1～R3、C1 组成声音放大电路，为了获得较高的灵敏度，VT1 的 β 值应选用大于 100 的，传声器也选用灵敏度高的，R3 不宜过小，否则电路容易产生间歇振荡。C2、VD1 和 VD2、C2 构成整流电路，把声音信号变成直流控制电压。R4、R5 和光敏电阻器 RG 组成光控电路，当光照射在 RG 上时，其阻值变小，直流控制电压衰减很大，VT2 截止。VT2、VT3 和 R7、VD3 组成电子开关。平时，即有光照时，VT2、VT3 截止，C4 上无电压，单向晶闸管 VS 截止，灯泡 HL 不亮。在 VS 截止时，直流高压经 R9、VD4 降压后加到 C6 上端，对 C6 充电，当充到 12 V 后 VD9 击穿，确保 C6 上的电压不超过 15 V。

当没有光照射到 RG 上时，RG 阻值很大，对直流控制电压

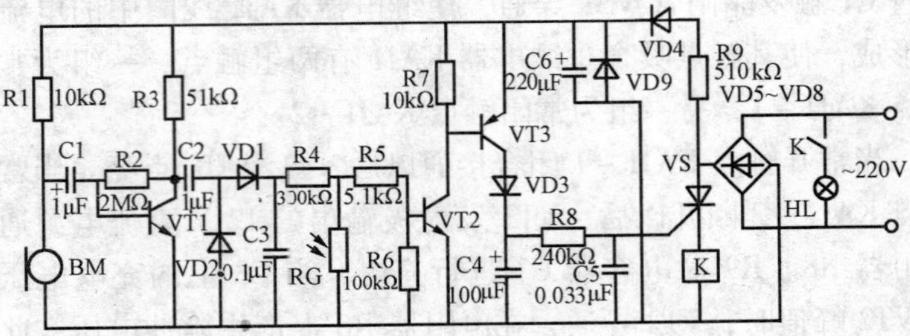

图 1-1-20 声控灯照明电路

衰减很小，VT2、VT3 导通，VD3 也导通，C4、C5 开始充电，电压徐徐上升。R8、C4 和单向晶闸管 VS 组成延时与交流开关。C4 通过 R8 将直流触发电压加到 VS 门极，VS 导通，继电器 K 线圈得电，串联在 HL 支路的继电器 K 常开触点接通，灯泡 HL 点亮。灯泡点亮的时间长短由 C4、R8 的参数决定，按电路图 1-1-20 所给出的元器件数值，在灯泡点亮约 40 s 后，VS 截止，灯 HL 熄灭。C5 为抗干扰电容，用于消除灯泡发光抖动现象。

5. 光控灯照明电路

光控灯照明电路如图 1-1-21 所示。220 V 交流电压经电容 C1 降压、整流桥堆 UR 全波整流、电容 C2 滤波、稳压二极管 ZD 稳压后变成直流电压。

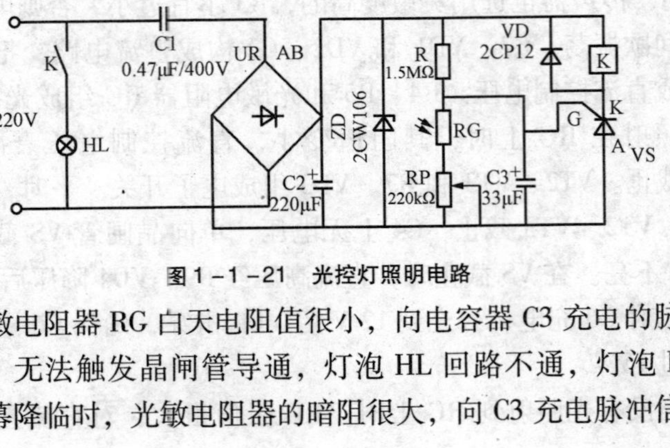

图 1-1-21 光控灯照明电路

光敏电阻器 RG 白天电阻值很小，向电容器 C3 充电的脉冲信号很小，无法触发晶闸管导通，灯泡 HL 回路不通，灯泡 HL 不亮；夜幕降临时，光敏电阻器的暗阻很大，向 C3 充电脉冲信号很大，可以触发晶闸管的门极，使晶闸管导通，这时继电器线圈得电，串联在灯泡 HL 回路的继电器常开触点接通，则灯泡 HL 点亮。

调节电位器 RP 可以调节给晶闸管门极的触发信号的大小，也就调节了晶闸管的导通角，从而控制了灯泡。

五、碘钨灯、高压钠灯、高压汞灯等照明电路

1. 碘钨灯照明电路

碘钨灯照明电路如图 1－1－22 所示。

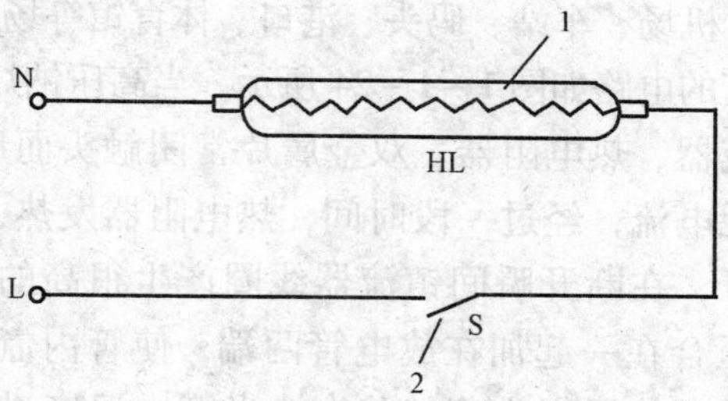

图 1－1－22　碘钨灯照明电路

1. 碘钨灯　2. 开关

2. 高压汞灯照明电路

高压汞灯又称高压水银荧光灯。它是荧光灯的改进型产品，属于高气压的汞蒸气放电光源。其结构有三种类型：一是 GGY 型荧光高压汞灯，这是最常用的一种；二是 GYZ 型自镇流高压汞灯，是利用自身的灯丝兼作镇流器；三是 GYF 型反射高压汞灯，是采用部分玻壳内壁镀反射层的结构，使光线集中均匀地定向反射。高压汞灯的外玻璃内壁均涂有荧光粉，它能将管壳内的石英玻璃汞蒸气放电管辐射的紫外线转变为可见光，以改善光色，提高光效。高压汞灯不需启辉器来预热灯丝，但它必须与相应功率的镇流器串联使用。高压汞灯的光效高、寿命长，但启动的时间较长，显色性较差。高压汞灯的原理如图 1－1－23 所示。

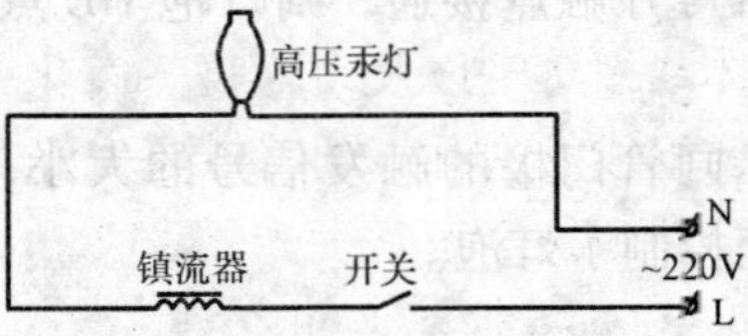

图 1－1－23　高压汞灯照明电路

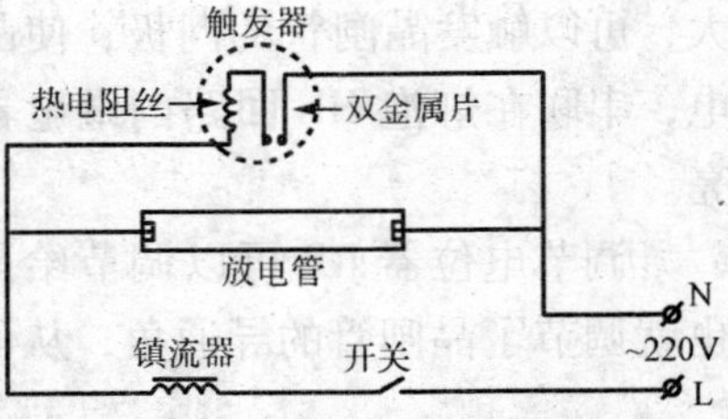

图 1－1－24　高压钠灯照明电路

3. 高压钠灯照明电路

高压钠灯是一种发光效率高、用电省、透雾能力强的电光源，适用于街道、机场、车站、码头、港口、体育馆等场所照明用。

高压钠灯的电路如图 1－1－24 所示。当高压钠灯接入电源后，电流经过镇流器、热电阻器、双金属片常闭触头而形成通路。此时放电管内无电流，经过一段时间，热电阻器发热，使双金属片热继电器断开，在断开瞬间镇流器线圈产生很高的自感电动势，它和电源电压合在一起加在放电管两端，使管内氙气电离放电，温度升高，继而使汞变为蒸气状态，当管内温度进一步升高时，使钠也变为蒸气状态，开始放电而放射出较强的可见光。高压钠灯在工作时，双金属片热继电器处在断开状态，电流只通过放电管。高压钠灯必须与镇流器配合使用。

4. 管形氙灯照明电路

管形氙灯照明电路如图 1－1－25 所示。图中 1、2 端为高压输出端，应注意绝缘。触发控制端在触发时电流很大，需配上一只 CJ10—20 接触器。启动时按下按钮 SB，灯管即可点亮，电路中 3 端接相线，4 端接零线，1、2 端分别连接灯管两端。

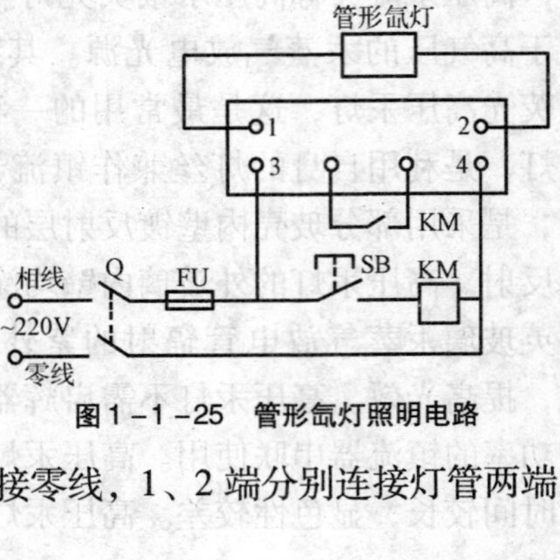

图 1－1－25　管形氙灯照明电路

5. 金属卤化物灯照明电路

金属卤化物灯照明广泛应用于广场、高大厂房以及要求高照明度的场所。它的内管充有惰性气体和汞蒸气以及卤化物。卤化物是由碘、溴、锡和钠等金属化合物组成。这种灯的特点是发光效率高、功率大，但寿命较低，从启动到稳定正常发光需 15 min 左右。金属卤化物灯照明电路如图 1－1－26 所示。图 1－1－26a 为采用 380 V 电源电压的接线电路，它需要专用的镇流器。图 1－1－26b 为连接工频电压为 220 V 的接线电路，它需要一只漏磁变压器，所标的镝灯为 DDG－250 W 或 400 W。

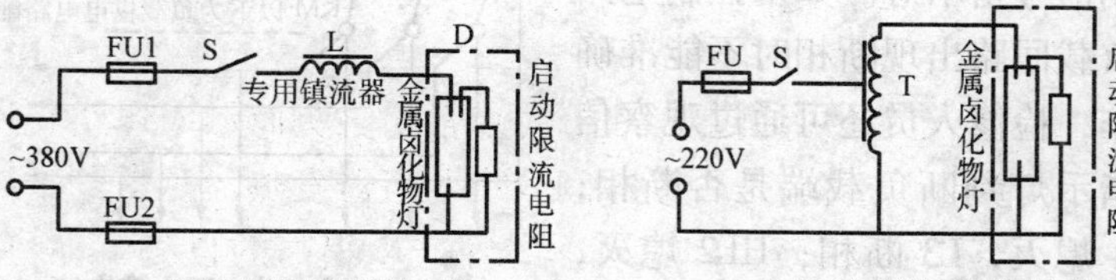

a. 380 V电源电压照明电路　　b. 220 V电源电压照明电路

图 1－1－26　金属卤化物灯照明电路

第二节　室内配电电路

一、动力配电箱电路

动力配电箱电路如图 1－2－1 所示。动力配电箱电路由以下三部分组成：主电路、控制电路和信号指示电路。主电路包括电源开关 QF、交流接触器主触头以及连接导线等。控制电路包括控制按钮 SB1、SB2 以及中间继电器 KA、交流接触器线圈 KM 等。信号指示电路包括电阻器 R 以及信号指示灯 HL1～HL3 等。

使用时，合上 QF，按下控制按钮 SB2，中间继电器 KA 得电动作并自锁，同时接通交流接触器 KM 线圈工作回路，KM 得电动作，主触头闭合，负载得电工作。

如果 L3 相断路，则 KA 线圈失电；如果 L2 相断路，则 KM 线圈失电；如果 L1 相断路，则 KA、KM 两只线圈都失电。所以，L1、L2、L3 中无论哪一相断路，都会跳闸，从而实施对负载电路断相的保护。

为了防止控制回路中控制触头出现故障，这个电路还增设了各相信号指示灯。如果控制电路在负载回路出现断相时不能准确动作，检修人员还可通过观察信号指示灯判断负载端是否断相；HL1 熄灭，L3 断相；HL2 熄灭，L2 断相；HL3 熄灭，L1 断相。

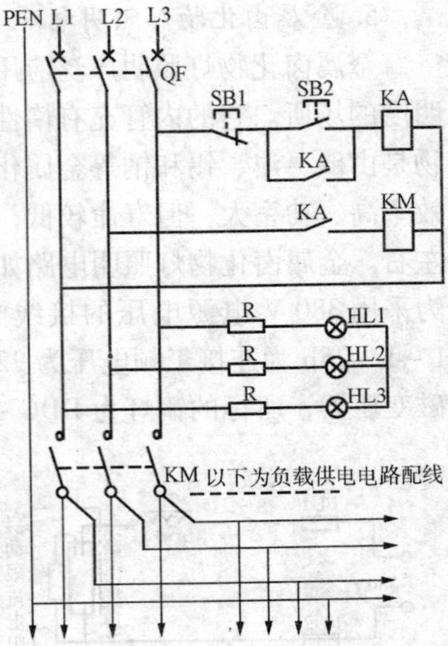

图 1－2－1　动力配电箱电路

二、交流电源自动切换供电电路

1. 两路单相交流电源自动切换供电电路

两路单相交流电源自动切换供电电路如图 1－2－2 所示。

两路单相交流电源自动切换供电电路由以下两部分组成：Ⅰ路电源控制电路和Ⅱ路电源控制电路。Ⅰ路电源控制电路包括电源开关 QF1、交流接触器 KM1、交流接触器 KM2 的一个常闭触头以及电源信号指示灯等。Ⅱ路电源控制电路包括电源开关 QF2、交流接触器 KM2、交流接触器 KM1 的一个常闭触头以及电源信号指示灯等。

图中 QF1、QF2 为断路器，使用两个相互进行电气联锁的 220 V 交流接触器。采用人为优先工作模式，即人工控制哪一路接触器先得电，哪一只交流接触器就先投入工作，另一只接触器就等待备用。

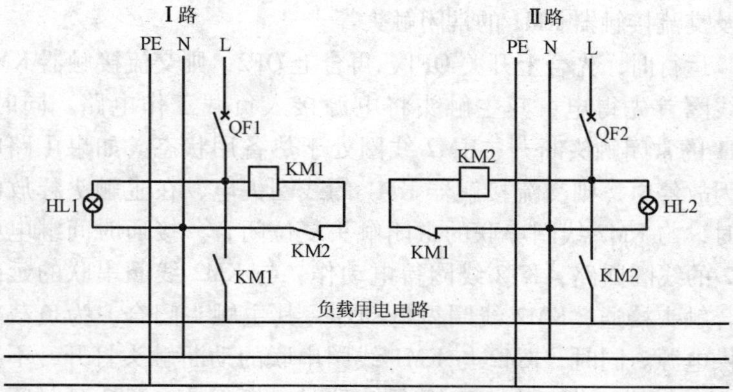

图1-2-2 两路单相交流电源自动切换供电电路

合上 QF1，HL1 指示灯点亮，KM1 线圈得电动作，断开与 KM2 线圈串联的动断触头，禁止 KM2 线圈投入工作，KM1 主触头闭合，将电源送达负载用电电路。

如果Ⅰ路电源失电，则交流接触器 KM1 的线圈失电，于是其动断触头复位，在合上 QF2 的情况下，HL2 点亮。KM2 线圈得电动作，断开串联在 KM1 线圈回路中的常闭触头，防止 KM1 线圈投入工作。KM2 线圈吸合后，其主触头闭合，保证负载用电电路继续得电运行。

如果仅用一路电源供电，可以将另一路的电源开关断开。这样，合上所用电路的电源开关，供电电路有电时，交流接触器工作，主触头闭合，为用电负载电路供电。当供电电路失电时，交流接触器停止工作，负载电路同样停止工作。

2. 两路三相交流电源自动切换供电电路

两路三相交流电源自动切换供电电路如图 1-2-3 所示。该电路主要由Ⅰ路电源控制电路和Ⅱ路电源控制电路所构成。其中，Ⅰ路电源控制电路包括电源开关 QF1、交流接触器 KM1、时间继电器 KT1 以及交流接触器 KM2 的常闭触头等；Ⅱ路电源控制电路包括电源开关 QF2、交流接触器 KM2、时间继电器 KT2

以及交流接触器 KM1 的常闭触头等。

运行时，先合上开关 QF1，再合上 QF2，则交流接触器 KM1 的线圈首先得电，其主触头将电源接入负载工作电路。同时，KM1 的常闭触头断开，KM2 线圈处于热备用状态。如果Ⅰ路电源因故停电，则交流接触器 KM1 的线圈失电，在主触头释放的同时，与 KM2 线圈串联的常闭触头复位闭合，接通时间继电器 KT2 的线圈回路，KT2 线圈得电动作，与 KM2 线圈串联的延时闭合触头接通，KM2 线圈得电动作，其主触头闭合，为负载电提供电源。同时，KM2 与 KM1 线圈串联的动断触头打开，不允许 KM1 动作，断开与 KT2 线圈串联的动断触头，KT2 延时闭合触头瞬时释放。如昊 KM1 控制的Ⅰ路电源恢复正常，则Ⅰ路电源转为热备用状态，Ⅱ路电源继续供电。

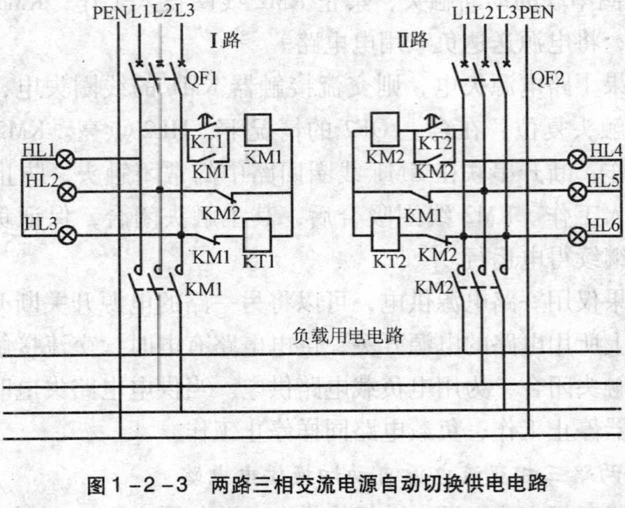

图 1－2－3 两路三相交流电源自动切换供电电路

图 1－2－3 中 QF1、QF2 为断路器，两只交流接触器线圈的额定工作电压为 380 V，两只时间继电器线圈的额定工作电压也是 380 V。用时间继电器分别控制交流接触器 KM1 和 KM2 的线圈启动，又反过来利用交流接触器的常闭触头的断开，切断时间继电器线圈的工作电源。使用交流接触器的动断辅助触头，对另

一路控制电路的公共连线实行联锁控制，保证Ⅰ路电源投入时Ⅱ路电源备用，或者Ⅱ路电源投入时Ⅰ路电源备用。

这个电路采用人为优先和时间可选优先控制模式，即人工控制与时间控制相结合的控制方式，在相同时间控制下，哪一路时间继电器先得电，哪一只交流接触器就先工作，而另一路时间继电器和交流接触器就处于备用状态。如果两路电源同时送电，且 QF1、QF2同时合上，则哪一路投入运行、哪一路作为备用取决于时间继电器的动作结果。一般要求这两只时间继电器的动作时间要错开，如错开 2 s。实际操作时，要依次送电，通过人为分级控制就可以避免时间继电器竞争接通。如果只用一路电源供电，则只要合上断路器中的任意一只，让另一只电源开关处于冷备用状态即可。

三、电能表配电箱电路

1. 单只电能表配电箱电路

单只电能表配电箱电路如图 1－2－4 所示。电能表线圈 1 端接进线的电源火线，2 端经控制开关（15 A 闸刀或空气开关）接用户负载的火线，3 端接进线的零线，4 端经控制开关接用户负载的零线。但负载的电流大小应与电能表相匹配。

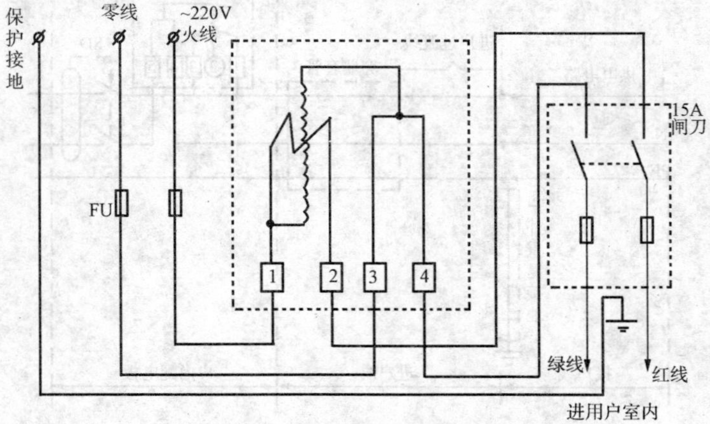

图 1－2－4　单只电能表配电箱电路

2. 三只电能表配电箱电路

三只电能表配电箱电路如图 1－2－5 所示，电能表的连接方式与单只电能表的连接方式基本相同，也是 1 与 3 端进线，2 与 4 端出线后经开关进入用户。

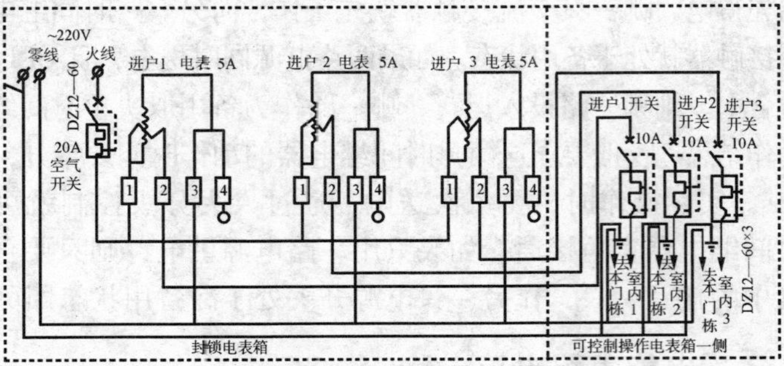

图 1－2－5 三只电能表配电箱电路

四、家用配电电路

1. 低压供电进户电路

低压供电进户电路如图 1－2－6 所示。低压供电进户电路主

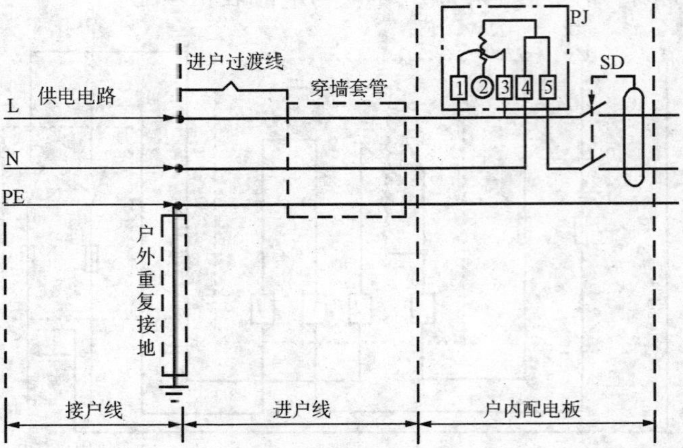

图 1－2－6 低压供电进户电路

要由接户线、进户线、电能计量仪表 PJ 以及漏电保护开关等构成。

2. 一室一厅配电电路

一室一厅配电电路如图 1－2－7 所示。一室一厅配电系统中共有三个回路，即照明回路、空调回路、插座回路。QS 为双极隔离开关，型号是 HY122—32A/2P，它有明显的断开间隙，以便维修安全。QF1～QF3 为双极低压断路器，其中 QF2、QF3 具有漏电保护功能。对于空调回路，如果采用壁挂式空调器，因为人不易接触空调器，可以不采用带漏电保护功能的断路器，但对于柜式空调器，则必须带漏电保护功能的断路器。

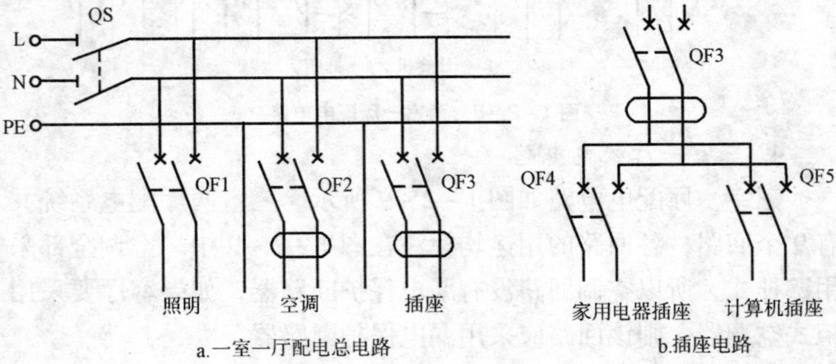

图 1－2－7　一室一厅配电电路

QF1～QF3 都具备过载脱扣功能。为了防止其他家用电器用电时影响计算机的正常工作，可以把图 1－2－7a 中的插座回路再分成家用电器供电插座和计算机供电插座两个插座回路，如图 1－2－7b 所示。两路共同受 QF3 控制，只要有一个插座漏电，QF3 就立即跳闸断电。PE 为保护接地线。

3. 两室一厅配电电路

两室一厅配电电路如图 1－2－8 所示。两室一厅户型一般具有客厅、卧室、厨房、卫生间。卧室、客厅要求（或预留）安装空调器。通常，卧室安装壁挂式空调器，客厅安装柜式空调器（俗称柜机），柜式空调器回路应具有漏电保护。插座要分厨房及卫生间（洗衣机用）一路，计算机与电视一路。

照明可以设计两个回路，虽然增加了一次性投资，但当一个照明回路出现故障时，不影响第二个照明回路的正常工作，也有利于电工检修。

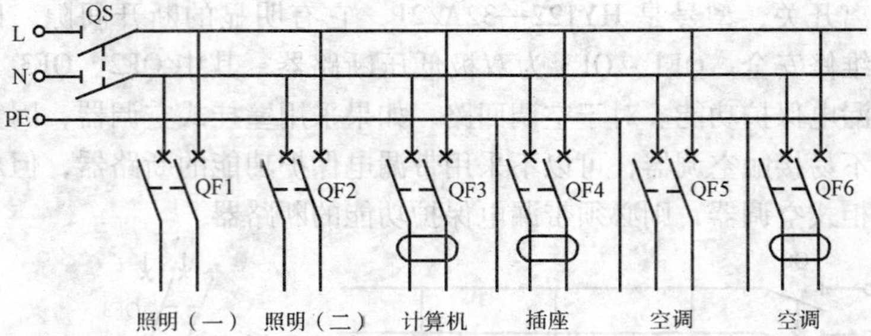

图 1－2－8　两室一厅配电电路

4. 三室一厅配电电路

三室一厅配电电路如图 1－2－9 所示。三室两厅配电系统共有 9 个回路，各回路的用途均标注在图 1－2－9 中。空调全部采用壁挂式，所以空调回路没有漏电保护断路器，如果客厅要采用柜式空调器，则该回路应采用漏电保护断路器。

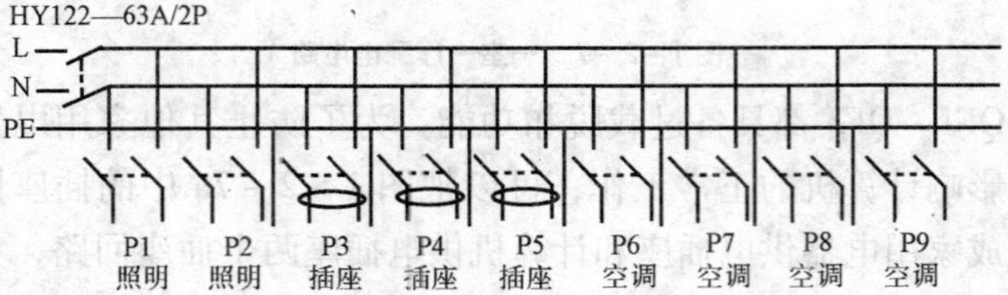

图 1－2－9　三室一厅配电电路

5. 四室两厅配电电路

四室两厅配电电路如图 1－2－10 所示。本电路共 11 个回路。其中两路作照明，一旦有一路发生短路等故障时，另一路能提供照明，以便检查。插座有三路，可分别送至客厅、卧室、厨房，这样不至于插座电线超负荷，避免电线过早老化，起到分容作用。六路空调回路，各室、厅都有空调（即使目前不安装，也必须预留，以免将来要安装时凿墙打孔），全部为壁挂式，所以不设漏电保护断路器。

总开关采用 HY122—63/2P 型隔离开关，断路器可采用 DZ30 型或 C45N 型，漏电保护断路器可选用 DZI30 型、DLK 型。

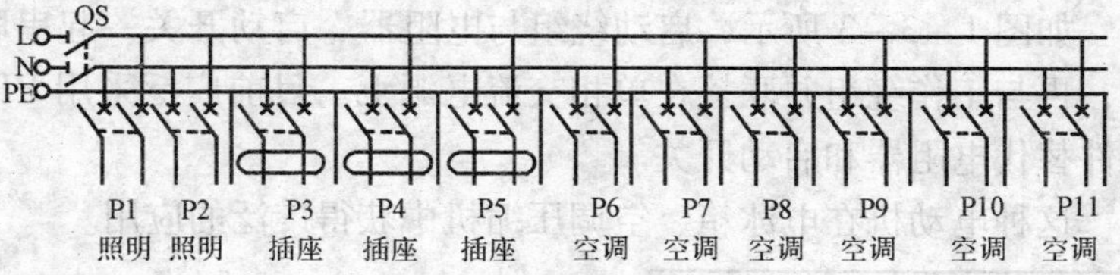

图 1－2－10　四室两厅配电电路

第三节　单相电动机及风扇控制电路

一、单相电动机电路

1. 单相电容运行式异步电动机控制电路

单相电容运行式异步电动机控制电路如图 1－3－1 所示，启动绕组与电容器串联后，再与工作绕组并联接在单相交流电源上。

这种电动机常用在各种电风扇、吸尘器等上面。

2. 单相电容启动式异步电动机控制电路

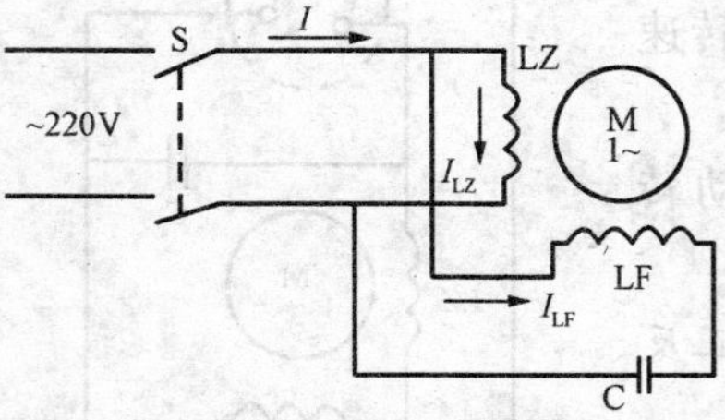

图 1－3－1　单相电容运行式异步电动机控制电路

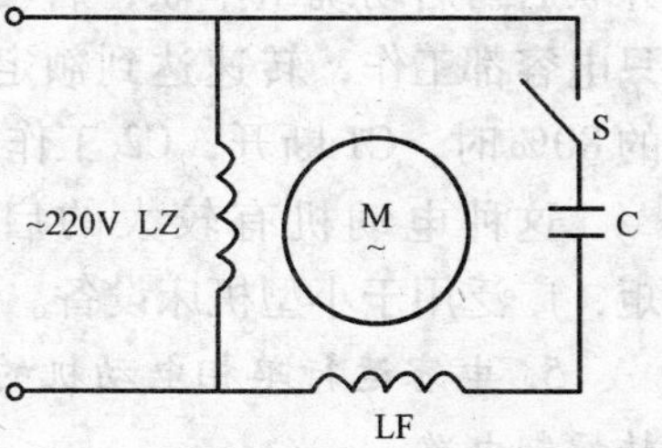

图 1－3－2　单相电容启动式异步电动机控制电路

如图 1－3－2 所示，启动绕组与电容器、启动开关一起串联后，再与工作绕组并联接在单相交流电源上。电动机达到额定转速时的70%～80%后，启动开关可将副绕组从电路中断开，起到保护该绕组的作用。

这种电动机常用于小型空气压缩机、洗衣机、空调器等。

3. 单相电阻器启动式异步电动机控制电路

如图1－3－3所示，启动绕组与电阻器、启动开关一起串联后，再与工作绕组并联接在单相交流电源上。目前广泛采用PTC元件替代电阻器和启动开关。

这种电动机在电冰箱、空调压缩机中获得广泛的应用。

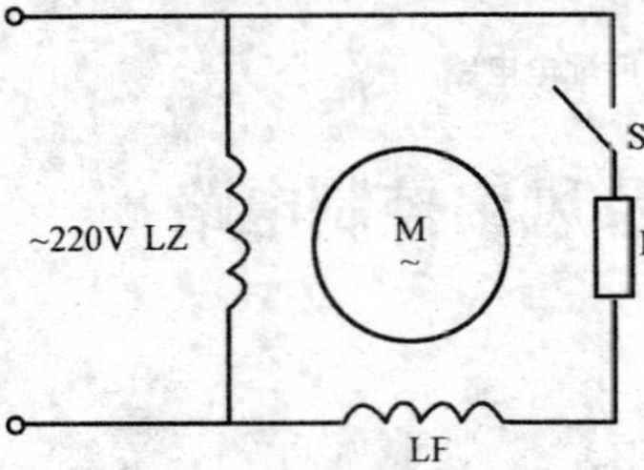

图1－3－3 单相电阻器启动式异步电动机控制电路

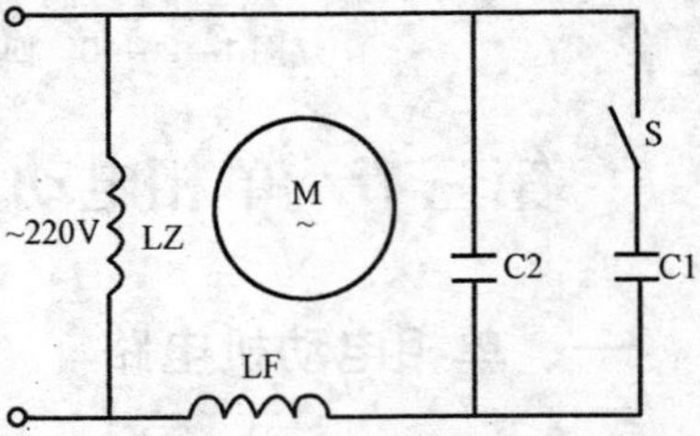

图1－3－4 单相双电容异步电动机控制电路

4. 单相双电容启动式异步电动机控制电路

如图1－3－4所示，两只电容并联后与启动绕组串联，启动时两只电容都工作，转速达到额定转速的80%时，C1断开，C2工作。

这种电动机有较大的启动转矩，广泛用于小型机床设备。

5. 电容运行单相电动机的正反转控制电路

电容运行单相电动机的正反转控制电路如图1－3－5所示。它是通过改变电容器的接法来改变电动

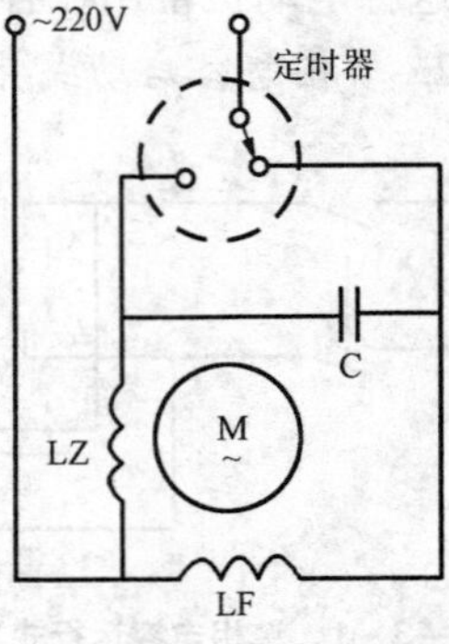

图1－3－5 电容运行单向电动机的正反转控制电路

机转向的。

当定时器开关处于图中所示位置时，电容器串联在 LZ 绕组上，电流 I_{LZ}超前于 I_{LF}相位约 90°；经过一定时间后，定时器开关将电容从 LZ 绕组切断，串联到 LF 绕组，则电流 I_{LF}超前于 I_{LZ}相位约 90°。从而实现了电动机的正反转。这种单相异步电动机的工作绕组与启动绕组可以互换，所以工作绕组、启动绕组的线圈匝数、粗细、占槽数都应相同。

二、单相异步电动机的调速电路

单相异步电动机和三相异步电动机一样，恒转矩负载的转速调节是比较困难的。在风机型负载情况下，调速一般有串电抗器调速、绕组内部抽头调速、晶闸管调速等。

1. 串电抗器调速

将电抗器与电动机定子绕组串联，利用电抗器上产生的电压降，使加到电动机定子绕组上的电压下降，从而将电动机转速由额定转速往下调。其电路原理如图 1－3－6 所示。

这种调速方法简单、操作方便，但只能有级调速，且电抗器上消耗电能，目前已基本不用。

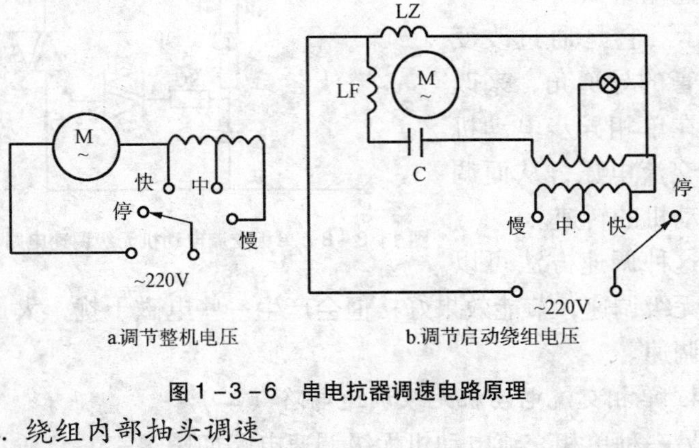

图 1－3－6　串电抗器调速电路原理

2. 绕组内部抽头调速

电动机定子铁芯嵌放有工作绕组 LZ、启动绕组 LF 和中间绕组 LL，通过开关改变中间绕组与工作绕组及启动绕组的接法，从而改变电动机内部气隙磁场的大小，使电动机的输出转矩也随之改变，在一定的负载转矩下，电动机的转速也变化。其电路原理如图 1－3－7 所示。

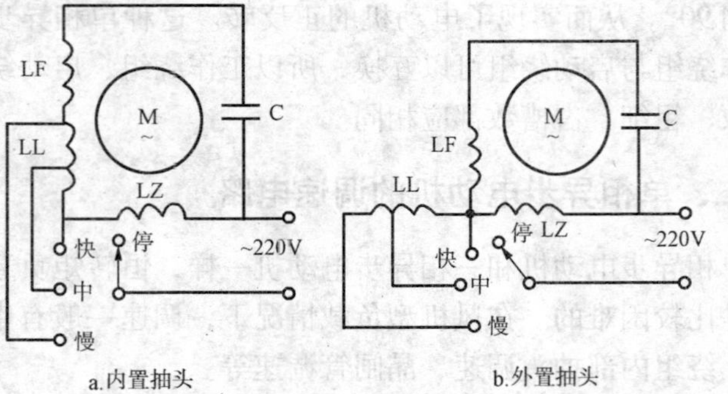

图 1－3－7　绕组内部抽头调速电路原理

这种调速方法不需要电抗器，材料省、耗电少，但绕组嵌线和接线复杂，电动机和调速开关接线较多，且是有级调速。

3. 单相交流电动机无级调速电路（一）

单相交流电动机无级调速电路如图 1－3－8 所示。它是通过改变晶闸管的导通角，来改变加在单相异步电动机上的交流电压，从而调节电动机的转速。

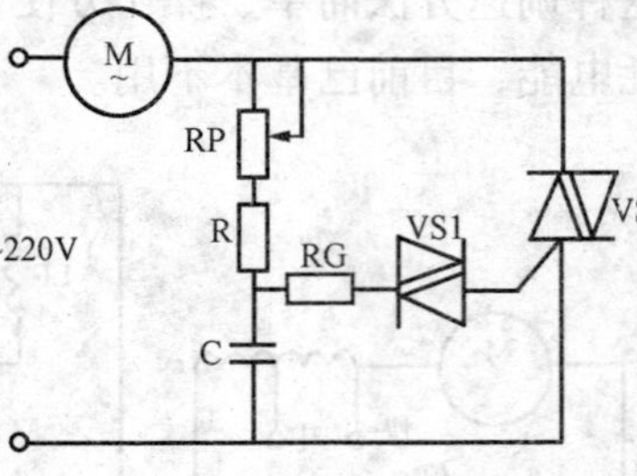

图 1－3－8　单相交流电动机无级调速电路（一）

这种调速方法可以做到无级调速，节能效果好；但会产生一些电磁干扰，大量用于风扇调速。

4. 单相交流电动机无级调速电路（二）

另一种单相交流电动机无级调速电路如图 1－3－9 所示。图中，C2 和 RP 组成阻容移相桥，调节 RP，便可改变移相电桥输出的交流电压的相位，经整流桥 UR2 加在 VS 门极上控制 VS 的导通角，从而改变电动机 M 的工作电压，实现无级调速。

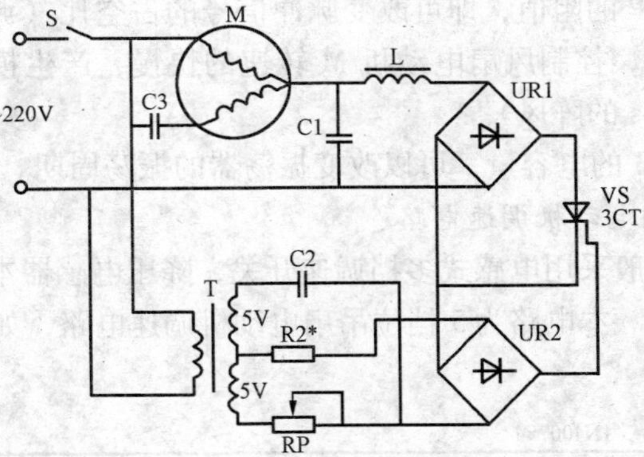

图 1－3－9　单相交流电动机无级调速电路（二）

三、风扇电动机调速电路

1. 风扇电动机调速电路

风扇电动机调速电路，不仅能对风扇电动机进行无级调速，还能使电风扇产生模拟的自然风，如图 1－3－10 所示。

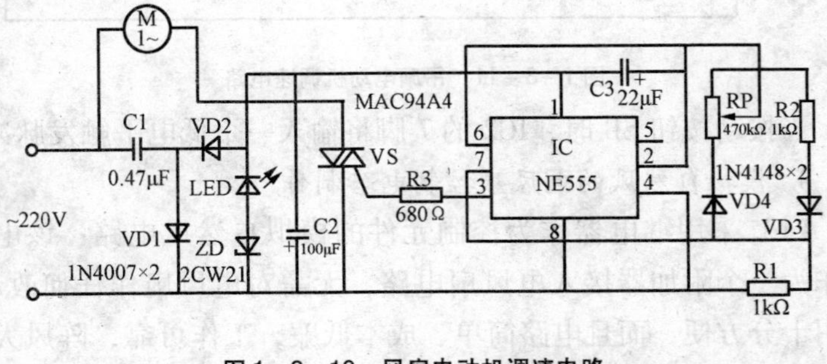

图 1－3－10　风扇电动机调速电路

220 V 交流电压经 C1 降压、VD1 和 VD2 整流、C2 滤波、LED 和 ZD 稳压后，为 IC 提供约 10 V 的直流电压。

可控振荡器振荡工作后，从IC的3脚输出周期为10 s、占空比连续可调的振荡脉冲信号，利用此脉冲信号去控制晶闸管VS的导通状态。

调节RP的阻值，即可改变脉冲信号的占空比（调节范围为1%～99%），控制风扇电动机M转速的快慢，产生模拟自然风（周期为10 s的阵风）。

改变C3的电容量，可以改变振荡器的振荡周期。

2. 吊扇电动机调速电路

吊扇一般采用电感式多挡调速开关，降压电感器本身要消耗一定的电能。本电路为5挡位吊扇电动机调速电路，如图1－3－11所示。

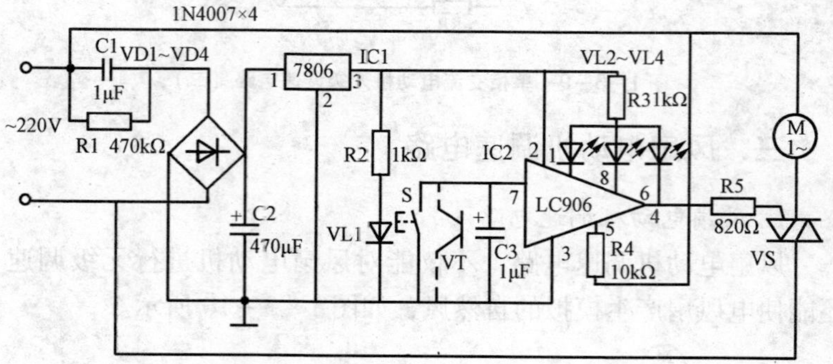

图1－3－11　吊扇电动机调速电路

当按动按钮SB时，IC2的7脚将输入一个低电平触发脉冲。

3. 模拟自然风的电风扇控制电路制作

（1）采用继电器作为控制元件的模拟自然风电路：该电路可作为一个附加器接入电风扇电路，无需对电风扇作任何改动。使用十分方便，而且电路简单、成本低廉，工作可靠，阵风大小可任意调节，电路本身耗电极低，电风扇节电效果明显，电路原理如图1－3－12所示。

电路的核心是一块NE555时基电路，它与电位器RP等外围

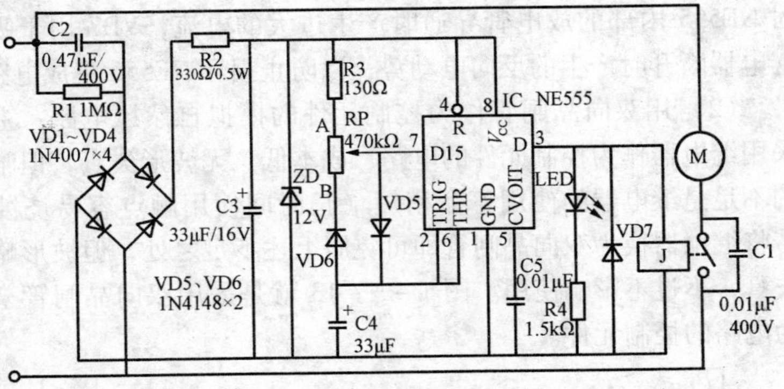

图1－3－12　采用继电器为控制元件的电路

元件组成占空比可任意调节的甚低频自谐振荡器，用于产生控制方波。

当电位器RP的活动臂滑到如图1－3－12上端A点时，振荡器的占空比$D=1$，NE555电路停振，此时，IC的2、6脚均为高电位，则其输出端3脚保持在低电位；当电位器RP的活动臂滑到下端B点时，占空比$D=0$，NE555电路也处于停振状态。但此时，由于IC内部的放电管已处在导通状态，IC的2、6脚始终处于低电平，则IC的输出引脚3保持在高电平；当电位器RP的滑动臂处在上下端的A、B点之间某一位置时，占空比D在0～1，IC的引脚3则输出一系列方波。

当$D=0$时，IC的3脚输出高电平，继电器保持吸合状态，电扇得电连续运转；当$D=1$时，继电器释放，电风扇处于停转状态；当D在0～1时，继电器则时而吸合、时而断开。继电器吸合时，电风扇得电加速，反之失电减速。调节电位器RP，占空比D就会随之变化。占空比D大时，加速时间短，减速时间长；反之，加速时间长，减速时间短。从而可以模拟出自然界的各种自然风。电路中的C1用于消除继电器释放时产生的触点火花，LED可以指示电风扇的运行状态，亮时表示电风扇得电加速，熄灭时表示电风扇失电减速。R3用来限制当RP处于A点时 NE555 内部的放电管导通时产生过大的电流，VD7 用于吸收继电器断开时产生的反向电动势，以防止损坏 NE555 集成电路。

（2）用双向晶间管作为控制元件的模拟自然风电路：上述采用继电器作为控制元件的电路，成本低、无波形失真，但唯一的不足是继电器的使用寿命稍短（长时间使用触点容易烧蚀）。若将继电器换为双向晶闸管即可克服上述不足之处，但波形略有失真，不过不影响使用。图 1－3－13 就是采用双向晶闸管来作为电路的控制元件。

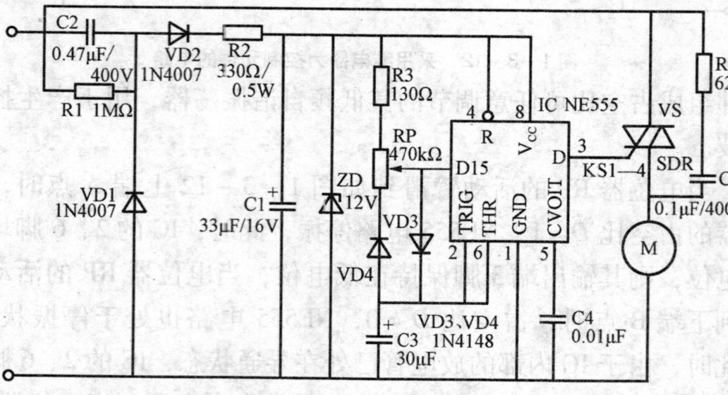

图 1－3－13　采用双向晶闸管作为控制元件的电路

当 NE555 的 3 脚为高电平时，双向晶闸管 VS 获得触发电流而导通，电风扇得电加速；当 NE555 的 3 脚为低电平时，双向晶闸管 VS 失去触发电流，在正弦交流电过零时自行关断，电风扇失电减速。电路中 VD1 用于给交流电的负半周提供通路。R4、C5 组成阻容吸收网络以吸收双向晶闸管 VS 关断时电风扇电动机 M（电动机绕组）产生的反电动势，保护 VS 不被击穿。改装时可在上一种印制电路板上进行，只需改动少数几个元件的位置即可完成，此处不再赘述。

（3）用电话振铃 IC 制作的模拟自然风电路：现在手机应用广泛，被淘汰下来的电话机很多，几乎家家都有，若能废物利用，采用旧电话中的零配件来制作一些家庭中的实用电路，也是一大乐事。ML8204 是电话机振铃集成电路，其引脚功能如表 1 －3－1 所示。它的性能优良，外围电路简单，图 1－3－14 就是利用 ML8204 设计的一款高性价比的电风扇模拟自然风控制器电路。

表 1－3－1　ML8204 电话机振铃 IC 引脚功能

引脚号	功能说明
1	振铃工作电源电压输入端
2	触发控制信号输入端
3	低频振荡器时间常数 RC 的元件连接端
4	
5	接地线端
6	频振荡器时间常数 RC 的元件连接端
7	
8	振铃音乐信号输出端

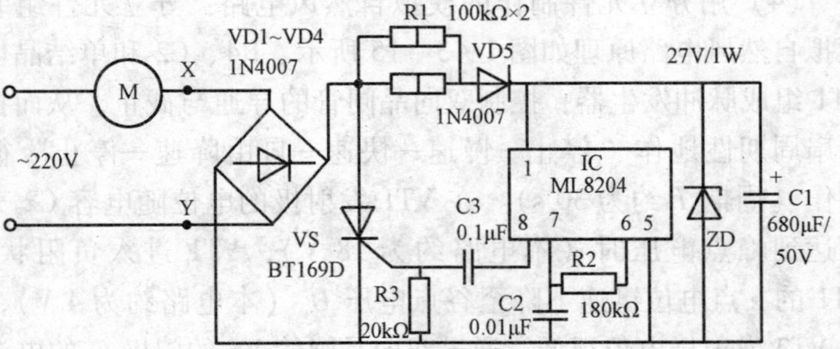

图 1－3－14　用 ML8204 制作的模拟自然风控制电路

图 1－3－15 中 IC 为电话机专用振铃电路，由于 IC 具有明显的施密特触发特性，即高的起振门限与低的停振门限电压。接通电源时，因 C1 的存在，IC 不能得到所需的工作电压而停振，其 8 脚无音频电流输出，VS 无触发电流而截止，VS 两端有高达 200 V 的脉动直流电压经 R1、VD5 对 C1 进行充电，使 C1 端电

压上升，当C1端电压上升到IC起振门限电压时，IC开始振荡，其8脚输出的音频电流触发VS导通，风扇电动机M得电运转。此时由于VS的导通，其端电压迅速下降到1 V左右而使VD5反偏，停止对C1充电，C1所充电荷随着IC工作而逐渐消耗、C1两端电压亦随即下降，当C1端电压即IC工作电压下降到低于IC的停振门限电压时，IC停振，VS失去触发电流而关断，电风扇的电动机M失电停转，送风停止。由于VS关断，其端电压迅速回升而再次对C1充电，当C1充电至再次大于IC的起振电压门限值时，IC则再次起振，输出音频电流使VS触发导通，M再次得电运转送风，如此循环形成阵风效果。选择合适的C1与R1可以获得最佳自然风效果。

本电路为双引出端子，接线非常方便，可串入电风扇电源回路实现自动阵风控制。本电路不必另设电源，其实用性很强，但控制范围不宽，在C1选定后，控制范围只能靠微调R1在小范围内改变。

（4）用分立元件制作的模拟自然风电路：分立元件组装的模拟自然风电路原理如图1－3－15所示。R4、C2和单结晶体管VT1组成脉冲发生器，控制双向晶闸管的导通与截止，从而控制电扇周期性地作“停止—慢速—快速—自由降速—停止”循环动作（周期T约为30 s）。在VT1发射极的电位随电容C2充电而达到峰点电压时（本电路约为18 V），VT1进入负阻状态，VT1的e点电位迅速下降至谷点电压U_v（本电路约为4 V），此时VT2发射极电位很低，通过双向晶闸管VS的门极G的电流也很小，因而双向晶闸管关断，电风扇的电动机端电压为“零”，电动机静止不动。随着电容C2的充电，e点电位上升，晶体管VT2、VT3的基极电流也随之上升，晶闸管门极电流也不断增加。当门极电流满足双向晶闸管的导通触发电流时，晶闸管开始导通，此时在风扇电动机两端约有100 V电压，电扇开始慢速转动，且随两端电压的不断上升而转速不断提高。当触发电流使双向晶闸管完全导通时，电风扇端电压接近电源电压，电风扇全速运转。数秒钟后，因e点电位又达到峰点电位 U_p，VT1 又进入负阻状态，VT1 的e点电位再次迅速下降至谷点电压 U_v，双向晶闸管过零关断，电风扇自由降速，而后再开始进入第二个循环周期。

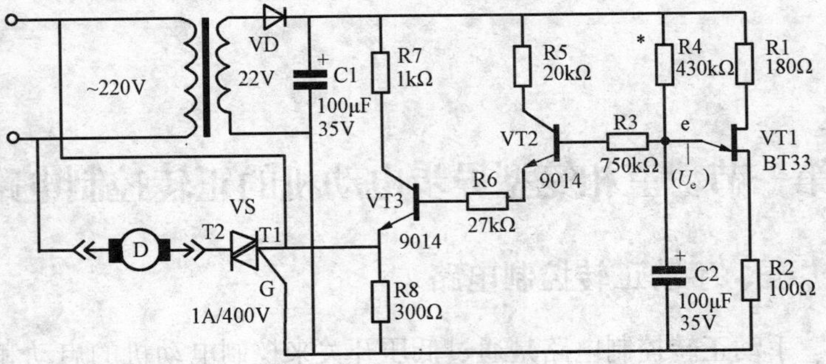

图 1-3-15　分立元件模拟自然风电路

第二章　电动机典型控制电路

第一节　三相笼型异步电动机的正转控制电路

一、手动正转控制电路

手动正转控制电路是通过低压开关来控制电动机的启动和停止的，工厂中常用此电路来控制三相电风扇和砂轮机等设备。常见的手动正转控制电路如图 2－1－1 所示。

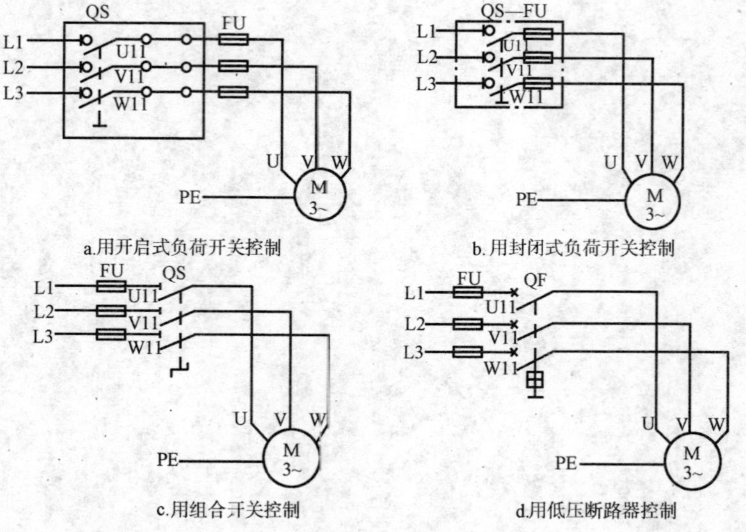

a.用开启式负荷开关控制　b.用封闭式负荷开关控制

c.用组合开关控制　d.用低压断路器控制

图 2－1－1　手动正转控制电路

二、点动正转控制电路

点动正转控制电路是用按钮、接触器来控制电动机运转的最简单的正转控制电路，如图 2－1－2 所示。所谓点动控制是指按下按钮，电动机就得电运转；松开按钮，电动机就失电停转。

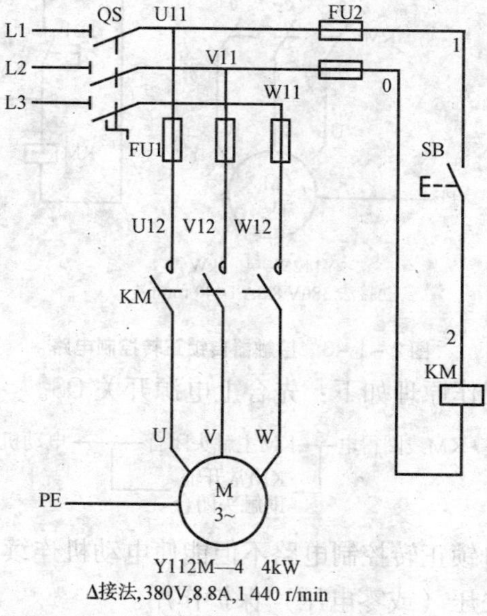

图 2－1－2　点动正转控制电路

三、自锁正转控制电路

1. 由一只接触器构成的具有自锁功能的正转控制电路

由一只接触器构成的具有自锁功能的正转控制电路如图 2－1－3 所示。这种电路的主电路和点动控制电路的主电路相同，但在控制电路中又串联了一个停止按钮 SB1，在启动按钮 SB1 的两端并联了接触器 KM 的一对常开触头。

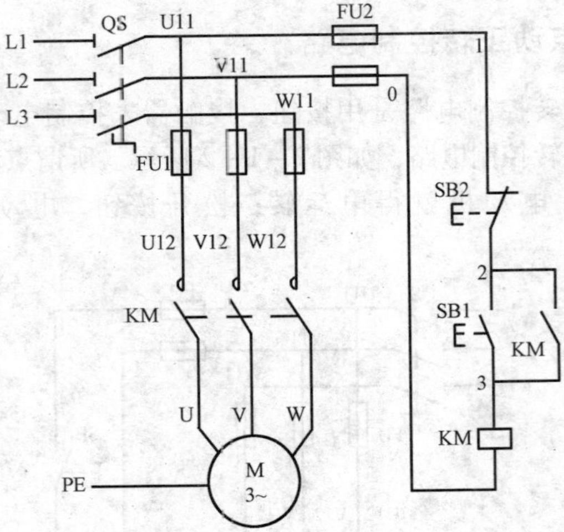

Y112M—4 4kW

Δ接法，380V，8.8A，1 440 r/min

图 2－1－3 接触器自锁正转控制电路

电路的工作原理如下：先合上电源开关 QS。

启动：按下SB1→KM线圈得电→KM主触头闭合、KM常开辅助触头闭合→电动机M启动连续运转。

接触器自锁正转控制电路不但能使电动机连续运转，而且还具有欠压和失压（或零电压）保护作用。

采用接触器自锁正转控制电路就可避免电动机欠压运行。因为当电路电压下降到低于额定电压的 85% 时，接触器线圈两端的电压也同样下降到此值，从而使接触器线圈磁通减弱，产生的电磁吸力减少，当电磁吸力减少到小于反作用弹簧的拉力时，动铁芯被迫释放，主触头、自锁触头同时分断，自动切断主电路和控制电路，电动机失电停转，达到欠压保护。

接触器自锁正转控制电路也可实现失压保护。因为接触器自锁触头和主触头在电源断电时已经断开，使主电路和控制电路都不能接通，所以在电源恢复供电时，电动机就不会自动启动运转，保证了人身和设备的安全。

2. 具有过载保护的接触器自锁正转控制电路

过载保护是指当电动机出现过载时能自动切断电动机电源，使电动机停转的一种保护。具有过载保护的接触器自锁正转控制电路如图 2－1－4 所示。

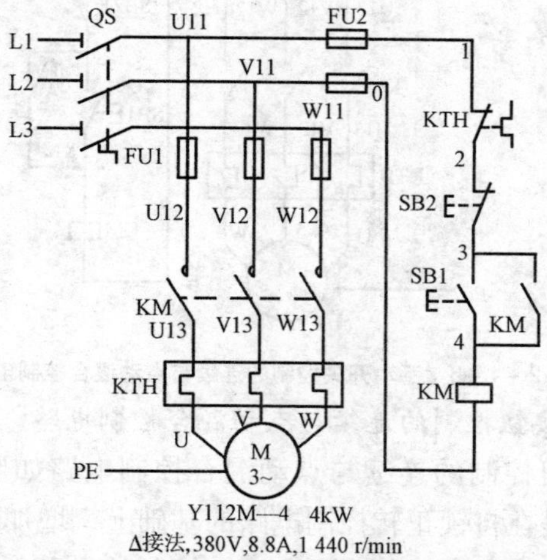

图 2－1－4 具有过载保护的接触器自锁正转控制电路

该电路与上一接触器自锁正转控制电路的区别是增加了一个热继电器 KTH，并把其热元件串联在主电路中，把常闭触头串联在控制电路中。电路的工作原理与上一接触器自锁正转控制电路的原理相同。只是过载时，热继电器动作。

四、连续与点动混合控制电路

1. 手动开关控制的连续与点动混合控制电路

机床设备在正常工作时，一般需要电动机处在连续运转状态。但在试车或调整刀具与工件的相对位置时，又需要电动机能点动控制，实现这种工艺要求的电路是连续与点动混合控制电路，如图 2－1－5 所示。该电路是在接触器自锁正转控制电路的基础上，把手动开关 SA 串联在自锁电路中。显然，当把 SA 闭合或打开时，就可实现电动机的连续与点动控制。

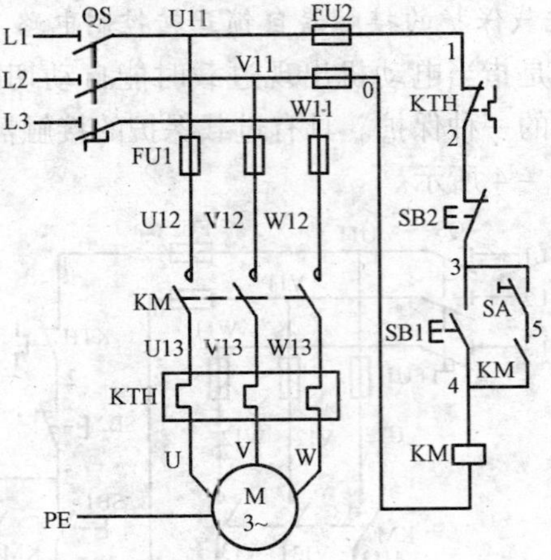

图2－1－5　手动开关控制的连续与点动混合控制电路

2. 复合按钮控制的连续与点动混合控制电路

复合按钮控制的连续与点动混合控制电路如图 2－1－6 所示。该电路是在自锁正转控制电路的基础上，增加了一个复合按钮 SB3，来实现连续与点动混合正转控制的。SB3 的常闭触头应与 KM 自锁触头串联。

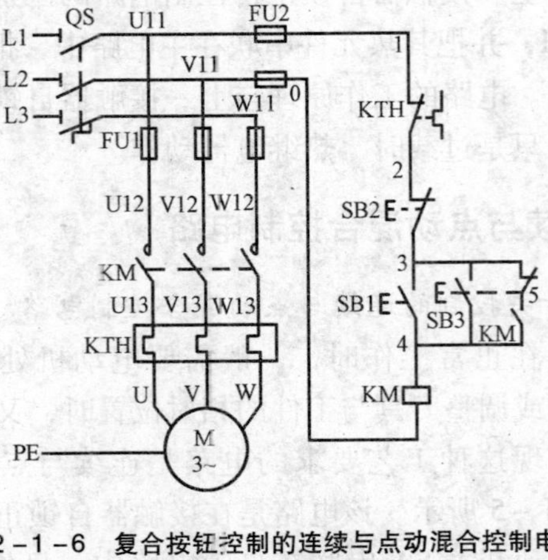

图2－1－6　复合按钮控制的连续与点动混合控制电路

第二节 三相笼型异步电动机的正反转控制电路

一、倒顺开关正反转控制电路

倒顺开关正反转控制电路如图 2－2－1 所示。电路中 QS 为倒顺开关。

开关手柄有“倒”、“停”、“顺”三个位置，手柄只能从“停”位置左转 45°或右转 45°。

操作倒顺开关 QS，电路状态如表 2－2－1 所示。

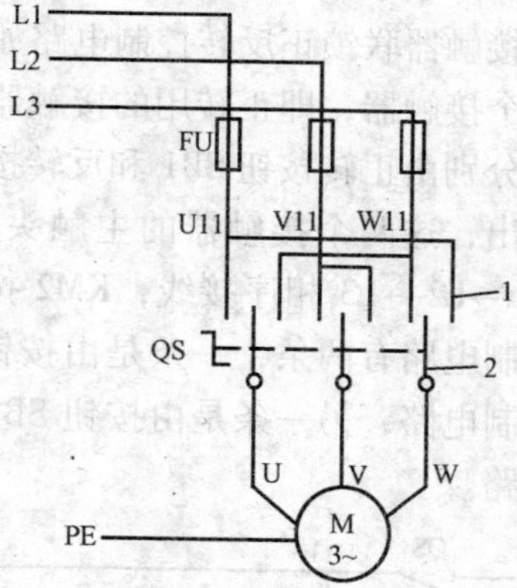

图 2－2－1 倒顺开关正反转控制电路

表 2－2－1 倒顺开关正反转控制电路状态

手柄位置	QS 状态	电路状态	电动机状态
停	QS 的动、静触头不接触	电路不通	电动机不转
顺	QS 的动触头和左边的静触头相接触	电路按 L1－U，L2－V，L3－W 接通	电动机正转
倒	QS 的动触头和右边的静触头相接触	电路按 L1－W，L2－V，L3－U 接通	电动机反转

必须注意的是，当电动机处于正转状态时，要使它反转，应先把手柄扳到“停”的位置，使电动机先停转，然后再把手柄扳到“倒”的位置，使它反转。若直接把手柄由“顺”扳到“倒”的位置，电动机的定子绕组会因为电源突然反接而产生很大的反接电流，易使电动机定子绕组因过热而损坏。

倒顺开关正反转控制电路虽然所用元器件较少，电路较简单，但它是一种手动控制电路，在频繁换向时，操作人员劳动强度大，操作不安全，所以这种电路一般用于控制额定电流 10 A、功率在 3 kW 及以下的小容量电动机。

二、接触器联锁正反转控制电路

接触器联锁正反转控制电路如图 2 -2 -2 所示。电路中采用了两个接触器，即正转用的接触器 KM1 和反转用的接触器 KM2，它们分别由正转按钮 SB1 和反转按钮 SB2 控制。从主电路图中可以看出，这两个接触器的主触头所接通的电源相序不同，KM1 按 L1→L2→L3 相序接线，KM2 按 L3→L2→L1 相序接线。相应的控制电路有两条，一条是由按钮 SB1 和 KM1 线圈等组成的正转控制电路，另一条是由按钮 SB2 和 KM2 线圈等组成的反转控制电路。

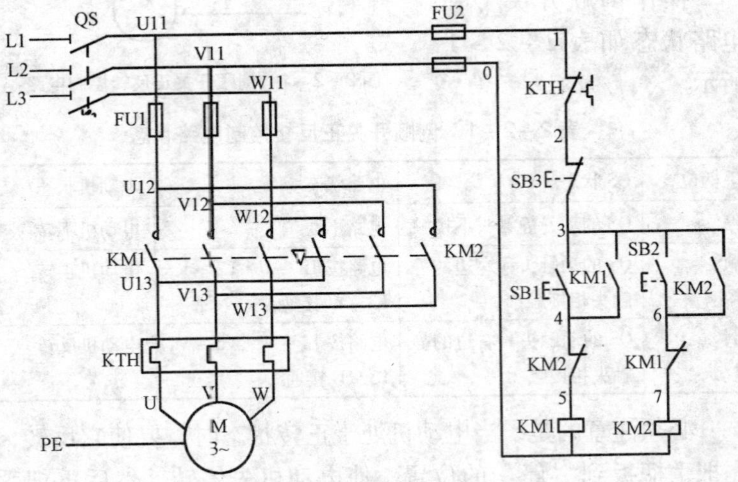

图 2 -2 -2 接触器联锁正反转控制电路

接触器联锁正反转控制电路的优点是安全可靠，缺点是操作不便。电动机从正转变为反转时，必须先按下停止按钮后，才能按反转启动按钮。否则，由于接触器的联锁作用，不能实现反转。

为避免两个接触器 KM1 和 KM2 同时得电动作，就在正转和反转控制电路中分别串联了对方接触器的一对常闭辅助触头。这样，当一个接触器得电动作时，通过其常闭辅助触头使另一个接触器不能得电动作，接触器间这种相互制约的作用称为接触器联锁（或互锁）。实现联锁作用的常闭辅助触头称为联锁触头（或互锁触头）。

三、按钮联锁正反转控制电路

为克服接触器联锁正反转控制电路操作不方便的缺点，把正转按钮 SB1 和反转按钮 SB2 换成两个复合按钮，并使两个复合按钮的常闭触头代替接触器的联锁触头，就构成了按钮联锁正反转控制电路，如图 2－2－3 所示。

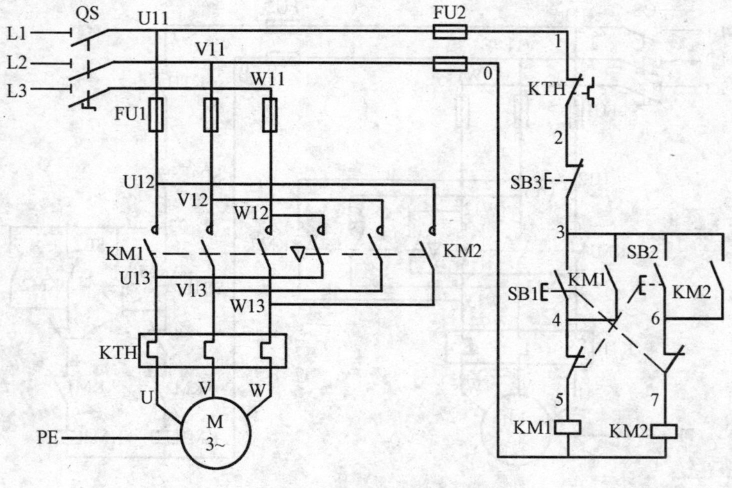

图 2－2－3　按钮联锁正反转控制电路

这种控制电路的工作原理与接触器联锁正反转控制电路的工作原理基本相同，只是当电动机从正转变为反转时，可直接按下反转按钮 SB2，即可实现反转，不必先按停止按钮 SB3。因为当按下反转按钮 SB2 时，串联在正转控制电路中的 SB2 的常闭触头先分断，使正转接触器 KM1 线圈失电，KM1 的主触头和自锁触头分断，电动机 M 失电，惯性运转。SB2 的常闭触头分断后，其常开触头才随后闭合，接通反转控制电路，电动机 M 便反转。这样既保证 KM1 和 KM2 的线圈不会同时通电，又可以不按停止按钮而直接按反转按钮实现反转。同样，若使电动机从反转运行变为正转运行时，也只要直接按下正转按钮 SB1 即可。

四、接触器、按钮双重联锁正反转控制电路

为克服接触器联锁正反转控制电路和按钮联锁正反转控制电路的不足，在按钮联锁的基础上，又增加了接触器联锁，构成接触器、按钮双重联锁正反转控制电路，如图 2 -2 -4 所示。该电路兼有两种联锁控制电路的优点，操作方便，安全可靠。

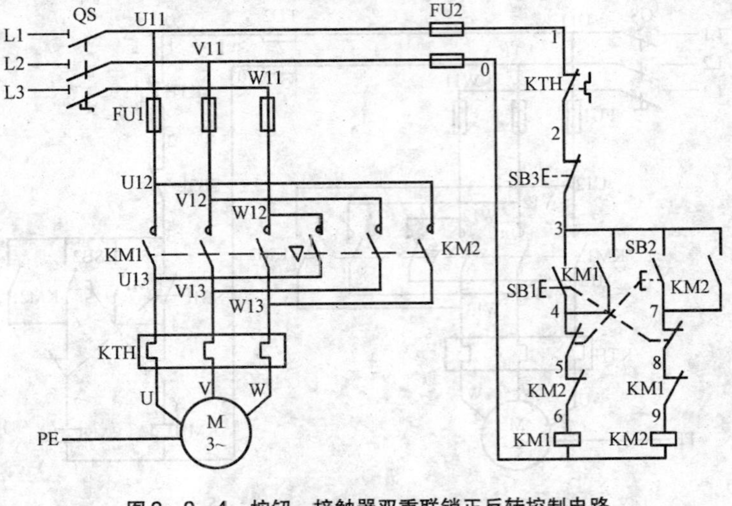

图 2 -2 -4　按钮、接触器双重联锁正反转控制电路

五、其他正反转控制电路

1. 由三只交流接触器构成的防止相间短路的正反转控制电路

由三只交流接触器构成的防止相间短路的正反转控制电路如

图 2－2－5 所示。电动机在进行正反转换接时，有时因容量较大或操作不当等原因，致使接触器 KM 主触点电弧尚未完全熄灭或主触点黏结未断开，此时若启动反转的接触器则必将引起相间短路。本电路则可防止这类相间短路故障的发生。

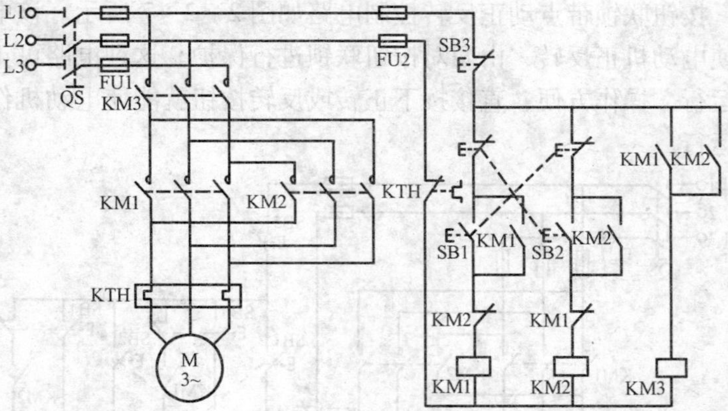

图 2－2－5 由三只交流接触器构成的防止相间短路的正反转控制电路

2. 接触器联锁带点动正反转控制电路

接触器联锁带点动正反转控制电路如图 2－2－6 所示。

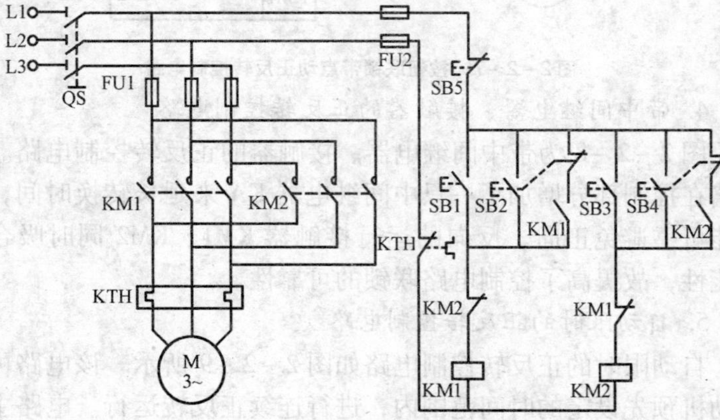

图 2－2－6 接触器联锁带点动正反转控制电路

该电路是一种使电动机既能断续正反转又能连续正反转，并由接触器辅助触点作联锁的控制电路。此电路适用于需要正反转断续与连续运行的机械设备。

3. 按钮联锁带点动正反转控制电路

按钮联锁带点动正反转控制电路如图2－2－7所示。该电路能使电动机正反转，由两对按钮联锁进行保护。这种电路可正反转运行，操作方便，直接按下正转或反转按钮就能使电动机作可逆运行。

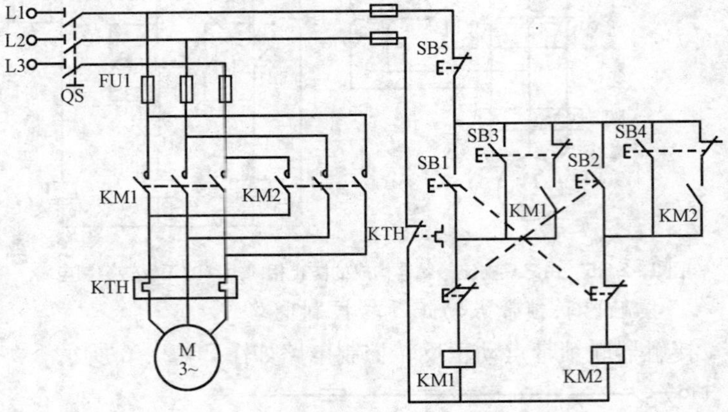

图2－2－7 按钮联锁带点动正反转控制电路

4. 带中间继电器、接触器的正反转控制电路

图2－2－8为带中间继电器、接触器的正反转控制电路。该电路在控制部分增加了一只中间继电器KA来延长转换时间，从而能可靠避免正向、反向的运行接触器KM1、KM2同时吸合的可能性，故提高了控制电路联锁的可靠性。

5. 自动限时的正反转控制电路

自动限时的正反转控制电路如图2－2－9所示。该电路可在电动机预先设定的时间范围内，进行连续正反转运行。电路主要由时间继电器KT1、KT2，中间继电器KA1、KA2和接触器KM1、KM2组成。它适用于需自动可逆运行的生产设备。

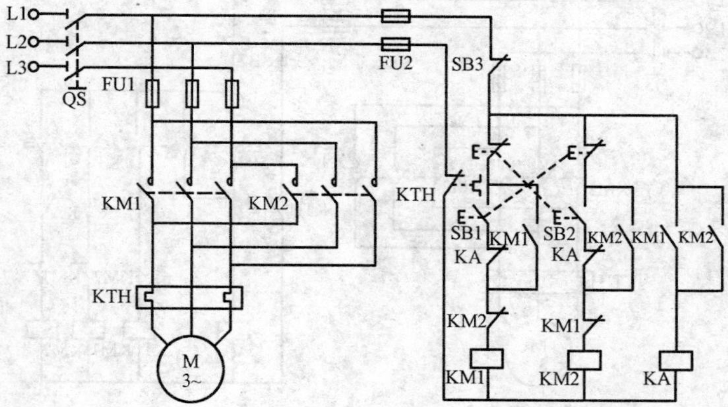

图 2-2-8　带中间继电器、接触器的可逆运行控制电路

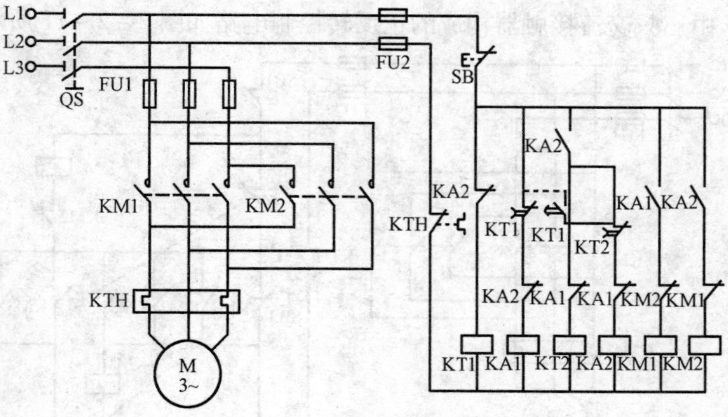

图 2-2-9　自动限时的正反转控制电路

6. 晶体管时间继电器自动限时的正反转控制电路

晶体管时间继电器自动限时的正反转控制电路如图 2-2-10 所示。

该电路采用了 JJSB1 脉动型晶体管时间继电器，它的执行触点能够按两种时间规律作往复动作，利用这一特点就能控制电动机在两种规定时间作可逆运行。

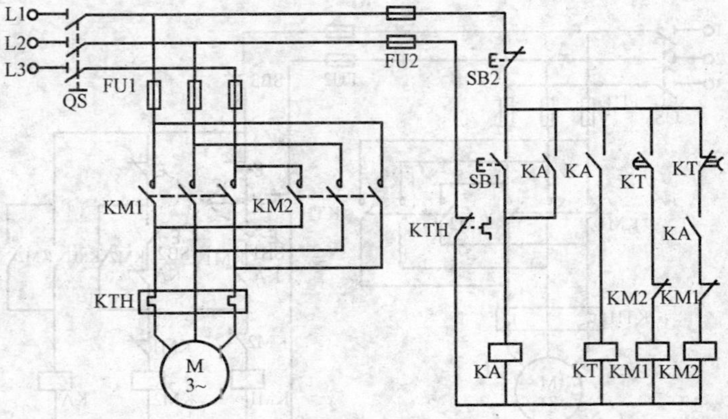

图 2-2-10　晶体管时间继电器自动限时的正反转控制电路

7. 由三只交流接触器构成的正反转控制电路

由三只交流接触器构成的正反转控制电路如图 2-2-11 所示。

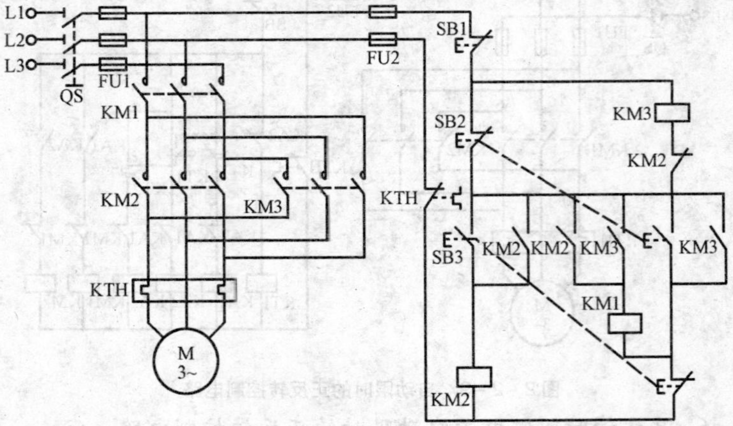

图 2-2-11　三只交流接触器构成的正反转控制电路

这种控制电路由于选用了四断点的电路，因而能有效地熄灭接触器通断过程中产生的电弧，从而防止可能因该电弧引起的短路故障。但当使用的接触器容量过大时，会使设备投资比较高。因此，在选用这种控制电路前应作全面分析。

第三节　位置控制与自动循环控制电路

一、位置控制电路

1. 由行程开关控制的位置控制电路

由行程开关控制的位置控制电路如图 2－3－1 所示。

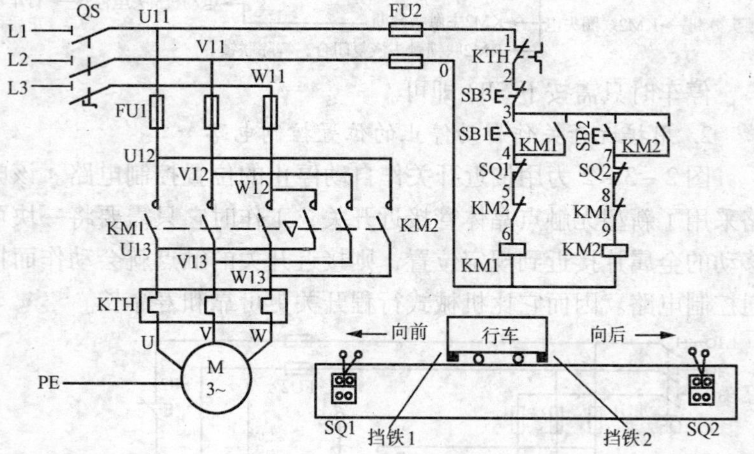

图 2－3－1　位置控制电路

电路的工作原理：

(1) 行车向前运动：

按下SB1→KM1线圈得电→KM1自锁触头闭合自锁、KM1主触头闭合→电动机M启动连续正转→；KM1联锁触头分断对KM2联锁

→行车前移→移至限定位置，挡铁1碰撞位置开关SQ1→SQ1常闭触头分断→

→KM1线圈失电→KM1自锁触头分断解除自锁、KM1主触头分断→电动机M失电停转→；KM1联锁触头恢复闭合 解除联锁

→行车停止前移

此时，即使再按下 SB1，由于 SQ1 常闭触头分断，接触器 KM 线圈也不会得电，保证了行车不会超过 SQ1 所在位置。

（2）行车向后运动：

按下SB2→KM2线圈得电→KM2自锁触头闭合自锁、KM2主触头闭合→电动机M启动连续反转→行车后移（SQ1常闭触头恢复闭合）→移至限定位置，挡铁2碰撞位置开关SQ2→SQ2常闭触头分断→KM2线圈失电→KM2自锁触头分断，解除自锁、KM2主触头分断→电动机M失电停转→行车停止后移

按下SB2→KM2线圈得电→KM2联锁触头分断对KM1联锁

SQ2常闭触头分断→KM2线圈失电→KM2联锁触头恢复闭合，解除联锁

停车时只需按下 SB3 即可。

2. 用接近开关作自动停止的位置控制电路

图 2－3－2 为用接近开关作自动停止的位置控制电路。该电路采用了新型无触点晶体管接近开关，工作时它只需要将一块可移动的金属片接近到规定位置，则接近开关的触点就会动作而接通控制电路。因而它比机械式行程开关更可靠和寿命长。

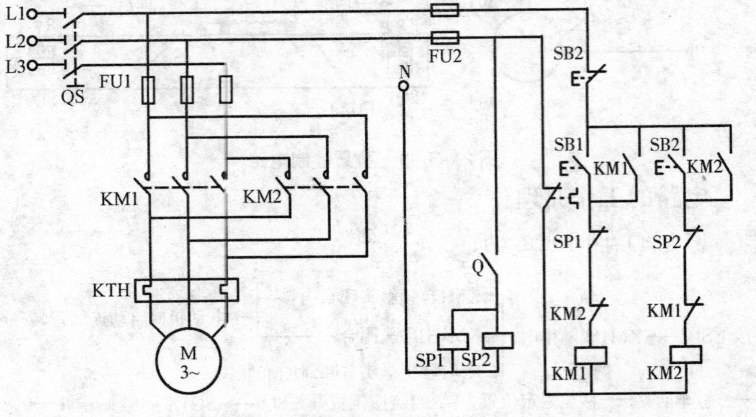

图 2－3－2　用接近开关作自动停止的位置控制电路

二、自动循环控制电路

1. 由两只交流接触器构成的自动往返电路

由两只交流接触器构成的自动往返电路如图 2－3－3 所示。为了使电动机的正反转控制与工作台的左右运动相配合，在控制电路中设置了四个位置开关 SQ1、SQ2、SQ3 和 SQ4，并把它们安装在工作台需要限位的地方。其中 SQ1、SQ2 被用来自动换接正反转控制电路，实现工作台自动往返行程控制；SQ3 和 SQ4 被用来作终端保护，以防止 SQ1、SQ2 失灵，工作台越过限定位置而造成事故。在工作台边的 T 形槽中装有两块挡铁，挡铁 1 只能和 SQ1、SQ3 相碰，挡铁 2 只能和 SQ2、SQ4 相碰。当工作台达到限定位置时，挡铁碰撞位置开关，使其触头动作，自动换接电动机正反转控制电路，通过机械机构使工作台自动往返运动。工作台行程可通过移动挡铁位置来调节。

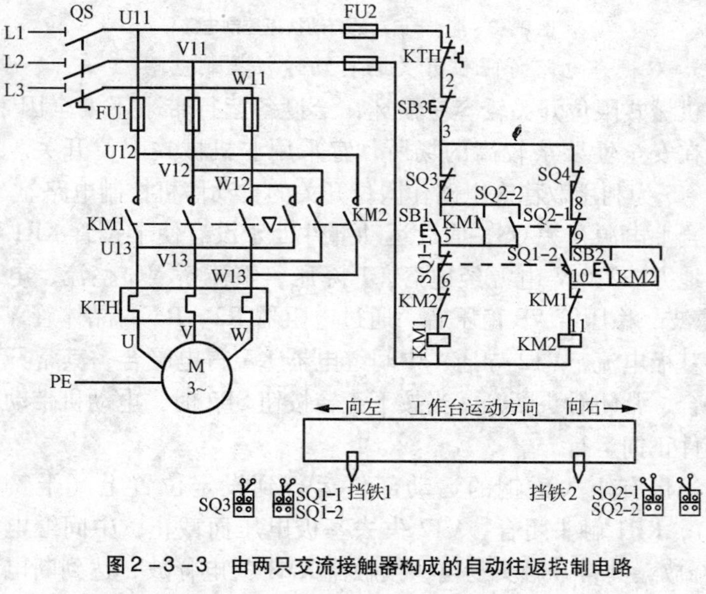

图 2－3－3　由两只交流接触器构成的自动往返控制电路

2. 带点动的自动往返控制电路

图 2－3－4 为带点动的自动往返控制电路。该电路在自动往返控制的基础上增加了一个点动断续运行部分，以方便工作时进行调试。此电路是一种装有点动装置的全自动可逆运行控制电

路，它适用于需要断续和连续运行的机械设备。

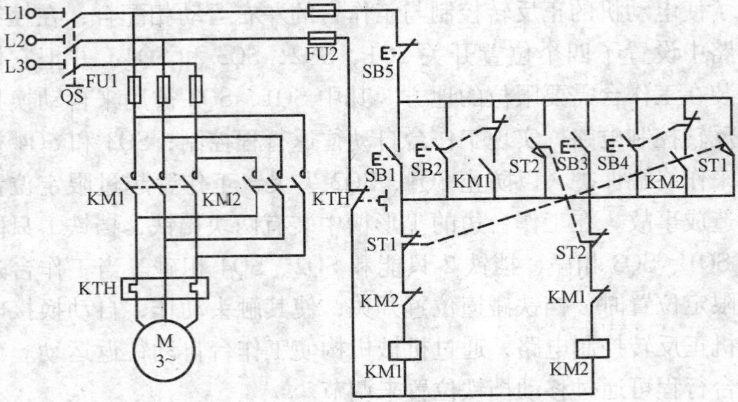

图2－3－4　带点动的自动往返控制电路

3. 双稳态电路作限位开关的自动停机控制电路

机械式限位开关较容易损坏，给设备运行带来不安全因素，因此在安全性要求较高的场所，宜采用非机械式限位开关。图2－3－5为利用双稳态电路作限位开关的自动停机控制电路。

合上电源开关QS，假设运动部件处于没有使干簧管KR1吸合的地方。220 V电源经电容C1降压、整流桥VC整流、电容C2滤波、稳压管VS稳压后，通过电阻器R2、R3向晶体管VT2提供基极电流，VT2导通，中间继电器KA得电吸合，其常开触头闭合，常闭触头断开。当按下正转按钮SB2时，电动机带动运动部件正向运行。

当带有永久磁钢的运动部件运行到设定位置上（干簧管KR1），KR1触头闭合，VT2失去基极电压而截止，中间继电器KA释放，其常开触头复位，接触器KM1失电释放，达到断电停机的目的。另外VT2截止时其集电极电位升高，晶体管VT1导通，双稳态电路翻转。

当需要反转运行时，按下反转按钮SB3，接触器KM2得电吸合，电动机反转运行，并带动运动部件使永久磁钢离开KR1，

KR1 触头复位。当带有永久磁钢的运动部件运行到设定位置上的干簧管 KR2 时，KR2 触头闭合，VT1 失去基极电压而截止，VT2 导通，双稳态电路又一次翻转，KA 又得电吸合，KA 常闭触头断开，KM2 失电释放，达到断电停机的目的。同时 KA 常开触头闭合为 KM1 吸合作好准备，电动机又可正转运行。

为了确保电路翻转的可靠性，可将几个干簧管并联使用。

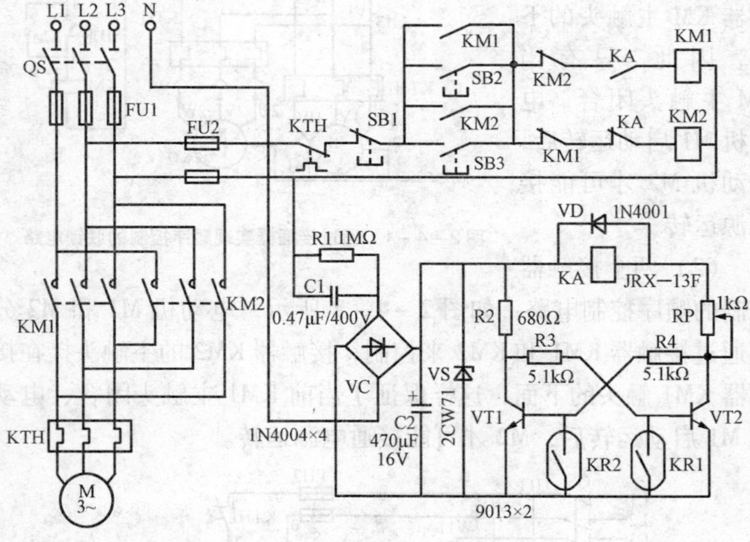

图 2－3－5 利用双稳态电路作限位开关的自动停机控制电路

第四节 顺序控制与多地控制电路

一、顺序控制电路

要求几台电动机的启动或停止必须按一定的先后顺序来完成的控制方式，称为电动机的顺序控制。顺序控制可以通过控制电路实现，也可通过主电路实现。

1. 主电路实现顺序控制的联锁电路

（1）通过接插器实现顺序控制的联锁电路：如图2－4－1所示，电动机M2是通过接插器X接在接触器KM主触头的下面，因此，只有当KM主触头闭合，电动机M1启动运转后，电动机M2才可能接电源运转。

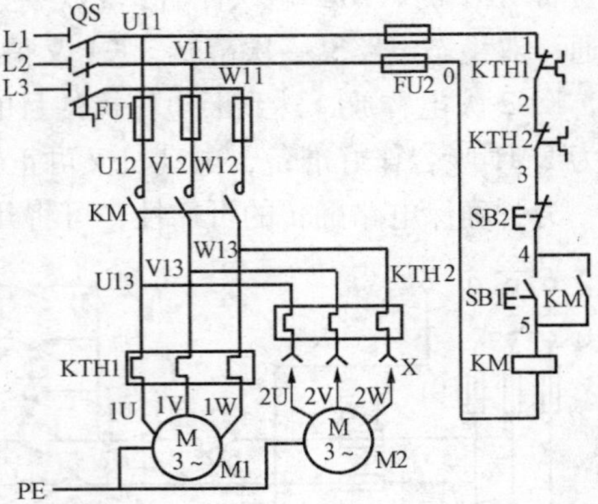

图2－4－1　通过接插器实现顺序控制的联锁电路

（2）两个接触器控制的顺序控制电路：如图2－4－2所示，电动机M1和M2分别通过接触器KM1和KM2来控制，接触器KM2的主触头接在接触器KM1触头的下面，这样保证了当前KM1主触头闭合、电动机M1启动运转后，M2才可能接通电源运转。

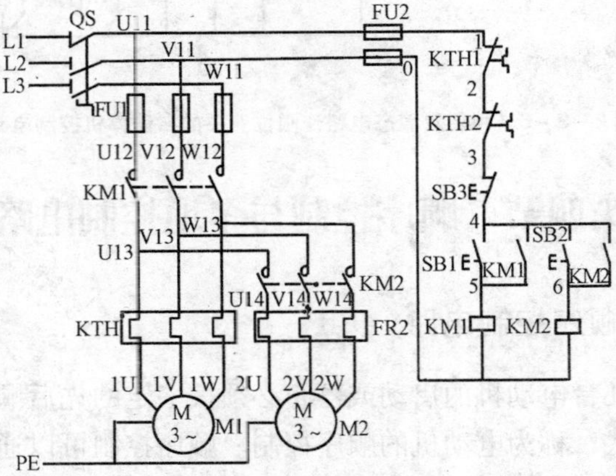

图2－4－2　两个接触器控制的顺序控制电路

2. 控制电路实现顺序控制电路

（1）利用按钮控制来实现顺序控制的电路：图 2－4－3 所示电路的原理及特点：电动机 M2 的控制电路先与接触器 KM1 的线圈并联后再与 KM1 的自锁触头串联，这样保证了 M1 启动后，M2 才能启动的顺序控制要求。

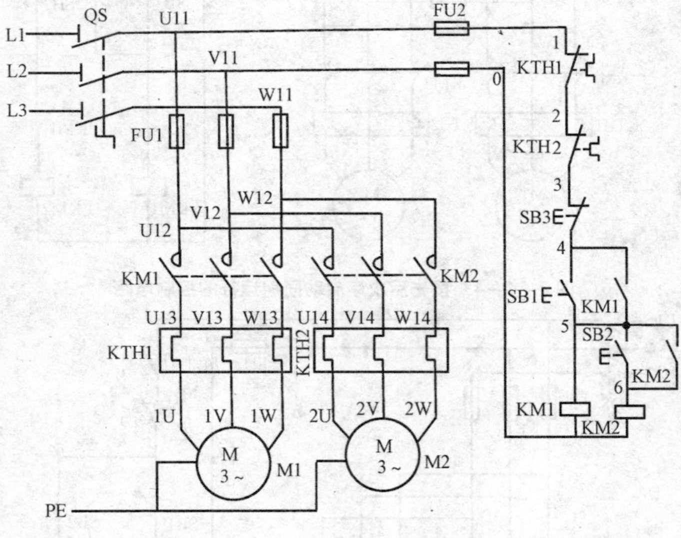

图 2－4－3　控制电路实现顺序控制电路

（2）按先后次序启动同期运行的控制电路：在图 2－4－4 所示的电路中，在电动机 M2 的控制电路中串联了接触器 KM1 的常开辅助触头。显然，只要 M1 不启动，即使按下 SB2，由于 KM1 的常开辅助触头未闭合，KM2 线圈也不能得电，从而保证了 M1 启动后，M2 才能启动的控制要求。电路中停止按钮 SB1 控制两台电动机同时停止，SB2 控制 M2 的单独停止。

（3）第二种按顺序启动同期运行的控制电路：图 2－4－5 是另一种按顺序启动同期运行的控制电路，该电路与图 2－4－4 的不同点是它在各自的控制电路上安装了停止按钮，可以同时实现停车，也可以 M2 单独停车。

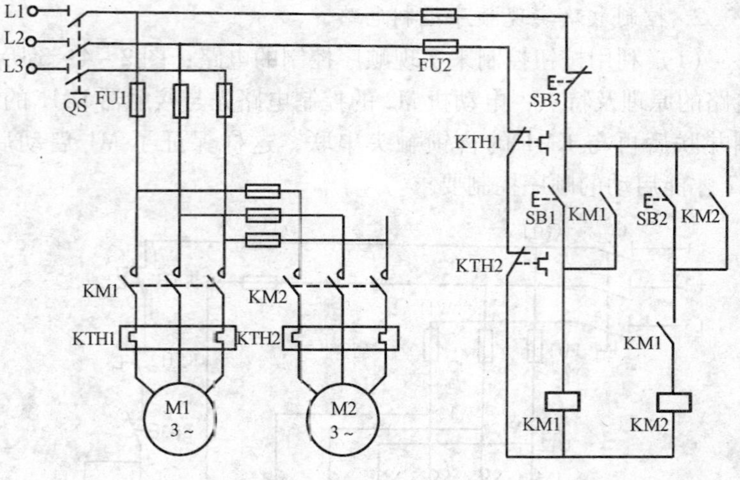

图 2－4－4　按先后次序启动同期运行的控制电路

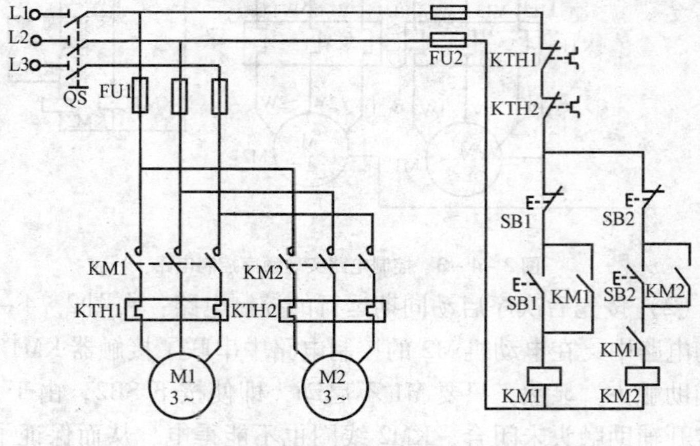

图 2－4－5　第二种按顺序启动同期运行的控制电路

（4）第三种按顺序启动同期运行的控制电路：图 2－4－6 中，启动过程中辅助电动机 M2 可在主电动机 M1 之前先启动，并且只有辅助电动机 M2 停止后主电动机 M1 才能停止。

（5）顺序启动、逆序停转控制的电路：图 2－4－7 是两台电动机顺序启动、逆序停转控制的电路。该电路是在电动机 M2 的控

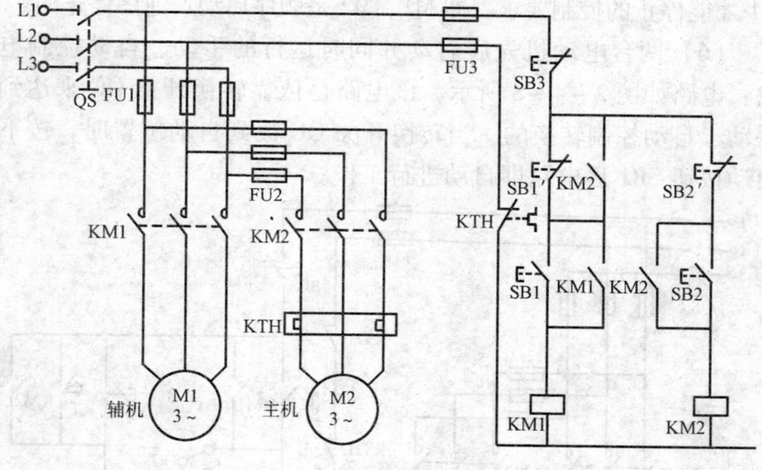

图2－4－6　第三种按顺序启动同期运行的控制电路

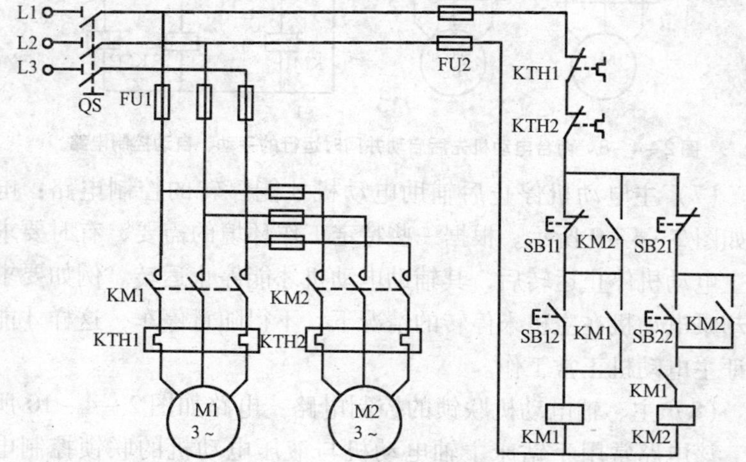

图2－4－7　顺序启动、逆序停转控制的电路

制电路中串联了接触器 KM1 的常开辅助触头。显然，只要 M1 不启动，即使按下 SB21，由于 KM1 的常开辅助触头未闭合，KM2 线圈也不能得电，从而保证了 M1 启动后，M2 才能启动的控制要求。在 SB12 的两端并联了接触器 KM2 的常开辅助触头，从而实现了

M1 才能停止的控制要求，即 M1、M2 是顺序启动、逆序停止的。

（6）两台电动机先后启动并同时运行的手动、自动控制电路：电路如图 2－4－8 所示。该电路是依靠转换开关 QC 来达到手动、自动控制转换的。当转换开关 QC 拨到自动位置时，按下启动按钮 SB1 后电路即自动进行工作。

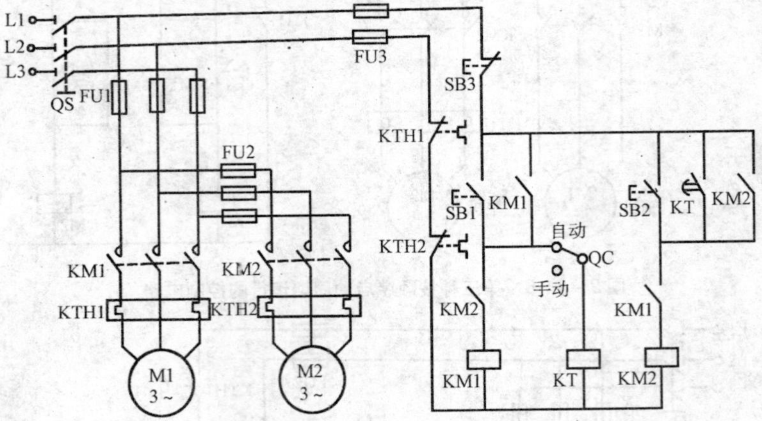

图 2－4－8　两台电动机先后启动并同时运行的手动、自动控制电路

（7）主电动机停止后辅助电动机才能停转的控制电路：电路如图 2－4－9 所示。根据一些特定工作环境的需要，有时要求在主电动机停止运转后，其辅助电动机才能停止运转。例如要求冷却泵电动机在主机未停转的情况下，不得随意停车，这样才能保证主电动机正常工作。

（8）主、辅电动机联锁的控制电路：电路如图 2－4－10 所示。该电路常用于钻床主轴电动机与液压电动机的联锁控制电路，无论是电路短路、过载或接触器未吸合，此电路均可使两台电动机同时运转或同时停转。转换开关 1QC、2QC 即可用做主、辅电动机的控制。

（9）两台电动机按顺序启动的联锁控制电路：电路如图 2－4－11 所示。当按下启动按钮 SB1 时，接触器 KM1 通电，主触

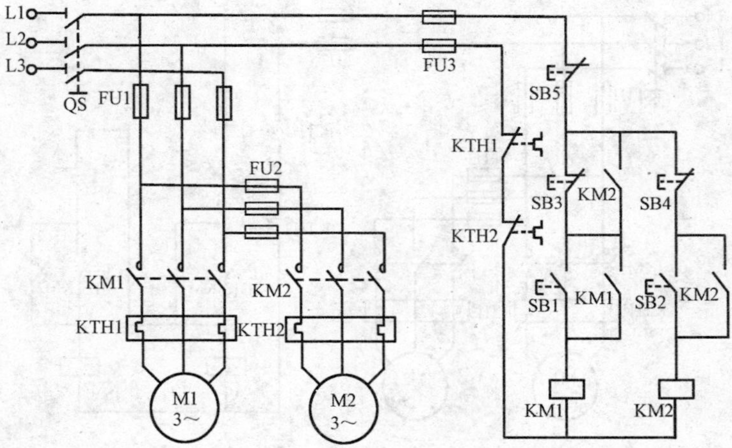

图 2－4－9 主电动机停止后辅助电动机才能停转的控制电路

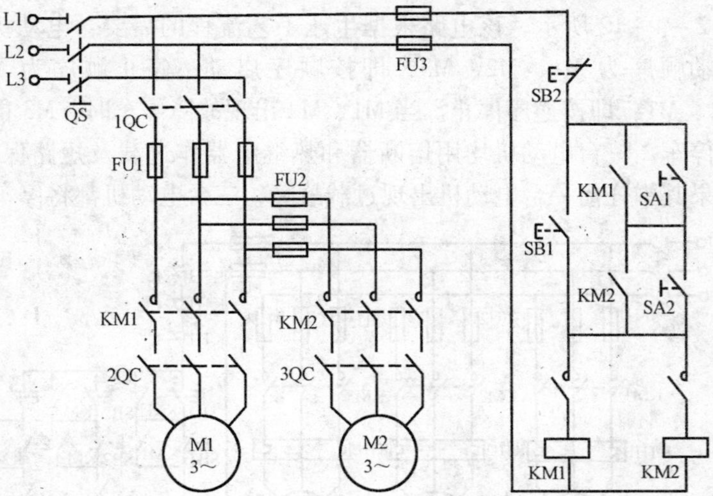

图 2－4－10 主、辅电动机联锁的控制电路

头闭合而接通电动机 M1。其常开联锁触点 KM1 也同时闭合，即为电动机 M2 的启动先期作好了准备。若出现误动作，则可先按下 SB2，电动机 M2 也不会启动。

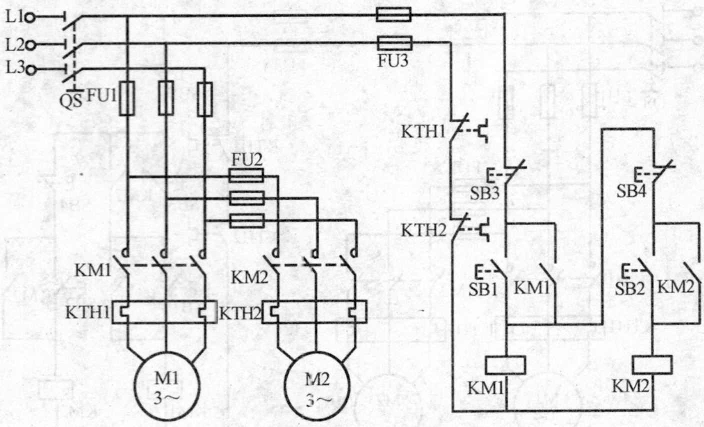

图2-4-11　两台电动机按顺序启动的联锁控制电路

（10）三台电动机顺序启动、逆序停止的控制电路：电路如图2-4-12所示。该电路根据生产工艺流程的需要，电动机的启动顺序为M1、M2、M3，即按顺序启动；停止顺序为M3、M2、M1，即按逆序停止。当M1、M2出现故障停车时，M3能即时停车。三台电动机均用熔断器和热继电器作过载及短路保护，如果其中任何一台电动机出现过载故障，三台电动机都将停车。

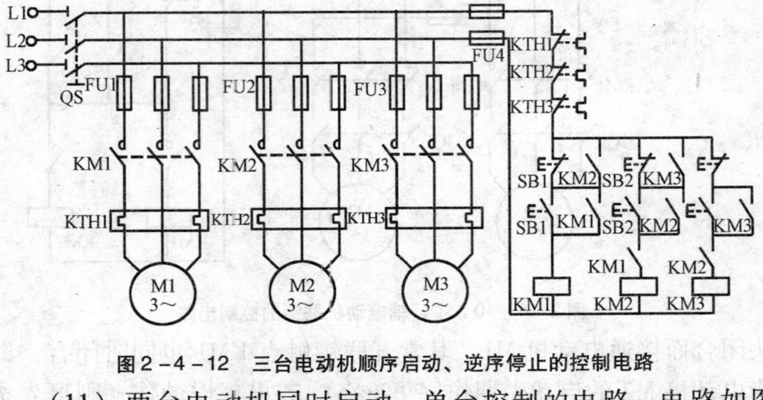

图2-4-12　三台电动机顺序启动、逆序停止的控制电路

（11）两台电动机同时启动、单台控制的电路：电路如图2-4-13所示。该电路是能够同时启动两台电动机，待运行一

段时间后可视需要停下任一台电动机，而只留下另一台继续运行。此时的操作采用手动控制，当按下启动按钮 SB1 时，两台电动机即能同时启动。停止时，分别按下停止按钮 SB2、SB3，就能使电动机停止。

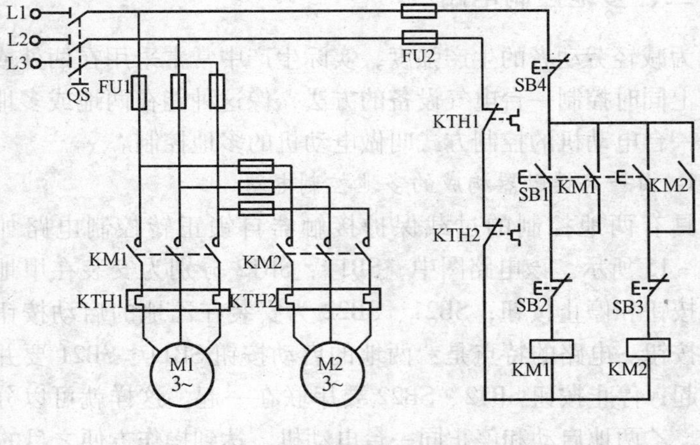

图 2－4－13　两台电动机同时启动、单台控制的电路

（12）两台电动机同时启动，单台运行手动、自动控制的电路：电路如图 2－4－14 所示。该电路能够使两台电动机同时启

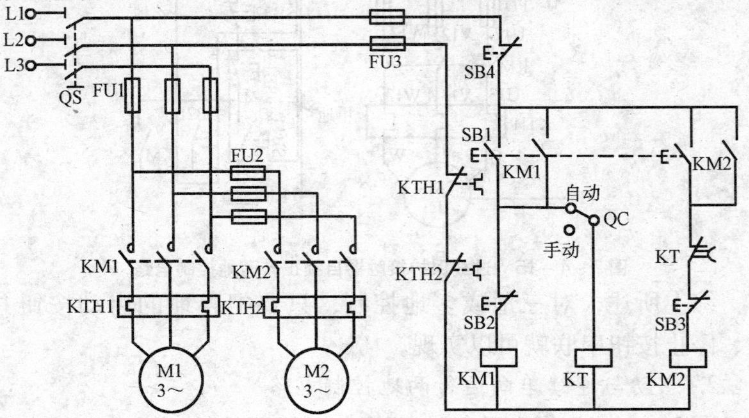

图 2－4－14　两台电动机同时启动，单台运行手动、自动控制的电路

动，待运行一段时间后其中的一台电动机自动停下来，而另一台则仍继续运行。电路中的转换开关 QC 被拨到手动位置时即作手动控制，拨到自动位置时即作自动控制。

二、多地控制电路

为减轻劳动者的生产强度，实际生产中常常采用在两处或两处以上同时控制一台电气设备的方法，像这种能在两地或多地控制同一台电动机的控制方式叫做电动机的多地控制。

1. 由一只接触器构成的多地控制电路

具有两地控制的过载保护接触器自锁正转控制电路如图 2－4－15 所示。该电路图中，SB11、SB12 分别为安装在甲地的启动按钮和停止按钮；SB21、SB22 为安装在乙地的启动按钮和停止按钮。电路的特点是：两地的启动按钮 SB11、SB21 要并联在一起；停止按钮 SB12、SB22 要串联在一起。这样就可以分别在甲、乙两地启动和停止同一台电动机，达到操作方便之目的。

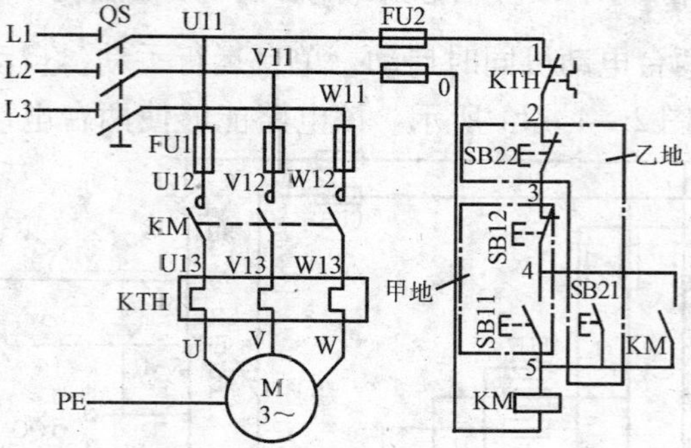

图 2－4－15 过载保护接触器自锁正转两地控制电路

综上所述，对三地或多地控制，只要把各地的启动按钮并联、停止按钮串联就可以实现。

2. 点动与连续单向运行两地控制电路

图 2－4－16 为点动与连续单向运行两地控制电路。该电路采用两组按钮，故除了能对电动机进行点动与连续单向运行控制

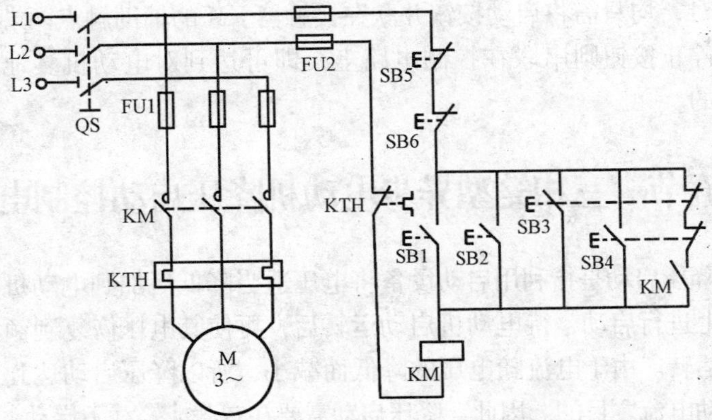

图2－4－16　点动与连续单向运行两地控制电路

外，还可实行两地控制。操作时，按下启动按钮SB1或SB2，接触器KM的电磁线圈得电接通主电路，其辅助触点闭合自锁，电动机作单向连续运行。按下点动按钮SB3或SB4时，由于这两只复合按钮的常闭触点将接触器KM辅助触点断开而不能自锁，因而电动机即作点动断续运行。

3. 由一只交流接触器构成的三地控制电路

电路如图2－4－17所示。对于该类控制电路无论其按钮增加

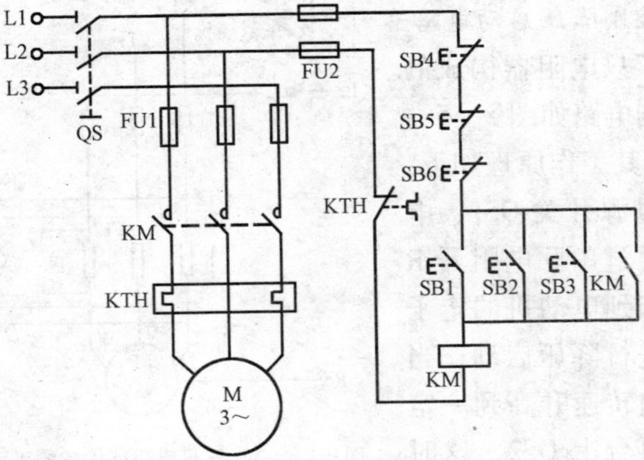

图2－4－17　由一只交流接触器构成的三地控制电路

多少对，均只需将启动按钮并联在接触器 KM 的辅助触点两端，而所有停止按钮则串联在控制电路上，即可达到对电动机多地控制的目的。

第五节　三相笼型异步电动机降压启动控制电路

降压启动是指利用启动设备将电压适当降低后加到电动机定子绕组上进行启动，待电动机启动运转后，再使其电压恢复到额定值正常运转。由于电流随电压的降低而减小，所以降压启动达到了减小启动电流之目的。因此，降压启动需要在空载或轻载下启动。

通常规定：电源容量在 180 kV·A 以上、电动机容量在 7 kW 以下的三相异步电动机可采用直接启动。

凡不满足直接启动条件的，均须采用降压启动。常见的降压启动方法有四种：定子绕组串联电阻器降压启动、自耦变压器（补偿器）降压启动、Y－△降压启动和延边三角形降压启动。

一、定子绕组串联电阻器降压启动电路

1. 由三只电阻器构成的手动控制降压启动电路

由三只电阻器构成的手动控制电路如图 2－5－1 所示。其工作原理如下：先合上电源开关 QS1，电源电压通过串联电阻器 R 分压后加到电动机的定子绕组上进行降压启动；当电动机的转速升高到一定值时，再合上 QS2，这时电阻器 R 被开关 QS2 的触

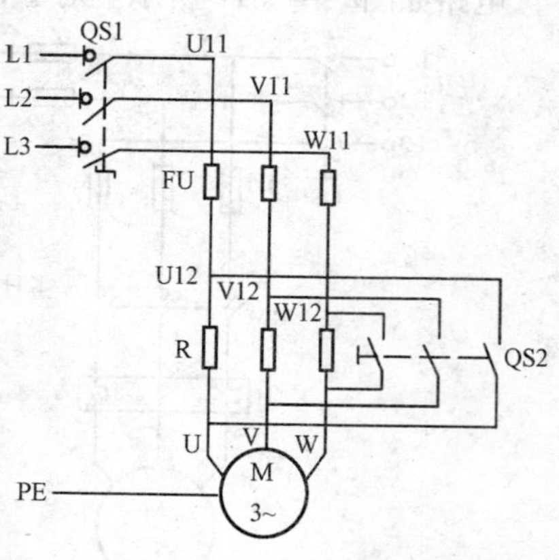

图 2－5－1　三只电阻器构成的手动控制降压启动电路

头短接，电源电压直接加到定子绕组上，电动机便在额定电压下正常运转。

2. 由两只交流接触器构成的按钮与接触器控制降压启动电路

由两只交流接触器构成的按钮与接触器控制降压启动电路如图 2-5-2 所示。

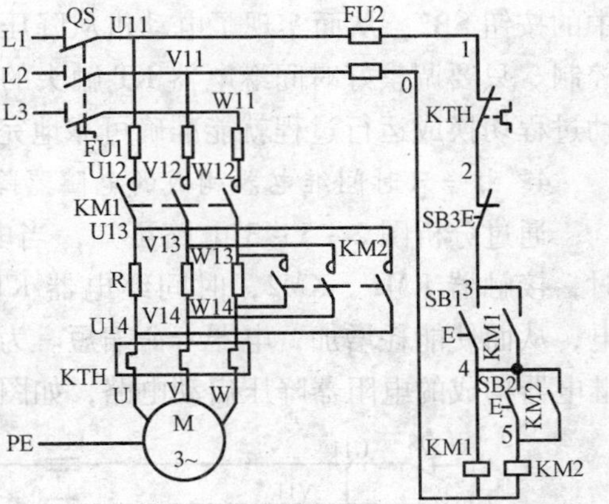

图 2-5-2　由两只交流接触器构成的按钮与接触器控制降压启动电路

3. 由一只时间继电器构成的电阻器降压启动电路（一）

由一只时间继电器构成的电阻器降压启动电路如图 2-5-3 所示。这个电路中用时间继电器 KT 代替了图 2-5-2 所示电路

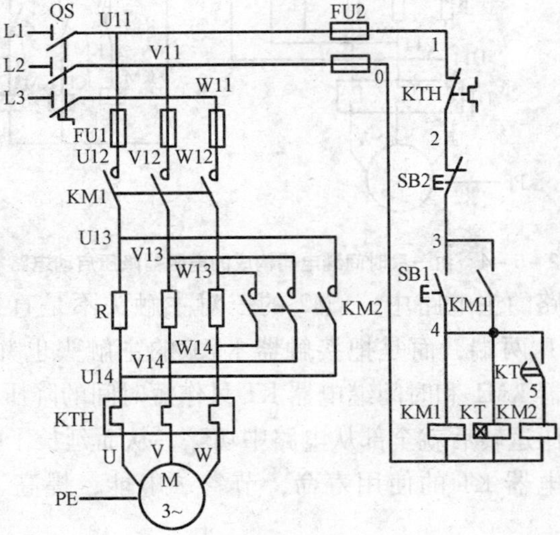

图 2-5-3　由一只时间继电器构成的电阻器降压启动电路（一）

中的按钮 SB2，从而实现了电动机从降压启动到全压运行的自动控制。只要调整好时间继电器 KT 触头的动作时间，电动机由启动过程切换成运行过程就能准确可靠地完成。

4. 由一只时间继电器构成的电阻器降压启动电路（二）

通过分析图 2－5－3 电路可知，当电动机 M 全压正常运转时，接触器 KM1、KM2，时间继电器 KT 的线圈均需长时间通电，从而使能耗增加，电器寿命缩短。为此，设计了另一种时间继电器构成的电阻器降压启动电路，如图 2－5－4 所示。

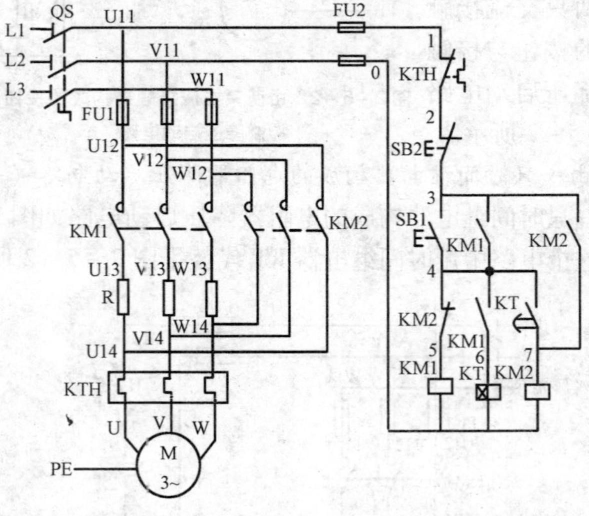

图 2－5－4 由一只时间继电器构成的电阻器降压启动电路（二）

该电路的主电路中，KM2 的三对主触头不是直接并联在启动电阻器 R 两端，而是把接触器 KM1 的主触头也并联了进去，这样接触器 KM1 和时间继电器 KT 只作短时间的降压启动用，待电动机全压运转后就全部从电路中切除，从而延长了接触器 KM1 和时间继电器 KT 的使用寿命，节省了电能，提高了电路的可靠性。

5. 手动、自动混合串联电阻器降压启动电路

手动、自动混合串联电阻器降压启动电路如图 2－5－5 所示。该电路在控制电路中增加了一个操作开关 SA 和一个升压按钮 SB2。

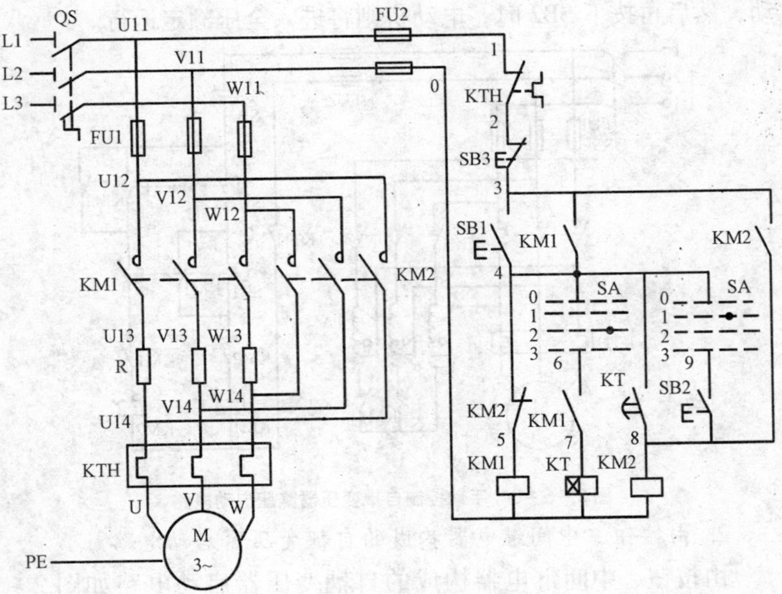

图 2－5－5 手动、自动混合串联电阻器降压启动电路

串联电阻器降压启动的缺点是减小了电动机的启动转矩，同时启动时在电阻器上的功率消耗也较大。如果启动频繁，则电阻器的温度很高，对于精密的机床会产生一定的影响，故目前这种降压启动的方法在生产实际中的应用正在逐步减少。

二、自耦变压器降压启动电路

自耦变压器降压启动是指电动机启动时，利用自耦变压器来降低在电动机定子绕组上的启动电压，待电动机启动后，再使电动机与自耦变压器脱离，从而在全压下全速运行。

1. 手动控制自耦变压器降压启动电路

手动控制自耦变压器降压启动电路如图 2－5－6 所示。该电路由两只交流接触器 KM1、KM2，按钮 SB1、SB2、SB3 和热继电器 KTH 等组成。当按下 SB1 时，电动机经自耦变压器降压启动，然后再按下 SB2 时，电动机则将进入全压额定运行。

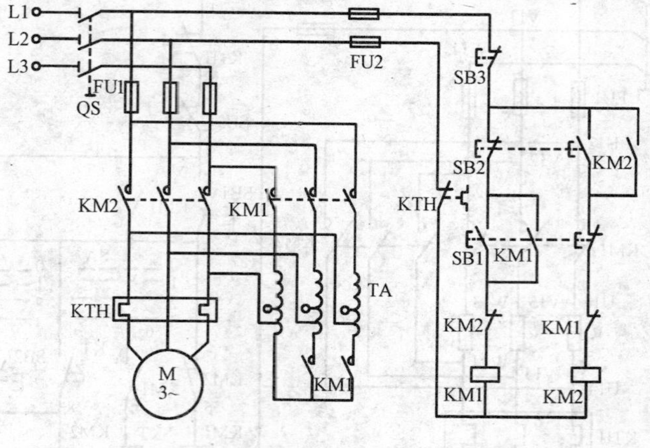

图 2－5－6 手动控制自耦变压器降压启动电路

2. 由按钮、中间继电器构成的自耦变压器启动电路

由按钮、中间继电器构成的自耦变压器启动电路如图 2－5－7 所示。该电路增加了一只中间继电器 KA 和接触器 KM3，能可靠地防止因误操作而引起的电动机全压启动，也不会出现启动过程中的间歇断电和二次电流。

3. 由按钮、中间继电器、接触器构成的自耦变压器启动电路

由按钮、中间继电器、接触器构成的自耦变压器启动电路如图 2－5－8 所示。该控制电路有如下优点：

（1）启动时若操作者直接误按 SB2，接触器 KM3 线圈也不会得电，避免电动机全压启动。

（2）由于接触器 KM1 的常开触头与 KM2 线圈串联，所以当降压启动完毕后，接触器 KM1、KM2 均失电，即使接触器 KM3

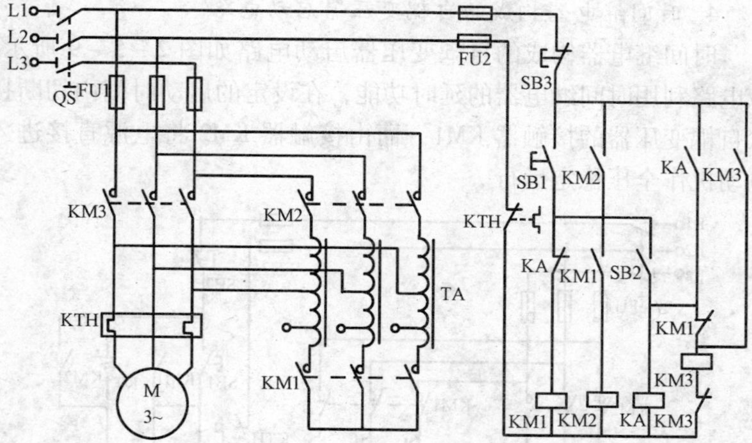

图2－5－7　按钮、中间继电器构成的自耦变压器启动电路

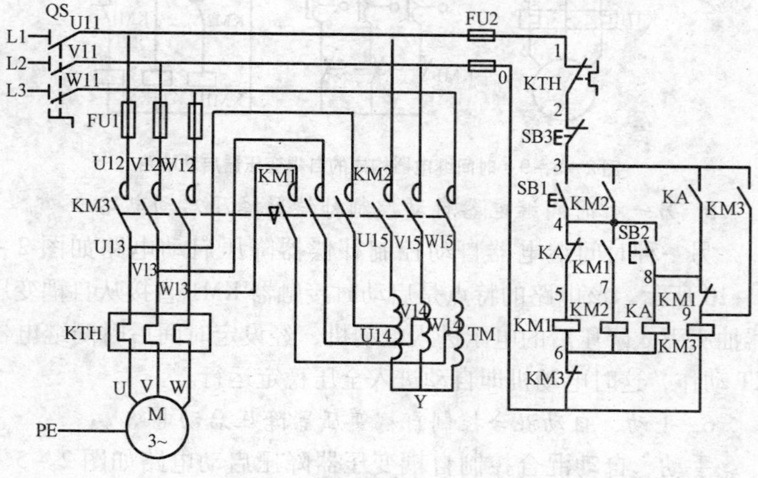

图2－5－8　由按钮、中间继电器、接触器构成的自耦变压器启动电路

出现故障使触头无法闭合时，也不会使电动机在低压下运行。

该电路的缺点是从降压启动到全压运转，需两次按动按钮，操作不便，且间隔时间也不能准确掌握。

4. 时间继电器构成的自耦变压器启动电路

时间继电器构成的自耦变压器启动电路如图 2－5－9 所示。该电路利用时间继电器的延时功能，在设定的启动时间内切断接入自耦变压器的接触器 KM1，而由接触器 KM2 将电源直接进入电动机作全压稳定运行。

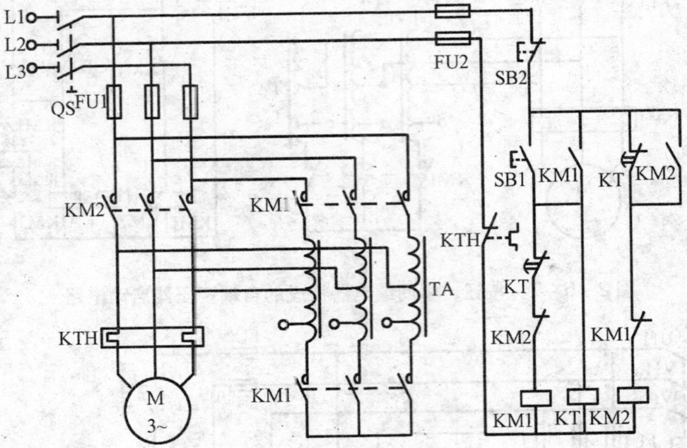

图 2－5－9　时间继电器构成的自耦变压器启动电路

5. 另一种时间继电器自动控制补偿器降压启动电路

另一种时间继电器自动控制补偿器降压启动电路如图 2－5－10 所示。该电路的特点是启动时接触器 KM1 直接从自耦变压器抽头引入降压后的电压进入电动机，经设定时间后时间继电器 KT 动作，这时电动机即自动进入全压稳定运行。

6. 手动、自动混合控制自耦变压器降压启动电路

手动、自动混合控制自耦变压器降压启动电路如图 2－5－11 所示。该电路是一种既能手动又能自动控制的自耦变压器降压启动电路，它适用于较大容量的笼型三相异步电动机既需要手动又需要自动启动的场合。

7. XJ01 型自动控制自耦变压器降压启动电路

XJ01 型自动控制自耦变压器降压启动电路如图 2－5－12 所

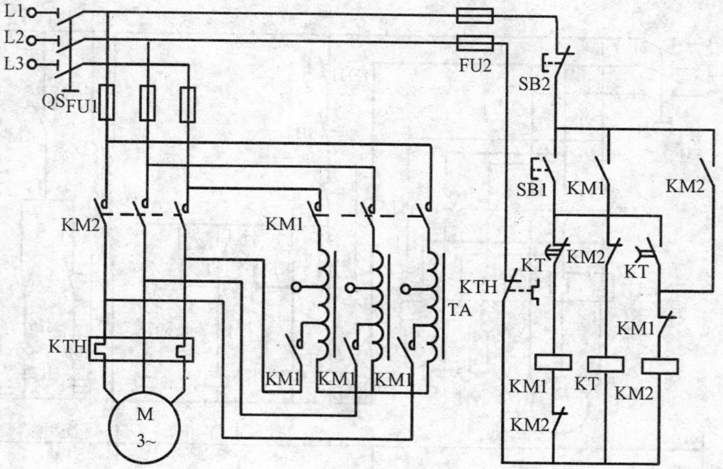

图2-5-10　另一种时间继电器自动控制补偿器降压启动电路

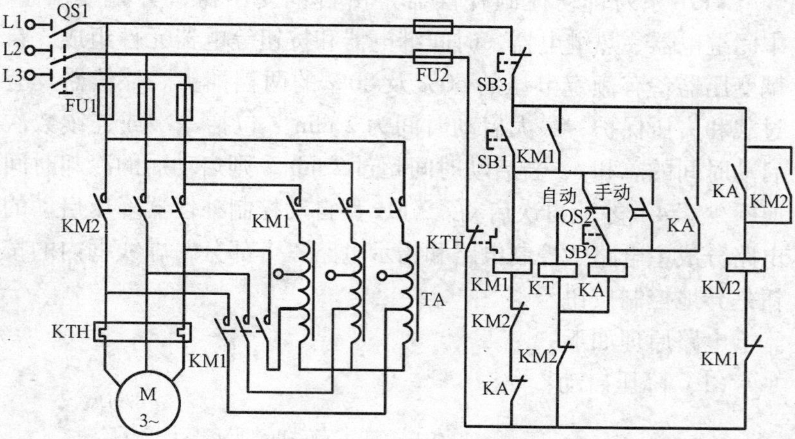

图2-5-11　手动、自动混合控制自耦变压器降压启动电路

示。XJ01 系列自动控制补偿器广泛应用于自耦变压启动自动控制设备，适用于交流为 50 Hz、电压为 380 V、功率为 14 ~ 75 kW 的三相笼型异步电动机的降压启动。

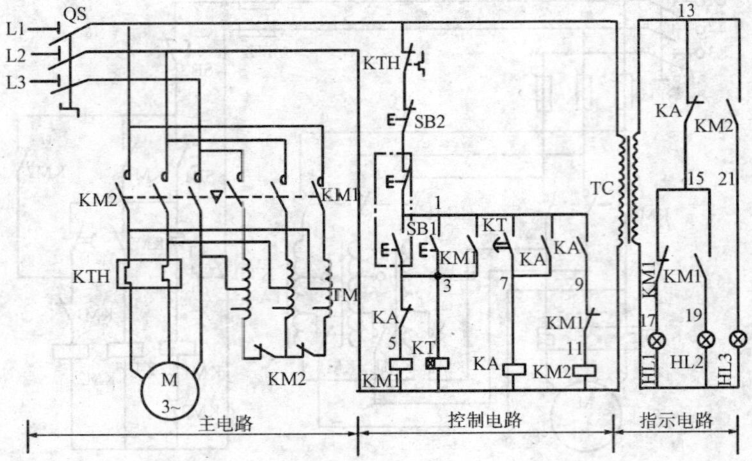

图 2-5-12 XJ01 型自动控制补偿器降压启动电路

XJ01 系列自动控制补偿器是由自耦变压器、交流接触器、中间继电器、热继电器、时间继电器和按钮等电器元件组成。自耦变压器备有额定电压的 60% 及 80% 的两挡抽头。补偿器具有过载和失压保护，最大启动时间为 2 min（包括一次或连续数次启动时间的总和），若启动时间超过 2 min，则启动后的冷却时间应不少于 4 h 才能再次启动。XJ01 型自动控制补偿器降压启动的电路分成主电路、控制电路和指示电路三个部分，虚线框内的按钮是异地控制按钮。

电路原理如下：

（1）降压启动：

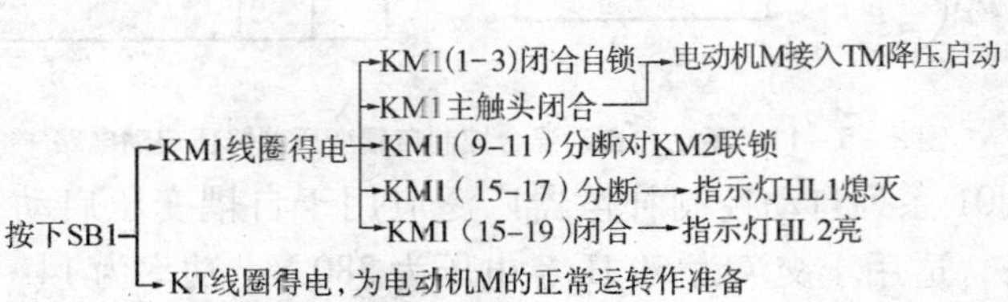

（2）全压运行：

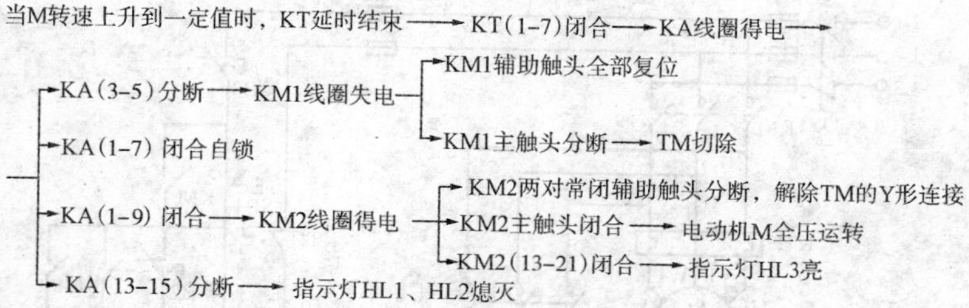

由以上分析可见，指示灯 HL1 亮，表示电源有电，电动机处于停止状态；指示灯 HL2 亮，表示电动机处于降压启动状态；指示灯 HL3 亮，表示电动机处于全压运行状态。停止时，按下停止按钮 SB2，控制电路失电，电动机停转。

自耦变压器降压启动除了有自动式还有手动式，常见的有 QJ3 系列油浸式和 QJ10 系列空气式。QJ3 系列油浸式属于应淘汰产品。

自耦变压器降压启动的优点是启动转矩和启动电流可以调节，缺点是设备庞大，成本较高。因此，这种降压启动方法适用于额定电压为 220/380 V、接法为△－Y 形、容量较大的三相异步电动机的降压启动。

三、Y－△降压启动电路

Y－△降压启动是指电动机启动时，把定子绕组接成星形，以降低启动电压，限制启动电流。待电动机启动后，再把定子绕组改接成三角形，使电动机全压运行。凡是在正常运行时定子绕组作三角形连接的异步电动机，均可采用这种降压启动方法。

电动机启动时接成星形，加在每相定子绕组上的启动电压只有三角形接法的 $1/\sqrt{3}$，启动电流为三角形接法的 1/3，启动转矩也只有三角形接法的 1/3。所以这种降压启动方法，只适用于轻载或空载下启动。

1. 按钮—接触器控制 Y－△降压启动电路

按钮—接触器控制 Y－△降压启动电路如图 2－5－13 所示。

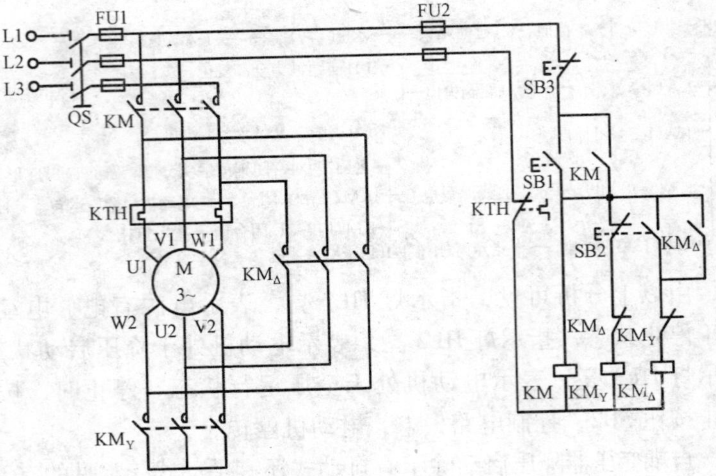

图 2-5-13 按钮—接触器控制 Y-△降压启动电路

2. 时间继电器自动控制 Y-△降压启动电路（一）

第一种时间继电器自动控制 Y-△降压启动电路如图 2-5-14 所示。该电路由三个接触器，一个热继电器，一个时间继电器和两个按钮组成。时间继电器 KT 用做控制星形降压启动时间和完成星形与三角形间的自动切换。

该电路中，接触器 KM_Y 得电以后，通过 KM_Y 的常开辅助触头使接触器 KM 得电动作，这样 KM_Y 主触头是在无负载的条件下进行闭合的，故可延长接触器 KM_Y 主触头的使用寿命。

3. 时间继电器自动控制 Y-△降压启动电路（二）

另一种时间继电器自动控制 Y-△降压启动电路如图 2-5-15 所示。该电路主要由一只时间继电器和三只接触器 KM_Y、KM、KM_{Δ}组成，时间继电器经一定延时时间后，即自动将电动机从启动星形接法转换成三角形接法。

4. 时间继电器自动控制 Y-△降压启动电路（三）

第三种时间继电器自动控制 Y-△降压启动电路如图 2-5-16 所示，该电路的工作原理与图 2-5-15 基本相同。

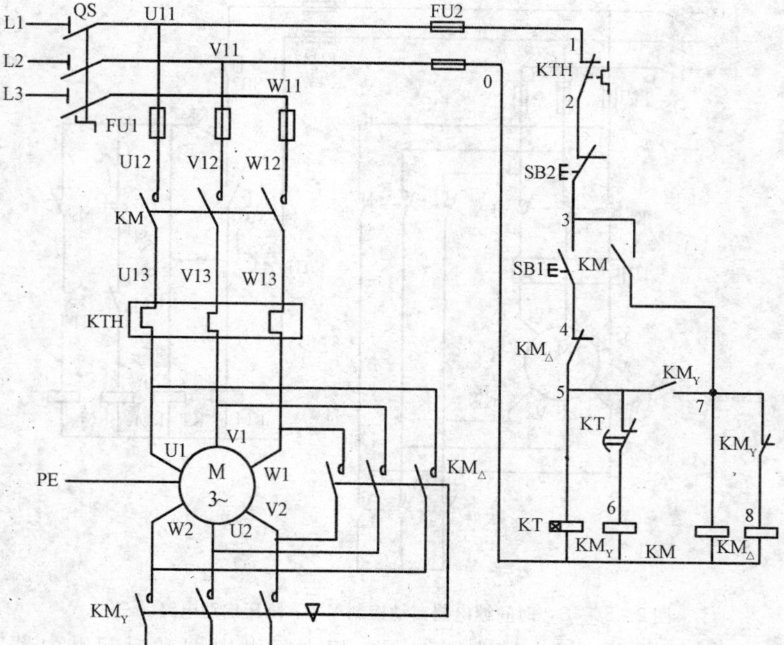

图 2-5-14 时间继电器自动控制 Y-△降压启动电路

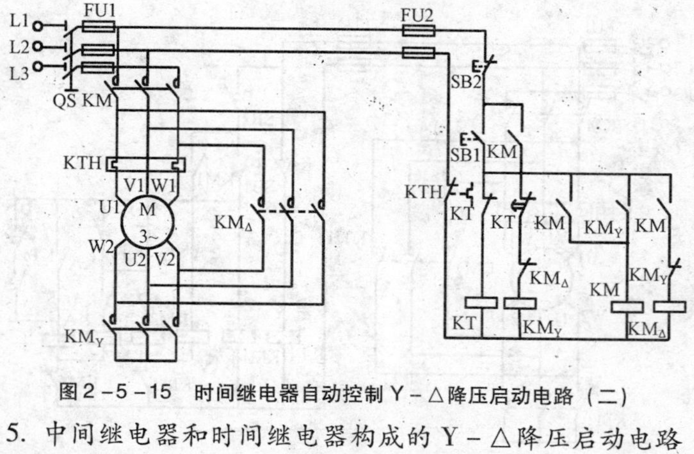

图 2-5-15 时间继电器自动控制 Y-△降压启动电路（二）

5. 中间继电器和时间继电器构成的 Y-△降压启动电路

中间继电器和时间继电器构成的 Y-△降压启动电路如图

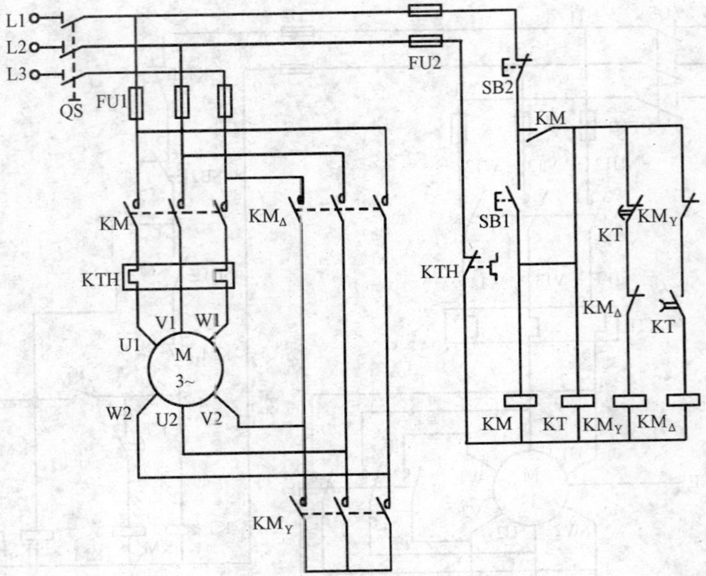

图 2－5－16　时间继电器自动控制 Y－△降压启动电路（三）

2－5－17 所示。该电路中增加了一只中间继电器和时间继电器，因而可以防止大功率电动机在 Y－△接法转换过程中，因电弧不

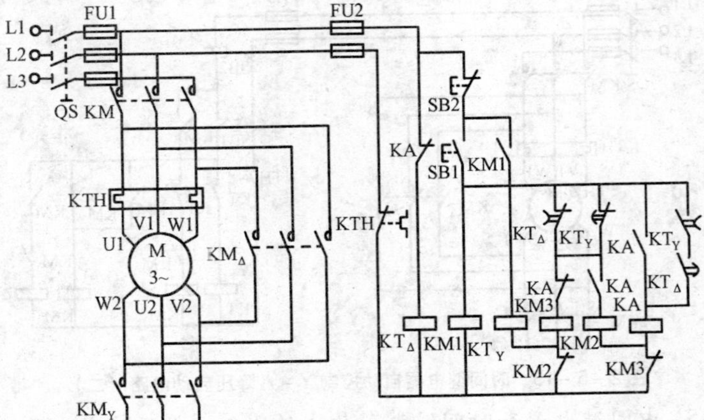

图 2－5－17　中间继电器和时间继电器构成的 Y－△降压启动电路

能完全熄灭而可能造成短路。

6. QJ3—13 型 Y－△自动启动电路

时间继电器自动控制 Y－△降压启动电路的定型产品有 QX3、QX4 两个系列，称之为 Y－△自动启动器。它们的主要技术数据如表 2－5－1 所示。

表 2－5－1　QX3、QX4 系列 Y－△降压启动电路的主要技术数据

启动器型号	控制功率/kW			配用热元件的额定电流/A	延时调整范围/s
	220V	380V	500V		
QX3—13	7	13	13	11、16、22	4～16
QX3—30	17	30	30	32、45	4～16
QX4—17	—	17	13	15、19	11、13
QX4—30	—	30	22	25、34	15、17
QX4—55	—	55	44	45、61	20、24
QX4—75	—	75	—	85	30
QX4—125	—	125	—	100～160	14～60

QX3—13 型 Y－△自动启动器外型结构和电路如图 2－5－18 所示。这种启动器主要由三个接触器（KM、$KM_{\triangle}$、KM_{Y}），一个热继电器 KTH，一个通电延时型时间继电器 KT 和按钮等组成。

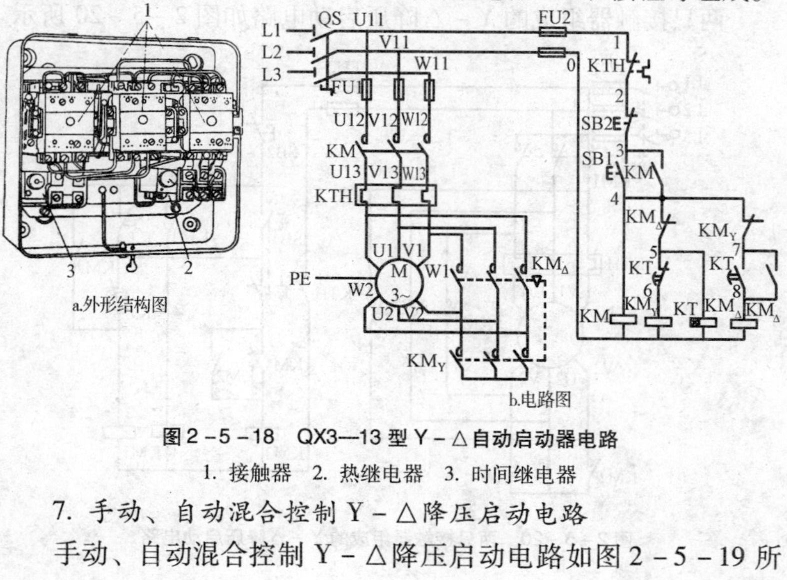

a.外形结构图　　b.电路图

图 2－5－18　QX3—13 型 Y－△自动启动器电路

1. 接触器　2. 热继电器　3. 时间继电器

7. 手动、自动混合控制 Y－△降压启动电路

手动、自动混合控制 Y－△降压启动电路如图 2－5－19 所

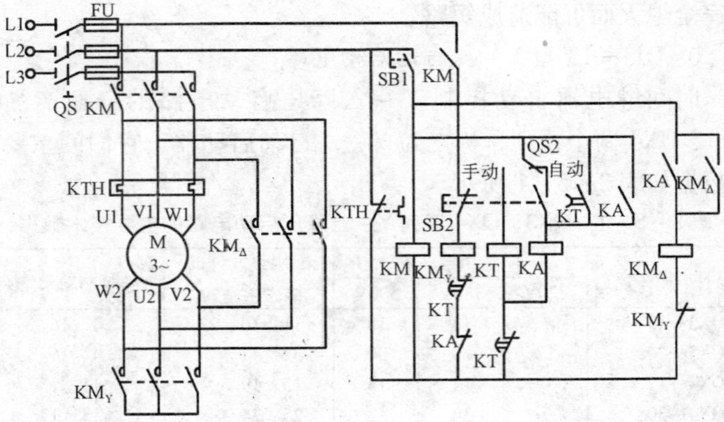

图2-5-19　手动、自动混合控制Y-△降压启动电路

示。该电路是既能手动又能自动远距离操作的Y-△降压启动电路。它由中间继电器、时间继电器以及交流接触器等组成，可用于大功率电动机的启动。

8. 两只接触器组成的Y-△降压启动电路

两只接触器组成的Y-△降压启动电路如图2-5-20所示。

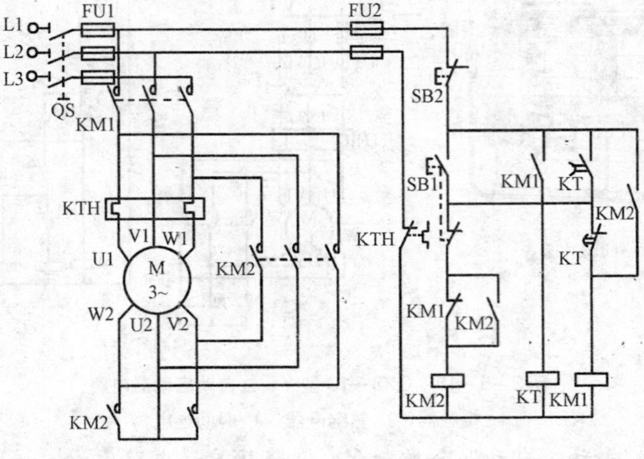

图2-5-20　两只接触器组成的Y-△降压启动电路

该电路的特点是利用接触器 KM2 的常闭触点作为星形的星接点，待时间继电器延时启动结束，致使接触器 KM2 得电动作，电动机即由星形转换为三角形全压运行。

四、延边三角形降压启动电路

延边三角形降压启动是在 Y－△降压启动的基础上加以改进而形成的一种启动方式，它把星形和三角形两种接法结合起来，使电动机每相定子绕组承受的电压小于三角形接法时的相电压，而大于星形接法时的相电压，并且每相绕组电压的大小可随电动机绕组的抽头（U3、V3、W3）位置的改变而调节，从而克服了 Y－△降压启动电路电压偏低、启动转矩偏小的缺点。

1. 按钮控制延边三角形降压启动电路

按钮控制延边三角形降压启动电路如图 2－5－21 所示。延边三角形降压启动时，按下 SB1，接触器 KM1 得电，KM1 辅助常开触点使 KM3 得电，进行降压启动；在一定时间后，按下 SB2 使 KM3 失电，KM2 得电，电动机便进入全压运行状态。

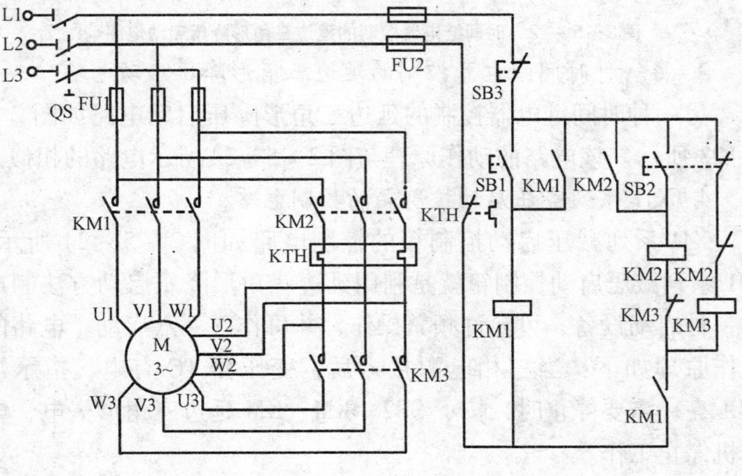

图 2－5－21　按钮控制延边三角形降压启动电路

2. 时间继电器控制的延边三角形降压启动电路

时间继电器控制的延边三角形降压启动电路如图 2 – 5 – 22 所示。

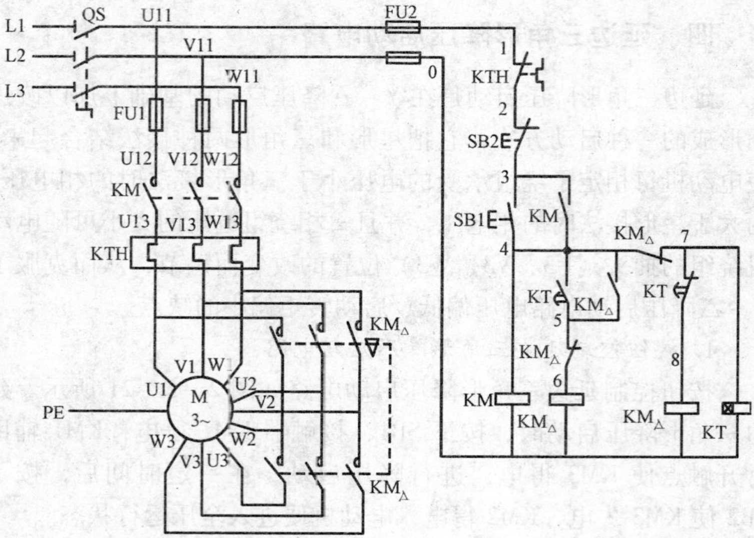

图 2 – 5 – 22 时间继电器控制的延边三角形降压启动电路

3. 另一种时间继电器控制的延边三角形降压启动电路

另一种时间继电器控制的延边三角形降压启动电路如图 2 – 5 – 23 所示。该电路的动作原理与图 2 – 5 – 22 所示电路的相似。

4. XJ1 系列减压启动控制箱的控制电路

XJ1 系列减压启动控制箱的控制电路如图 2 – 5 – 24 所示。XJ1 系列减压启动控制箱就是利用延边三角形降压启动方法制成的一种启动设备，可允许频繁操作，并可作 Y – △启动。电路的工作原理如下：当三相电源接入后，变压器 TC 有电，指示灯 HL1 亮。需要停止时，按下 SB2，KM、KM 延边三角形失电，电动机停止工作。

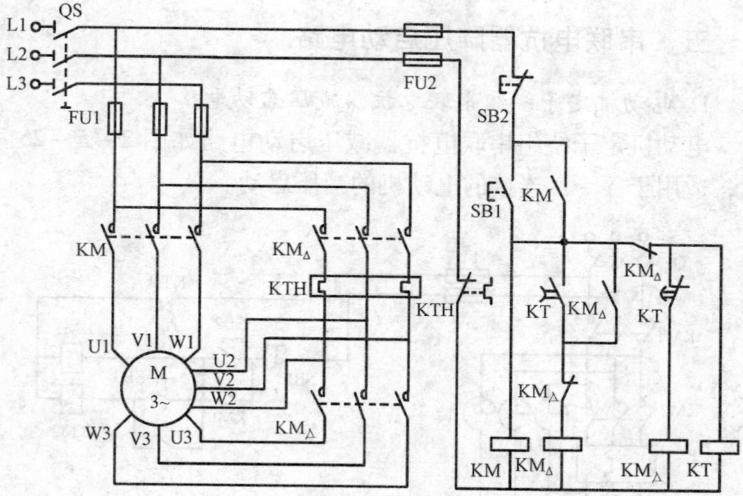

图 2－5－23　另一种时间继电器控制的延边三角形降压启动电路

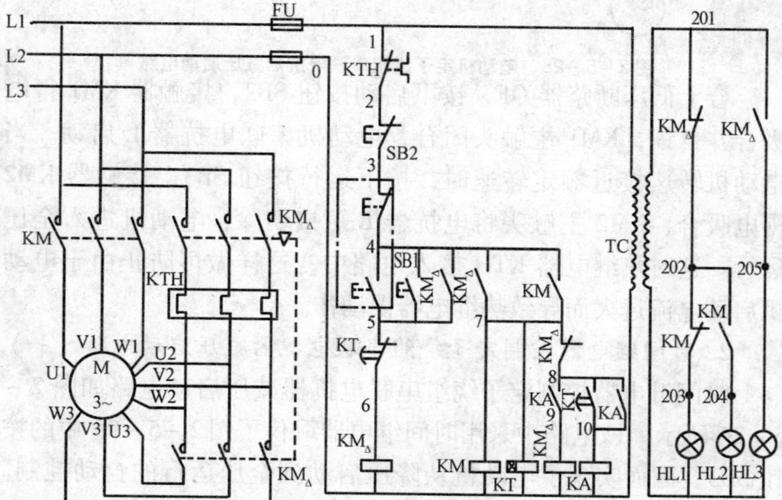

图 2－5－24　XJ1 系列减压启动控制箱的控制电路

五、串联电抗器降压启动电路

1. 电动机定子绕组串联叵抗器减压启动电路

电动机定子绕组串联电抗器减压启动电路如图 2 – 5 – 25 所示，适用于 Y – △连接的电动机的减压启动。

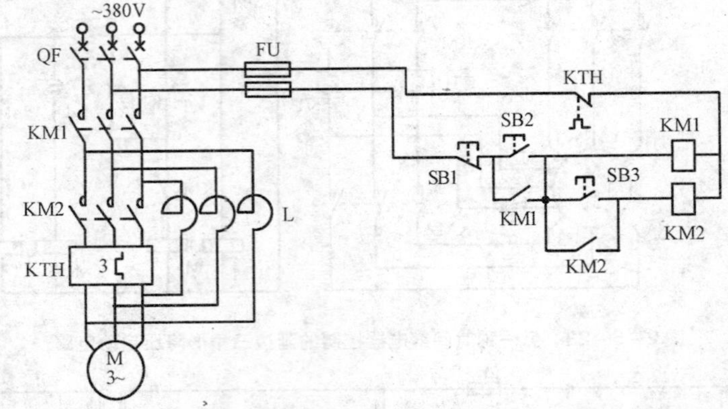

图 2 –5 –25　电动机定子绕组串联电抗器减压启动电路

合上低压断路器 QF，按下启动按钮 SB2，接触器 KM1 得电吸合并自锁，KM1 主触头闭合，电动机串联电抗器 L 启动。当电动机转速接近额定转速时，按下运行按钮 SB3，接触器 KM2 得电吸合，KM2 主触头将电抗器 L 短接切除，电动机进入全压运行。这时热继电器 KTH 接入电路中，这样做可防止由于电动机启动电流过大而导致热继电器误动作。

2. 时间继电器控制定子绕组串联电抗器减压启动电路（一）

时间继电器控制定子绕组串联电抗器减压启动电路如图 2 – 5 – 26 所示。该电路中采用时间继电器取代了图 2 – 5 – 25 中的按钮 SB3，因而实现了电动机从降压启动到全压运行的自动控制。如需停止电动机运行，只需要按下按钮 SB2 即可。

3. 时间继电器控制定子绕组串联电抗器减压启动电路（二）

第二种时间继电器控制定子绕组串联电抗器减压启动电路如图 2 – 5 – 27 所示。该电路中接触器 KM1、KM2 的三对主触头都

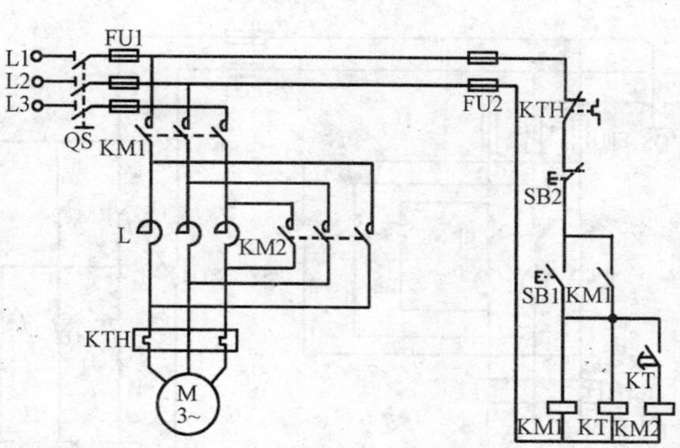

图2-5-26　时间继电器控制定子绕组串联电抗器减压启动电路（一）

并联在电抗器上，这样时间继电器 KT 和接触器 KM 均只作短时降压启动用，因而延长了整个控制电路的使用寿命。

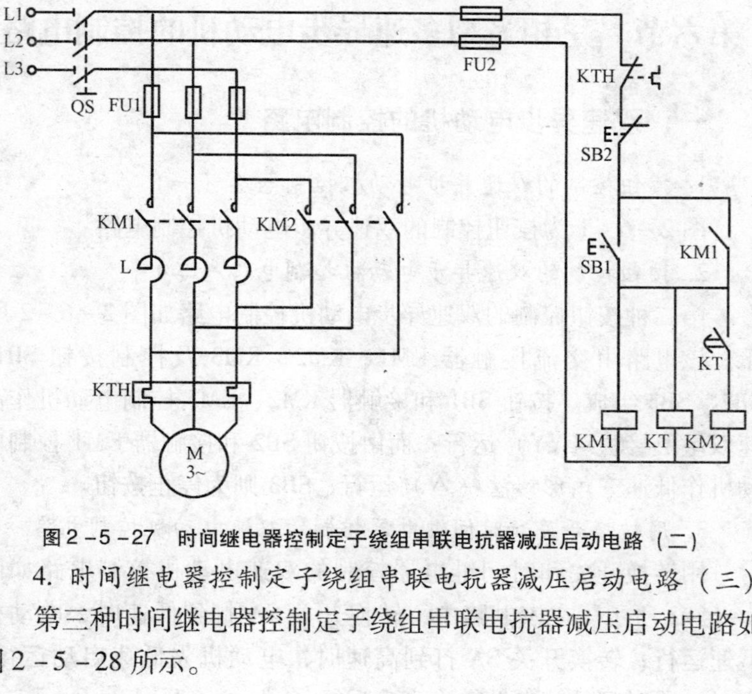

图2-5-27　时间继电器控制定子绕组串联电抗器减压启动电路（二）

4. 时间继电器控制定子绕组串联电抗器减压启动电路（三）

第三种时间继电器控制定子绕组串联电抗器减压启动电路如图2-5-28所示。

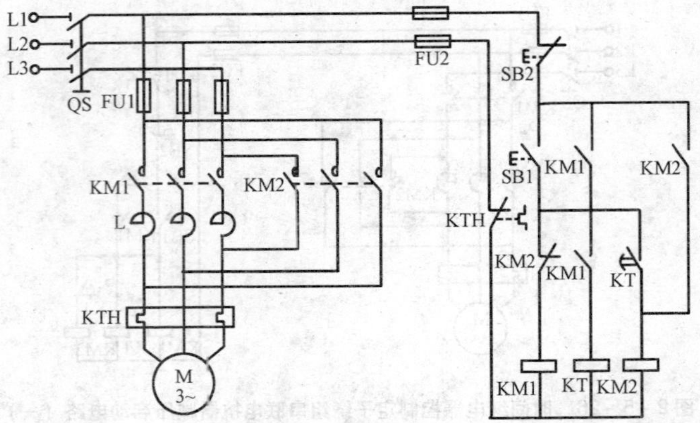

图2-5-28 时间继电器控制定子绕组串联电抗器减压启动电路（三）

第六节 三相笼型多速异步电动机的控制电路

一、双速异步电动机的控制电路

1. 按钮控制的双速异步电动机控制电路（一）

图2-6-1为按钮控制的双速异步电动机控制电路。

2. 按钮控制的双速异步电动机控制电路（二）

第二种按钮控制的双速异步电动机控制电路如图2-6-2所示。该电路由交流接触器KM1、KM2、KM3及控制按钮SB1、SB2、SB3组成。按钮SB1和接触器KM2、KM3控制电动机作高速双星形接法（YY）运行；而由按钮SB2和接触器KM1控制电动机作低速三角形接法（△）运行；SB3则为停止按钮。

3. 用转换开关和时间继电器控制的双速电动机控制电路

用转换开关和时间继电器控制的双速电动机控制电路如图2-6-3所示。在该电路中，转换开关SA打到低速时，电动机低速运行；转换开关SA打到高速时，电动机先低速启动运行，经过一段时间后，自动转入高速运行。

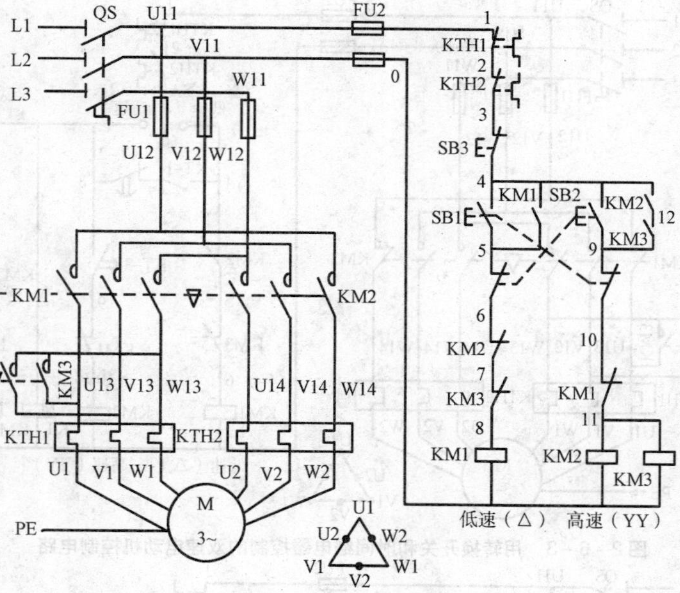

图 2-6-1　按钮控制的双速异步电动机控制电路（一）

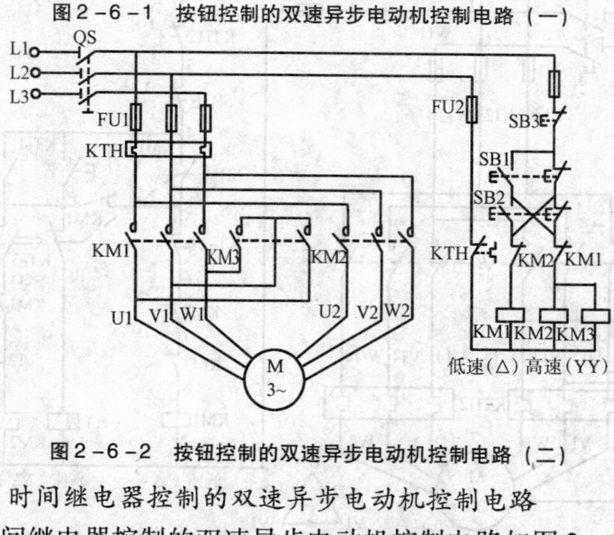

图 2-6-2　按钮控制的双速异步电动机控制电路（二）

4. 时间继电器控制的双速异步电动机控制电路

时间继电器控制的双速异步电动机控制电路如图 2-6-4 所示。图中，双速电动机定子绕组共有 6 个出线端，通过改变 6 个

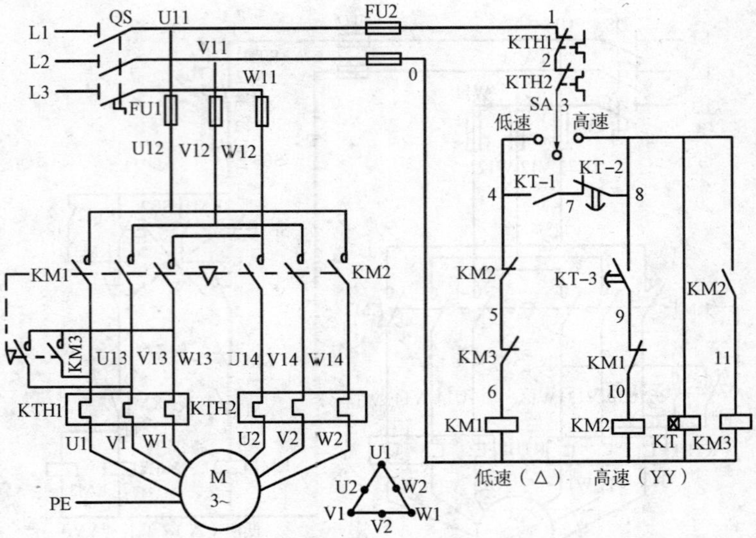

图2-6-3 用转换开关和时间继电器控制的双速电动机控制电路

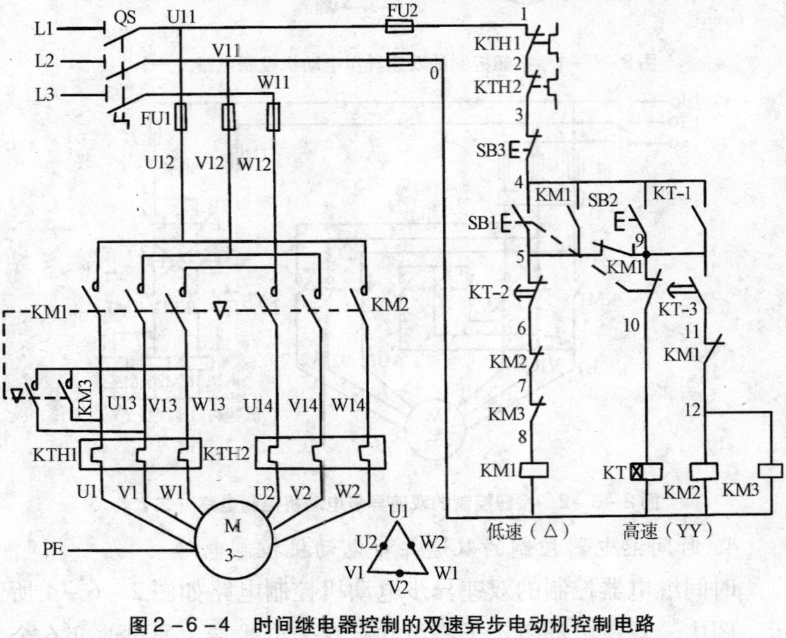

图2-6-4 时间继电器控制的双速异步电动机控制电路

出线端与电源的连接方式，就可得到两种不同的转速。

该电路用时间继电器 KT 控制双速异步电动机低速启动时间和低速、高速的自动换接运转。从低速到高速运转时，应按下 SB1，电动机由低速自动转为高速运转。若电动机只需高速运转时，可直接按下 SB2，则电动机△形低速启动后，YY 连接高速运转。

5. 手动、自动控制的双速电动机的变速电路

手动、自动控制的双速电动机的变速电路如图 2－6－5 所示。该电路是通过控制开关 SA 的两种不同位置来选择的。当控制开关 SA 在自动调速位置时，按下启动按钮 SB1 后，电动机即能从低速△形接法自动转换到高速 YY 接法。若控制开关处于手动位置时，则可经控制按钮 SB1、SB2 手动操作转换。

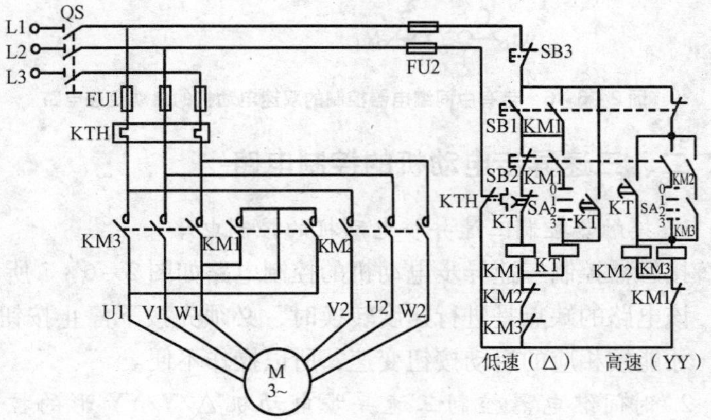

图 2－6－5 手动、自动控制的双速电动机的变速电路

6. 带有中间继电器控制的双速电动机的自动变速电路

带有中间继电器控制的双速电动机的自动变速电路如图 2－6－6 所示。该电路的特点是增加了一个中间继电器，按下启动按钮 SB2 时，接触器 KM1 先得电低速运行，经过一定时间，时间继电器 KT 动作切出 KM1 线圈，中间继电器 KM2 得电转为高速运行。

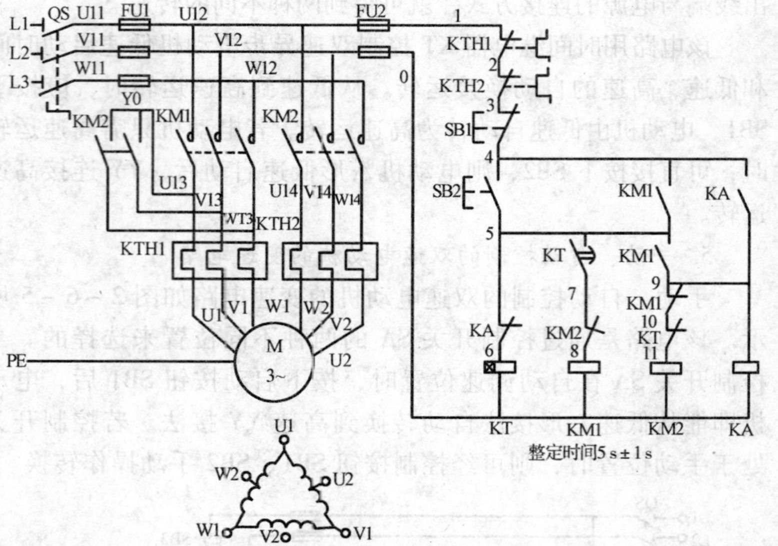

图2-6-6 带有中间继电器控制的双速电动机的自动变速电路

二、三速异步电动机的控制电路

1. 接触器控制三速异步电动机的控制电路

接触器控制三速异步电动机的控制电路如图2-6-7所示。

该电路的缺点是进行速度转换时，必须先按下停止按钮SB4后，才能按相应的启动按钮变速，所以操作不便。

2. 时间继电器控制三速异步电动机△/Y/YY形的控制电路（一）

用时间继电器控制三速异步电动机△/Y/YY形的控制电路如图2-6-8所示。图中，三速电动机有两套定子绕组，分两层安放在定子槽内，第一套绕组（双速）有七个出线端U1、V1、W1、U3、U2、V2、W2，可作△形和YY接法；第二套绕组（单速）有三个出线端U4、V4、W4，只作Y形连接。当分别改变两套定子绕组的连接方式（改变极对数）时，电动机就可得到三

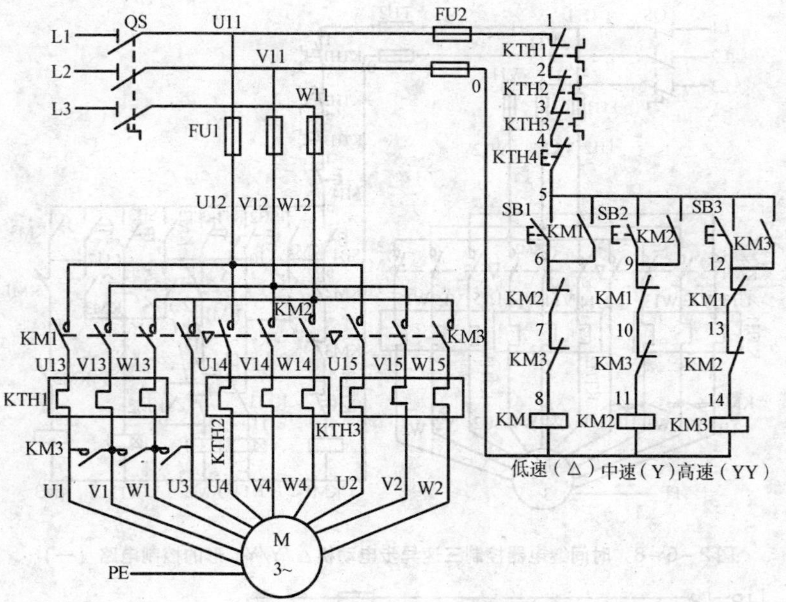

图 2-6-7　接触器控制三速异步电动机的控制电路

种不同的运转速度。

电路图中，SB1、KM1 控制电动机△形接法下的低速运转；SB2、KT1、KM2 控制电动机从△形接法下低速启动到 Y 形中速运转的自动变换；SB3、KT1、KM3 控制电动机从△形接法下低速启动，到 Y 形中速过渡到 YY 接法下高速的自动变换。

3. 时间继电器控制三速异步电动机△/Y/YY 形的控制电路（二）

第二种时间继电器控制三速异步电动机△/Y/YY 形的控制电路如图 2-6-9 所示。该电路采用两只时间继电器进行控制，使电动机的转速从低速、中速、高速实现了自动变换。电动机需停止时按下停止按钮 SB2 即可。

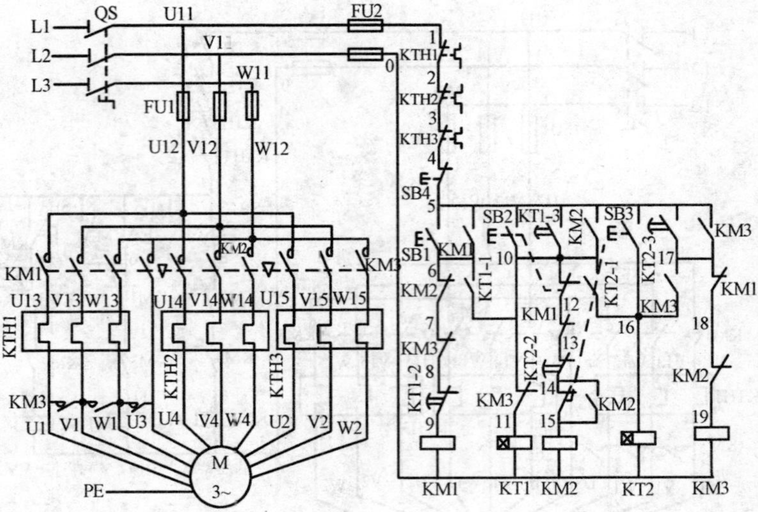

图 2-6-8 时间继电器控制三速异步电动机△/Y/YY 形的控制电路（一）

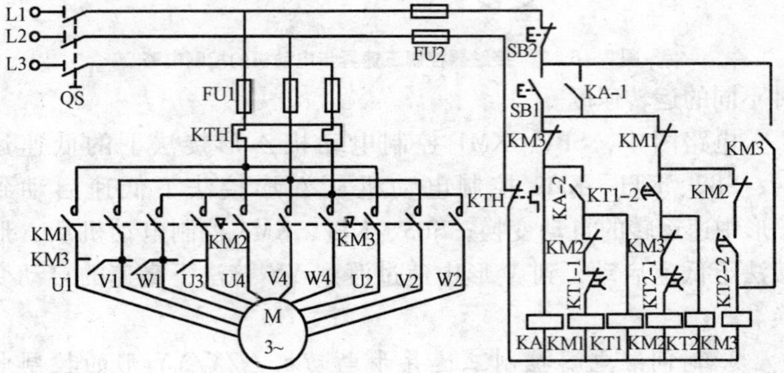

图 2-6-9 时间继电器控制三速异步电动机△/Y/YY 形的控制电路（二）

4. 时间继电器控制三速异步电动机 Y/Y/YY 形的控制电路

时间继电器控制三速异步电动机 Y/Y/YY 形的控制电路如图 2-6-10 所示。该电路采用时间继电器和中间继电器进行自动控制，使电动机的三种转速得以自动变换。

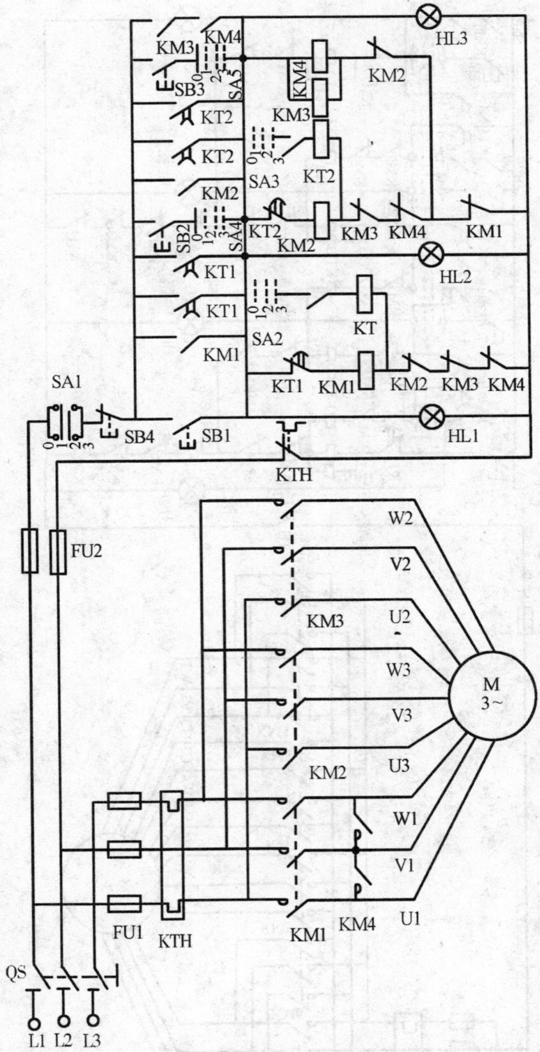

图 2－6－10　时间继电器控制三速异步电动机 Y/Y/YY 形的控制电路

三、四速异步电动机△/YY/△YY 形的控制电路

四速异步电动机△/YY/△/YY 形的控制电路如图 2－6－11 所

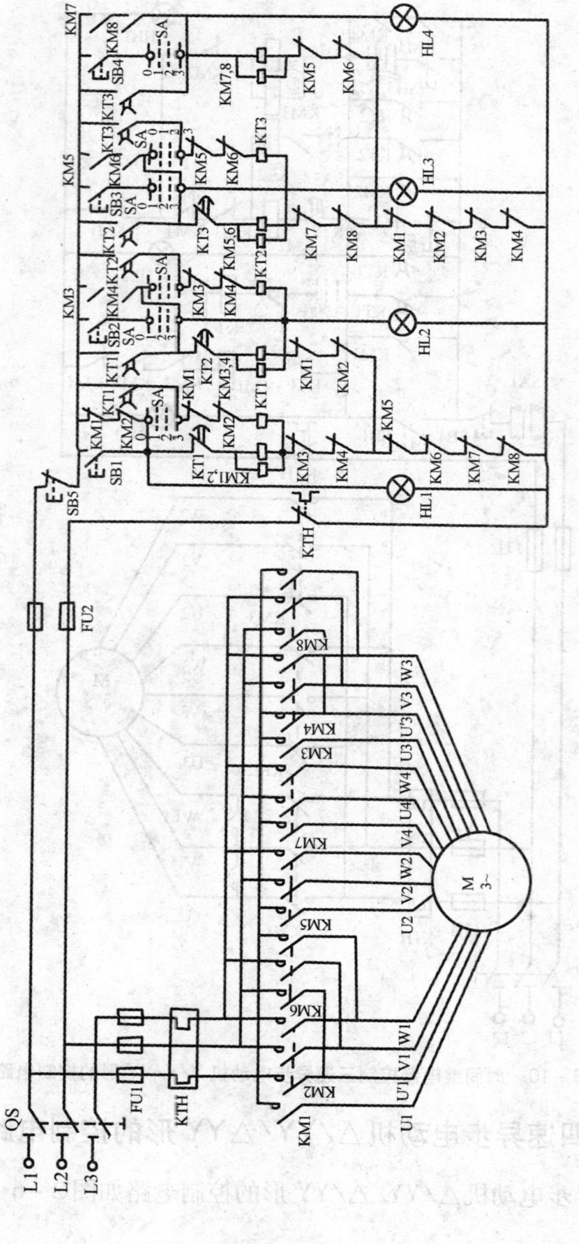

图 2-6-11 四速异步电动机△YY/△/YY 形的控制电路

示。该电路采用组合开关 SA 进行自动控制的变换。手动控制时，可根据电动机 4 种转速的选择，按下启动按钮 SB1 ~ SB4 中相应的按钮即可。自动控制时，启用时间继电器进行控制。

第七节　三相异步电动机的制动控制电路

一、机械制动

机械制动是指利用机械装置使电动机断开电源后迅速停转的方法。机械制动除电磁抱闸制动外，还有电磁离合器制动。

1. 电磁抱闸制动器断电制动控制电路（一）

第一种电磁抱闸制动器断电制动控制电路如图 2－7－1 所示。图中 YB 为电磁抱闸制动器。电路的工作原理如下：先合上电源开关 QS。

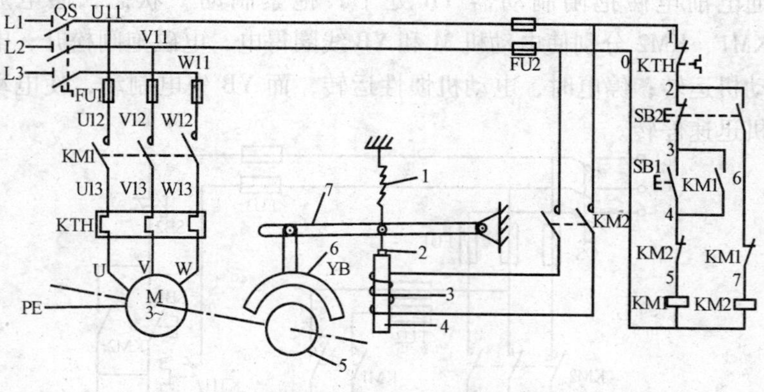

图 2－7－1　电磁抱闸制动器断电制动控制电路（一）

1. 弹簧　2. 衔铁　3. 线圈　4. 铁芯　5. 闸轮　6. 闸瓦　7. 杠杆

（1）启动运转：按下启动按钮 SB1，接触器 KM 线圈得电，其自锁触头与主触头闭合，电动机 M 接通电源，同时电磁抱闸制动器 YB 线圈得电，衔铁与铁芯吸合，衔铁克服弹簧拉力，迫使制动杠杆向上移动，从而使制动器的闸瓦与闸轮分开，电动机正常运转。

（2）制动停转：按下停止按钮 SB2，接触器 KM 线圈失电，其自锁触头与主触头分断，电动机 M 失电，同时电磁抱闸制动器 YB 线圈也失电，衔铁与铁芯分开，在弹簧拉力的作用下，闸瓦紧紧抱住闸轮，迫使电动机被迅速制动而停转。

电磁抱闸制动器断电制动在起重机械上被广泛采用。其优点是能够准确定位，同时可防止电动机突然断电时重物的自行坠落。当重物起吊到一定高度时，按下停止按钮，电动机和电磁抱闸制动器的线圈同时断电，闸瓦立即抱住闸轮，电动机立即制动停转，重物随之被准确定位。如果电动机在工作时，电路发生故障而突然断电时，电磁抱闸制动器同样会使电动机迅速制动停转，从而避免重物自行坠落。

2. 电磁抱闸制动器断电制动控制电路（二）

另一种电磁抱闸制动器断电制动控制电路图 2－7－2 所示。通电前电磁抱闸制动器 YB 处于“抱紧制动”状态，通电后 KM1、KM2 分别使电动机 M 和 YB 线圈得电，电磁抱闸松开，电动机运转；停电时，电动机惯性运转，而 YB 失电制动，使电动机迅速停转。

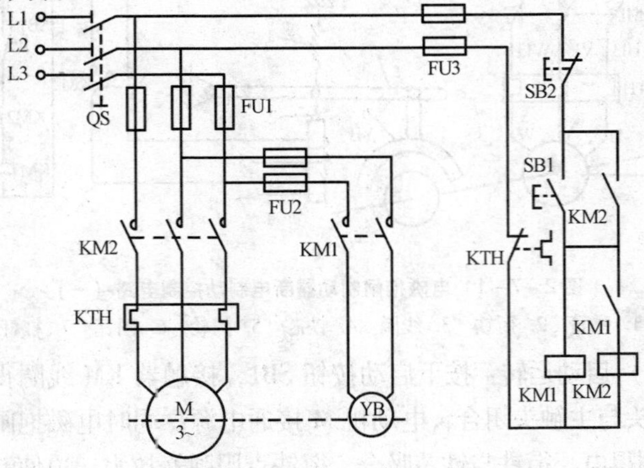

图 2－7－2 电磁抱闸制动器断电制动控制电路（二）

3. 电磁抱闸制动器通电制动控制电路

图2－7－3为电磁抱闸制动器通电制动控制电路。这种通电制动与上述断电制动方法稍有不同。当电动机得电运转时，电磁抱闸制动器线圈断电，闸瓦与闸轮分开，无制动作用；当电动机失电需停转时，电磁抱闸制动器的线圈得电，使闸瓦紧紧抱住闸轮制动；当电动机处于停转常态时，电磁抱闸制动器线圈也无电，闸瓦与闸轮分开，这样操作人员可以用手扳动主轴调整工件、对刀等。电路的工作原理如下：先合上电源开关QS。

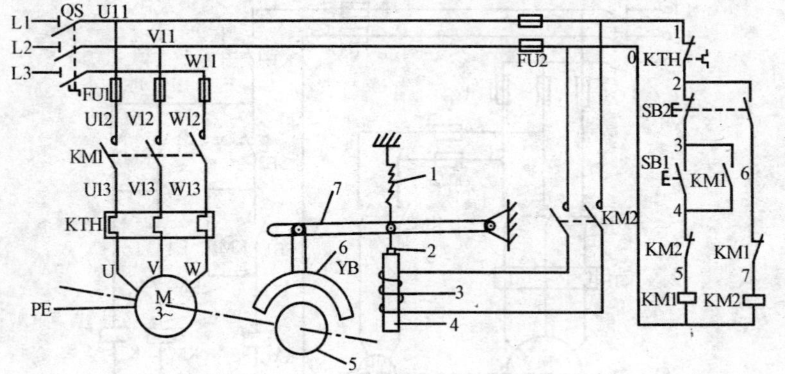

图2－7－3　电磁抱闸制动器通电制动控制电路

1. 弹簧　2. 衔铁　3. 线圈　4. 铁芯　5. 闸轮　6. 闸瓦　7. 杠杆

（1）启动运转：按下启动按钮SB1，接触器KM1线圈得电，其自锁触头和主触头闭合，电动机M启动运转。由于接触器KM1联锁触头分断，使接触器KM2不能得电动作，所以电磁抱闸制动器的线圈无电，衔铁与铁芯分开，在弹簧拉力的作用下，闸瓦与闸轮分开，电动机不受制动正常运转。

（2）制动停转：按下复合按钮SB2，其常闭触头先分断，使接触器KM1线圈失电，其自锁触头和主触头分断，电动机M失电，KM1联锁触头恢复闭合。待SB2常开触头闭合后，接触器KM2线圈得电，KM2主触头闭合，电磁抱闸制动器YB线圈得电，铁芯吸合衔铁，衔铁克服弹簧拉力，带动杠杆向下移动，使闸瓦紧抱闸轮，电动机被迅速制动而停转。KM2 联锁触头分断，对 KM1 联锁。

4. 时间继电器控制的电磁抱闸制动器通电制动控制电路

时间继电器控制的电磁抱闸制动器通电制动控制电路如图 2-7-4 所示。当按下启动按钮 SB1 时，交流接触器 KM1 得电接通电源，电动机开始运转。若按下停止按钮 SB2 时，交流接触器 KM1 切断电动机的电源，并同时又使 KM2 接通电磁抱闸制动器 YB，将电动机转轴“抱紧”，使其迅速停转。

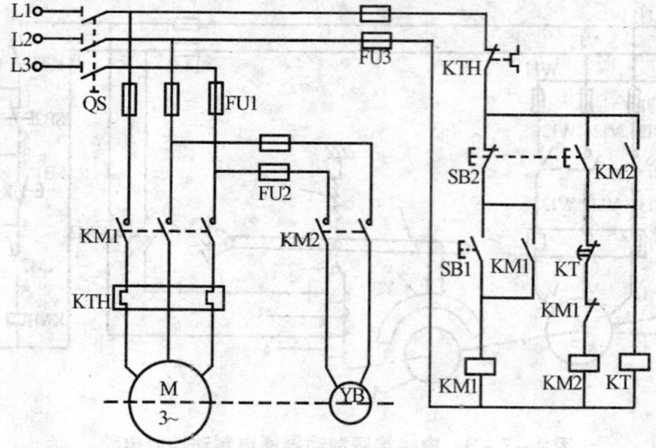

图 2-7-4 时间继电器控制的电磁抱闸制动器通电制动控制电路

二、电力制动

电力制动是指使电动机在切断定子电源停转的过程中，产生一个和电动机实际旋转方向相反的电磁力矩（制动力矩），迫使电动机迅速制动停转的方法。电力制动常用的方法有：反接制动、能耗制动和再生发电制动等，下面仅介绍前两种制动方法。

1. 反接制动

依靠改变电动机定子绕组的电源相序来产生制动力矩，迫使电动机迅速停转的方法称为反接制动。

（1）单向启动反接制动控制电路：单向启动反接制动控制电路如图 2－7－5 所示。该电路的主电路和正反转电路相同，只是在反接制动时增加了三个限流电阻器 R，电路中 KM1 为正转运行接触器，KM2 为反接制动接触器，KS 为速度继电器，其轴与电动机轴相连。

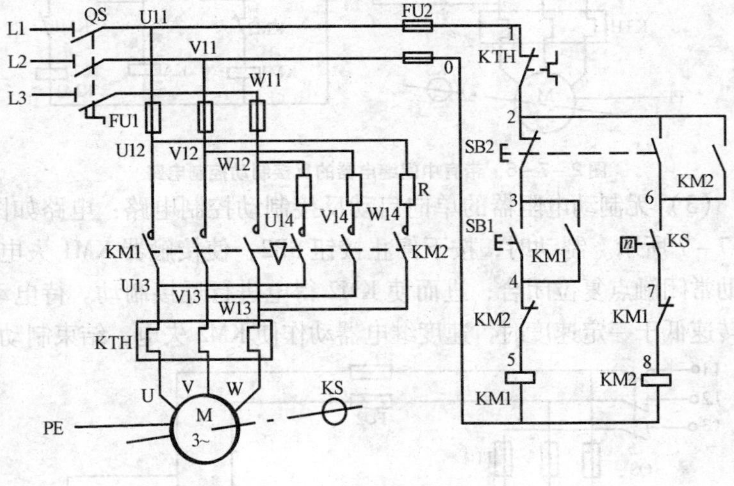

图 2－7－5　单向启动反接制动控制电路

反接制动的优点是制动力强、制动迅速，缺点是制动准确性差、制动过程中冲击强烈、易损坏传动零件、制动能量消耗较大、不宜经常制动。因此反接制动一般适用于制动要求迅速、系统惯性较大、不经常启动与制动的场合。

（2）带有中间继电器的反接制动控制电路：电路如图 2－7－6 所示。反接制动时，按下停止按钮 SB2，使接触器 KM1 失电，接触器 KM2 得电反接制动。当电动机的转速低于 100 r/min 以下时，速度继电器动作，使中间继电器 KA 失电，进而切断 KM2 电源，反接制动结束。

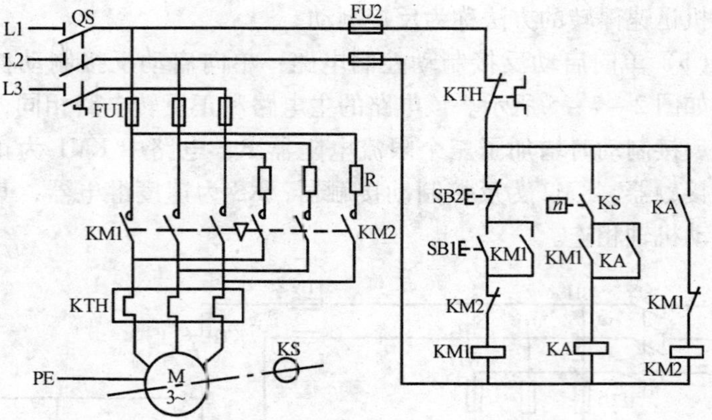

图2-7-6 带有中间继电器的反接制动控制电路

(3) 无制动电阻器的单向启动反接制动控制电路：电路如图2-7-7所示。制动时，按下停止按钮SB2，使接触器KM1失电，辅助常闭触点复位闭合，进而使KM2得电进行反接制动。待电动机转速低于一定速度时，速度继电器动作使KM2失电，结束制动。

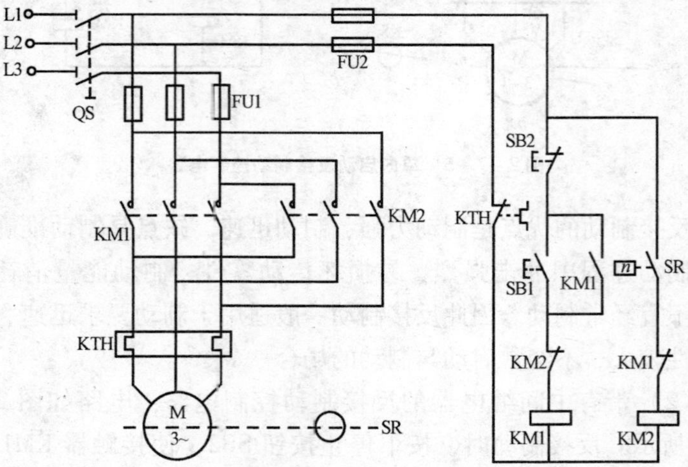

图2-7-7 无制动电阻器的单向启动反接制动控制电路

(4) 带不对称电阻器的单向启动反接制动控制电路：电路如图2-7-8所示。该电路采用不对称电阻器法，目的是限制电动机的转矩。三相中未接电阻器的一组，显然仍将有较大的制动电流。此电路简单易行，但能耗大、准确性较差，只适用于功率小、不需要频繁制动的电动机。

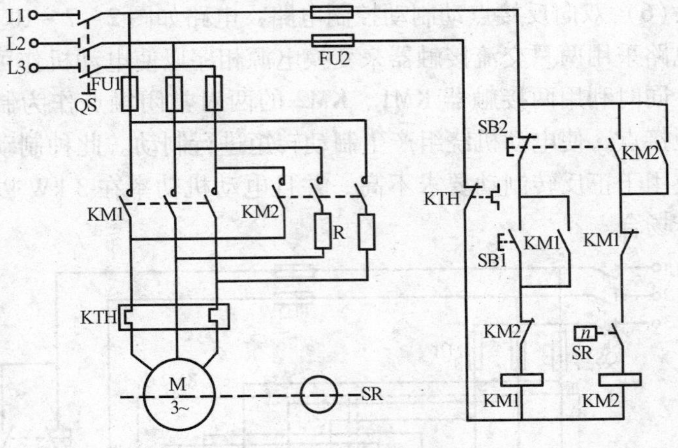

图2－7－8　带不对称电阻器的单向启动反接制动控制电路

（5）串联电阻器降压启动反接制动控制电路：电路如图2－

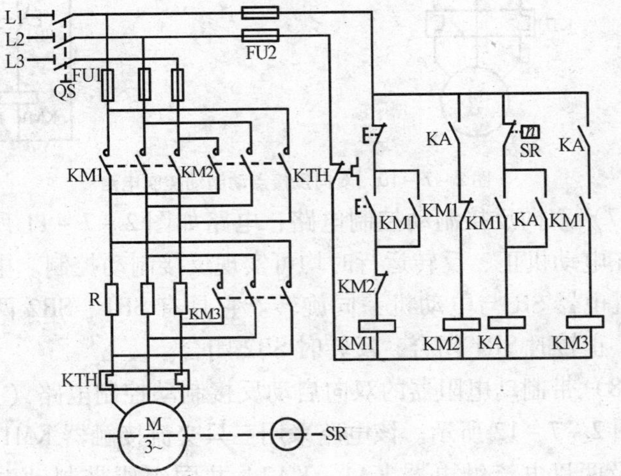

图2－7－9　串联电阻器降压启动反接制动控制电路

7－9 所示。该电路启动时串电阻器降压启动，制动时按下停止按钮 SB2，接触器 KM1 失电，使接触器 KM2、KM3 得电，进行反接制动。

（6）双向反接点动制动控制电路：电路如图 2－7－10 所示。该电路采用两只交流接触器来变换电源相序以使电动机作可逆运行。同时利用两接触器 KM1、KM2 的两对常闭触点作为制动时的短接点，使电动机绕组产生制动转矩进行制动。此种制动方法可应用于正反转制动要求不高，并且电动机功率在 3 kW 以下的工作场合。

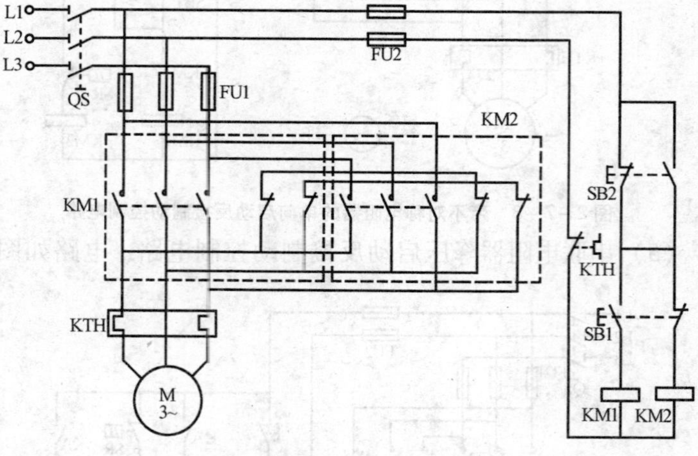

图 2－7－10 双向反接点动制动控制电路

（7）双向反接制动控制电路：电路如图 2－7－11 所示。该电路在电动机正、反转运行时均可实现反接制动控制。电路中的速度继电器 SR 与电动机一同旋转。它具有 SR1、SR2 两组常开触点，正转时 SR1 闭合，反转时 SR2 闭合。

（8）带制动电阻器的双向启动反接制动控制电路（一）：电路如图 2－7－12 所示。该电路采用三只交流接触器 KM1、KM2、KM3 及两只电流继电器 KA1、KA2，共同组成带制动电阻器的双向启动反接制动控制电路。当功率较大的电动机采用反接制

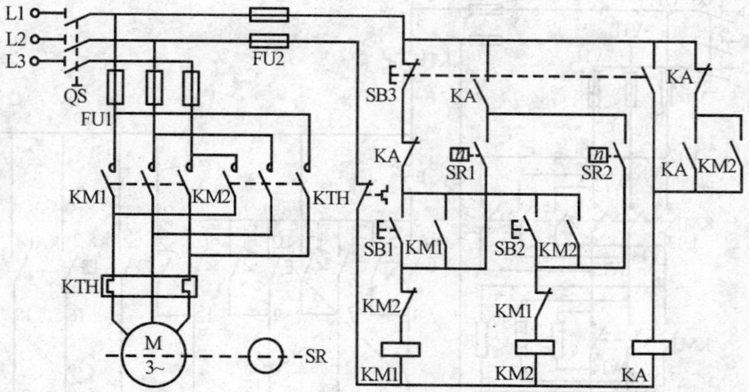

图 2-7-11　双向反接制动控制电路

动时，须在主电路中串联适当的反接制动电阻器，用以限制反接电流。

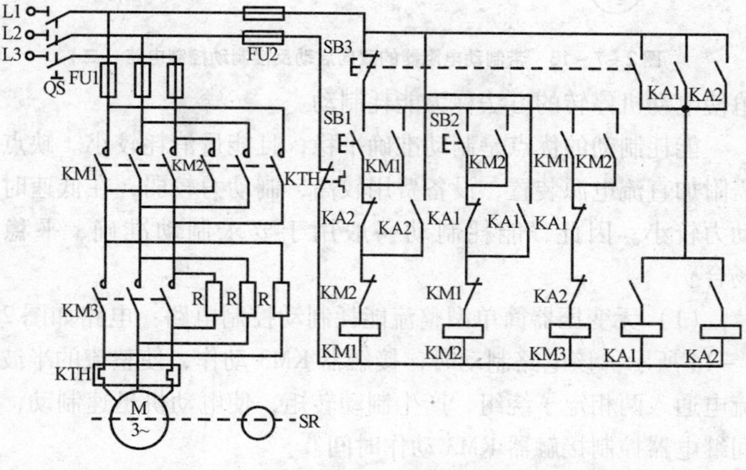

图 2-7-12　带制动电阻器的双向启动反接制动控制电路（一）

（9）带制动电阻器的双向启动反接制动控制电路（二）：电路如图 2-7-13 所示。

2. 能耗制动

当电动机切断交流电源后，立即在定子绕组中通入直流电，

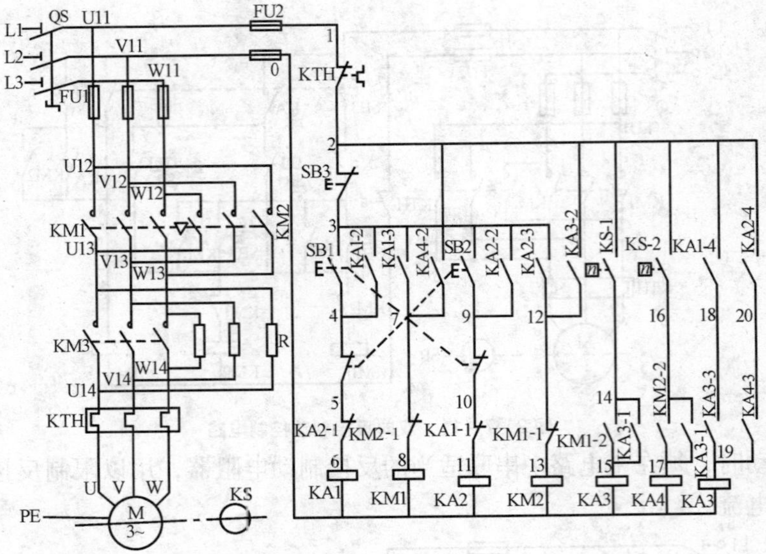

图 2-7-13 带制动电阻器的双向启动反接制动控制电路（二）

迫使电动机停转的方法称为能耗制动。

能耗制动的优点是制动准确平稳，且能量消耗较小。缺点是需附加直流电源装置，设备费用较高，制动力较弱，在低速时制动力较小。因此，能耗制动一般用于要求制动准确、平稳的场合。

（1）无变压器简单型整流能耗制动控制电路：电路如图 2-7-14 所示。该电路制动时，接触器 KM3 动作，使整流的半波直流电通入两相定子绕组，产生制动转矩，使电动机迅速制动，时间继电器控制接触器 KM3 动作时间。

（2）无变压器单相半波整流能耗制动控制电路（一）：电路如图 2-7-15 所示。该电路采用单相半波整流器作为直流电源，所用附加设备较少，电路简单，成本低，常用于 10 kW 以下小容量电动机，且对制动要求不高的场合。

图中 KT 瞬时闭合常开触头的作用是当 KT 线圈断线或机械

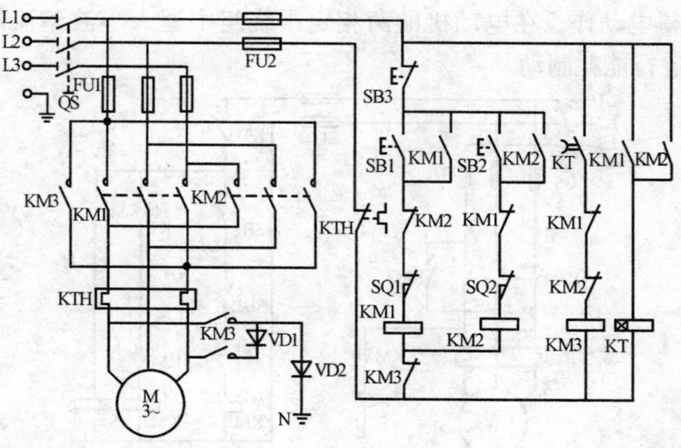

图 2-7-14　无变压器简单型整流能耗制动控制电路

卡住等故障时，按下 SB2 后能使电动机制动后脱离直流电源。

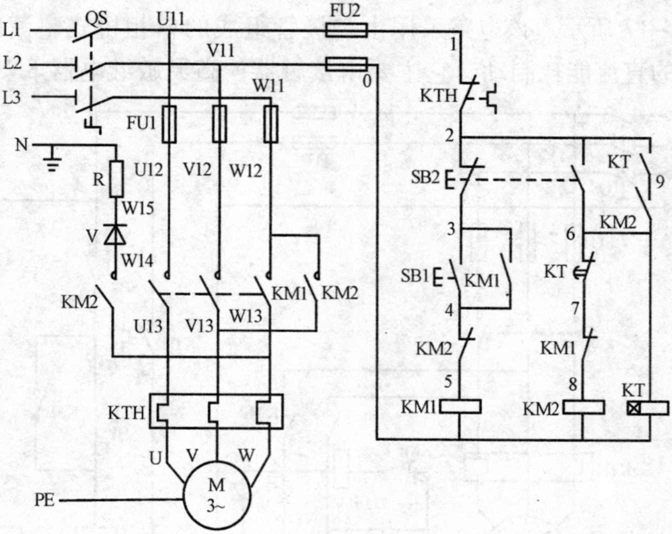

图 2-7-15　无变压器单相半波整流能耗制动控制电路（一）

（3）无变压器单相半波整流能耗制动控制电路（二）：控制电路如图 2-7-16 所示。制动时按下 SB2 使 KM1 失电，进而使

KM2 得电动作，在电动机的两相定子绕组中通入半波整流的直流电进行能耗制动。

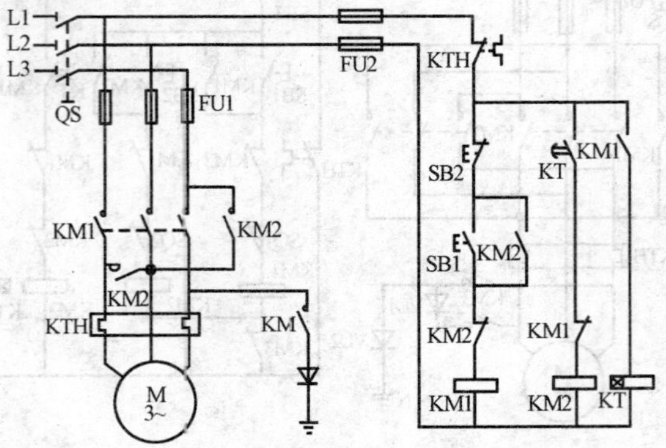

图2-7-16　无变压器单相半波整流能耗制动控制电路（二）

（4）无变压器单相桥式整流能耗制动控制电路：电路如图2-7-17所示。该电路采用由二极管组成的单相桥式整流电源供电的直流能耗制动，它主要由接触器、高灵敏继电器 KV、电

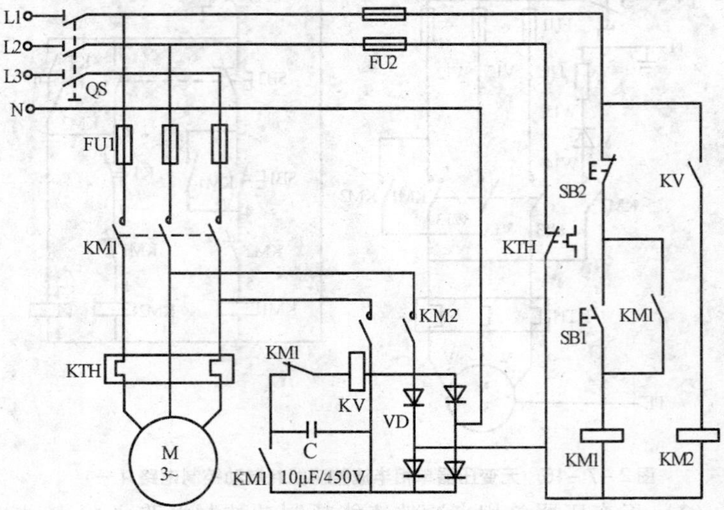

图2-7-17　无变压器单相桥式整流能耗制动控制电路

容器、二极管等组成。

（5）有变压器单相桥式整流能耗制动控制电路（一）：电路如图2－7－18所示。其中直流电源由单相桥式整流器VC供给，TC是整流变压器，电阻器R用来调节直流电流，从而调节制动强度，整流变压器的一次侧与整流器的直流侧同时进行切换，有利于提高触头的使用寿命。

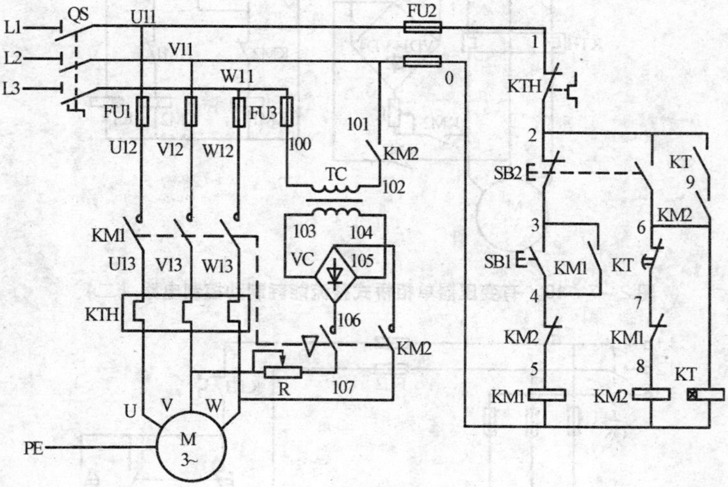

图2－7－18 有变压器单相桥式整流能耗制动控制电路（一）

（6）有变压器单相桥式整流能耗制动控制电路（二）：电路如图2－7－19所示。该电路与图2－7－18所示电路的不同点是，在KM2辅助常开触点的前边串联一个时间继电器的瞬动常开触点，进一步提高了制动的可靠性。

（7）时间继电器控制的有变压器单相桥式整流能耗制动电路：电路如图2－7－20所示。制动停车时，按下停止按钮SB2，于是KM1、KT均断电，接着KM2得电动作，直流电流进入点动定子绕组进行制动，经过一定时间，最后KM2断电而制动结束。

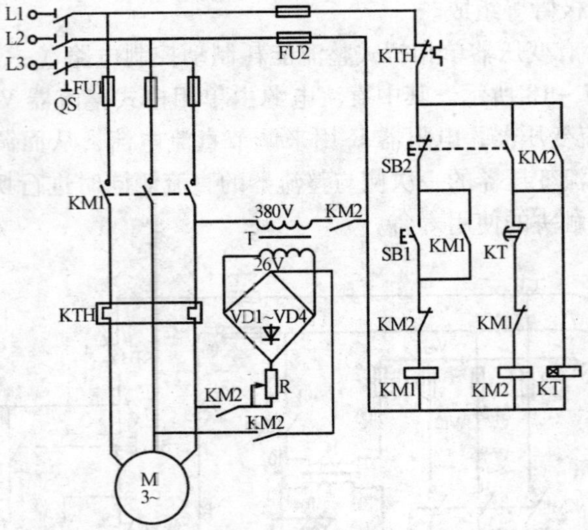

图 2 -7 -19　有变压器单相桥式整流能耗制动控制电路（二）

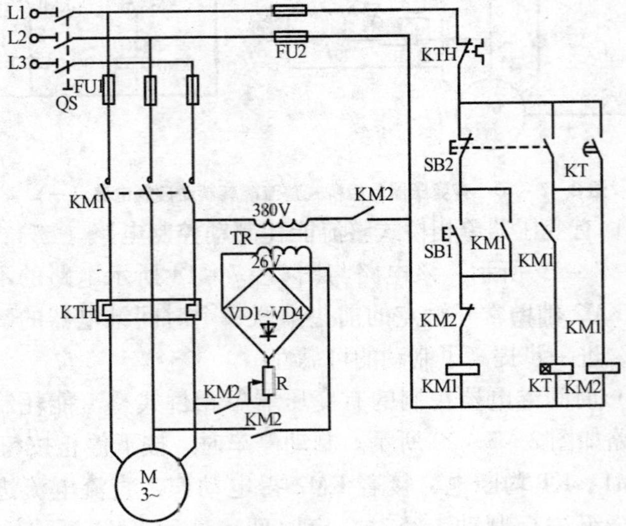

图 2 -7 -20　时间继电器控制的有变压器单相桥式整流能耗制动电路

（8）时间继电器控制的可逆运行能耗制动电路：电路如图2－7－21所示。该电路由三只接触器KM1、KM2、KM3，以及时间继电器KT、热继电器KTH、整流变压器TR和整流器VC等组成。它在正、反向运转的情况下均可准确地对电动机进行能耗制动。

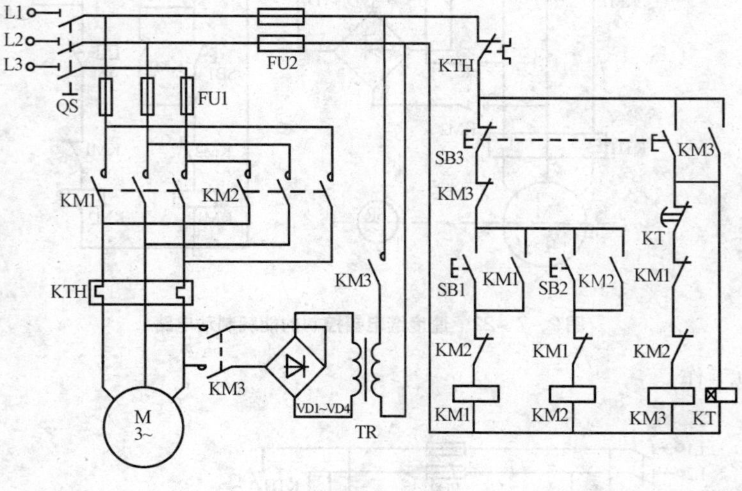

图2－7－21 时间继电器控制的可逆运行能耗制动电路

（9）速度继电器控制的能耗制动电路：电路如图2－7－22所示。该电路的制动过程为：按下停止按钮SB2，接触器KM1释放使得电动机断开电源。接触器KM2自锁，电动机定子绕组中被通入直流电，进行能耗制动。当电动机转速降低到100 r/min时，速度继电器的触点断开，接触器KM2断电而复位，制动过程结束。

（10）速度继电器控制的可逆运行能耗制动电路：电路如图2－7－23所示。该电路适用于电动机停止后不能存在惯性的生产机械。电路中用速度继电器SR取代了时间继电器KT，可完成正反转进行的能耗制动。其特点是能更准确、可靠

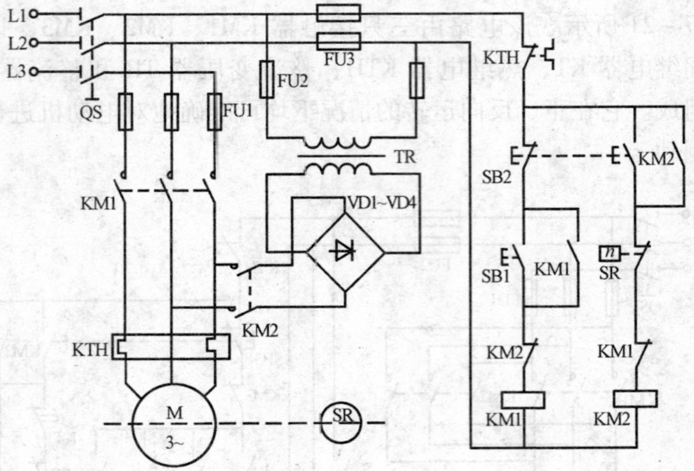

图 2-7-22 速度继电器控制的能耗制动电路

地工作。

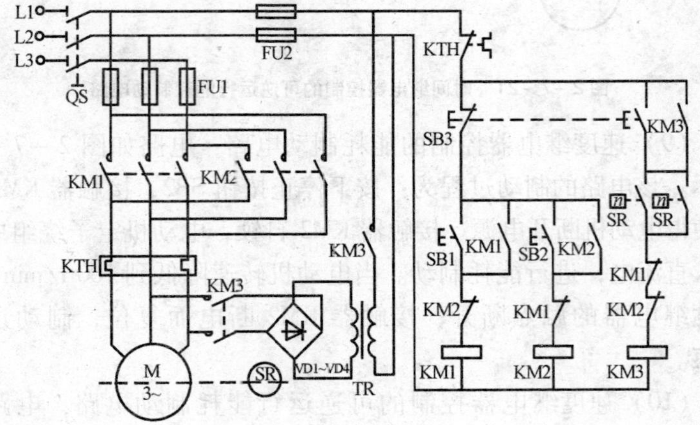

图 2-7-23 速度继电器控制的可逆运行能耗制动电路

（11）Y－△降压启动断电延时能耗制动电路：电路如图 2－7－24 所示。该电路采用 Y－△降压启动。制动时，按下停止按钮 SB1，KM2 失电，KM4、KM3 得电进行能耗制动，时间继电器 KT 断电延时，最后制动结束。

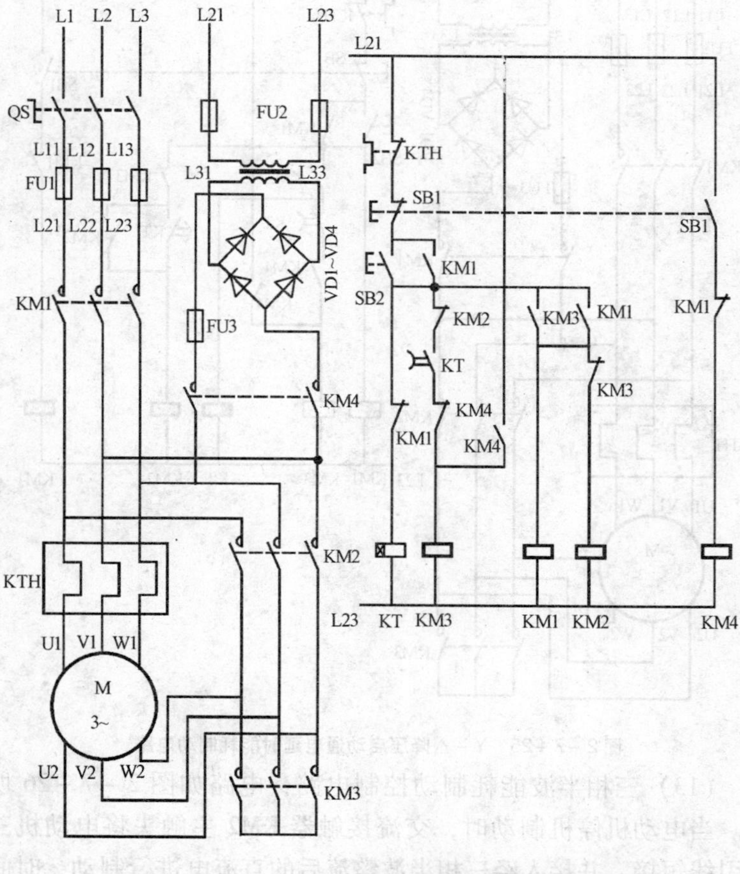

图 2－7－24　Y－△降压启动断电延时能耗制动电路

（12）Y－△降压启动通电延时能耗制动电路：电路如图 2－7－25 所示。该电路也采用 Y－△降压启动，制动时，利用时间继电器的通电延时功能，完成能耗制动，其原理与图 2－7－24

相似。

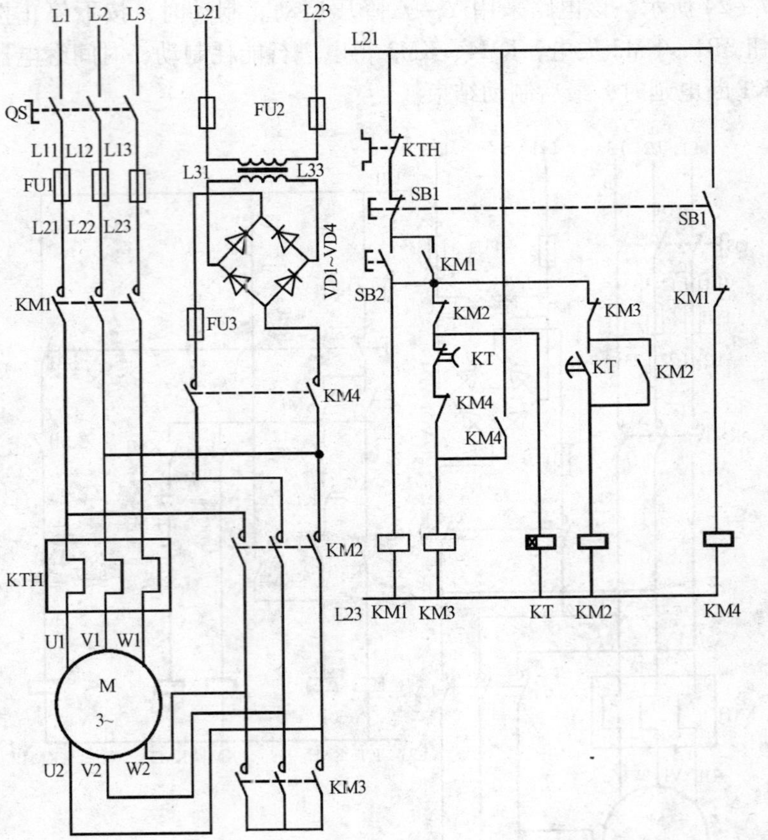

图 2-7-25 Y-△降压启动通电延时能耗制动电路

（13）三相半波能耗制动控制电路：电路如图 2-7-26 所示。当电动机停机制动时，交流接触器 KM2 主触头将电动机三根引线短接，并接入经三相半波整流后的直流电进行制动，时间继电器则延时断开。

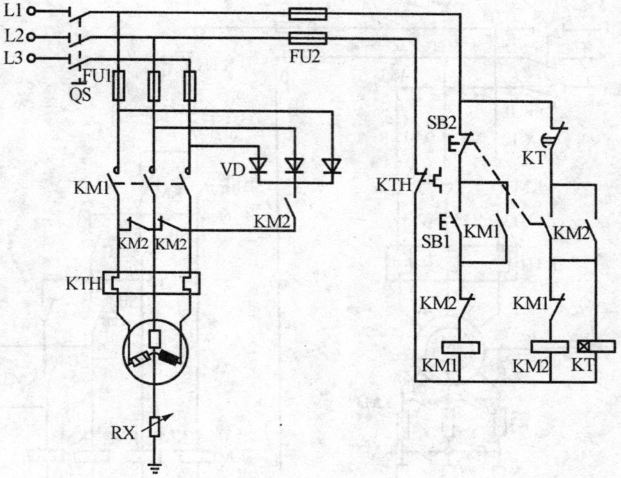

图 2－7－26　三相半波能耗制动控制电路

第八节　三相绕线转子异步电动机的启动与调速控制电路

在实际生产中对要求启动转矩较大且能平滑调速的场合，常常采用三相绕线转子异步电动机。绕线转子异步电动机的优点是可以通过滑环在转子绕组中串联电阻器来改善电动机的机械特性，从而达到减小启动电流、增大启动转矩以及平滑调速之目的。

一、三相绕线转子异步电动机的启动控制电路

1. 转子绕组串联电阻器启动

（1）按钮操作转子绕组串联电阻器启动控制电路：电路如图 2－8－1 所示。

（2）时间继电器自动控制的转子绕组串联电阻器启动电路：电路如图 2－8－2 所示。该电路是用三个时间继电器 KT1、KT2、

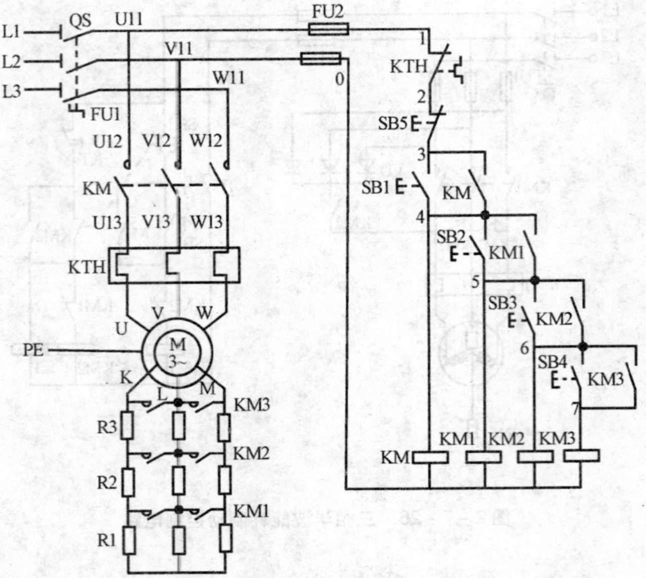

图2－8－1　按钮操作转子绕组串联电阻器启动控制电路

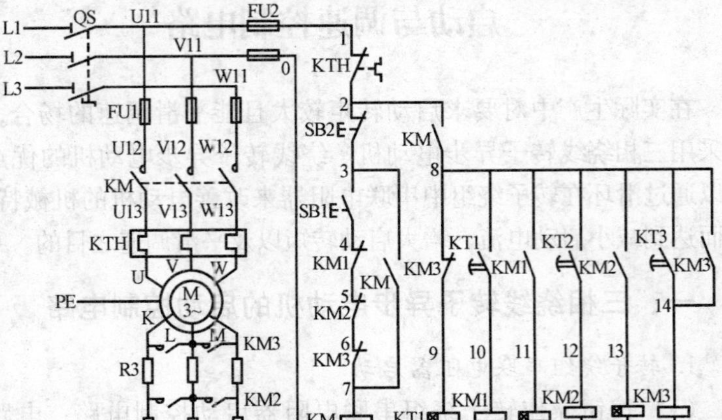

图2－8－2　时间继电器自动控制的转子绕组串联电阻器启动电路

KT3 和三个接触器 KM1、KM2、KM3 的相互配合来依次自动切除转子绕组中的三级电阻器的。

与启动按钮 SB1 串联的接触器 KM1、KM2 和 KM3 常闭辅助触头的作用是保证电动机在转子绕组中接入全部外加电阻器的条件下才能启动。如果接触器 KM1、KM2 和 KM3 中任何一个触头因熔焊或机械故障而没有释放时，启动电阻器就没有被全部接入转子绕组中，从而使启动电流超过规定值。若把 KM1、KM2 和 KM3 的常闭触头与 SB1 串联在一起，就可避免这种现象的发生，因三个接触器中只要有一个触头没有恢复闭合，电动机就不可能接通电源直接启动。

（3）电流继电器控制电路：电路如图 2－8－3 所示。该电路

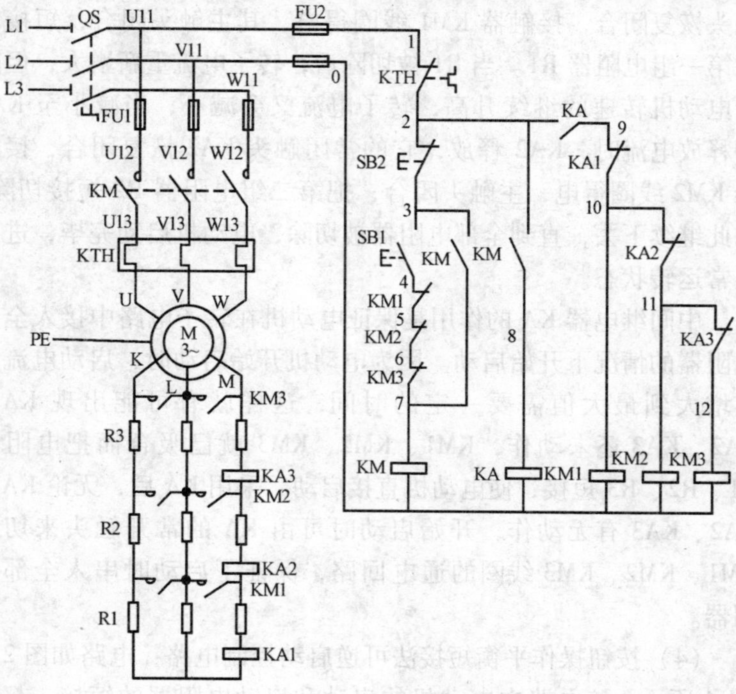

图 2－8－3　电流继电器自动控制电路

是用三个过电流继电器 KA1、KA2 和 KA3 根据电动机转子电流的变化，来控制接触器 KM1、KM2 和 KM3 依次得电动作，逐级切除外加电阻器的。三个电流继电器 KA1、KA2、KA3 的线圈串联在转子回路中，它们的吸合电流都一样；但释放电流不同，KA1 的释放电流最大，KA2 次之，KA3 最小。

由于电动机 M 刚启动时转子电流很大，三个电流继电器 KA1、KA2、KA3 都吸合。它们接在控制电路中的常闭触头都断开，使接触器 KM1、KM2、KM3 的线圈都不能得电，接在转子电路中的常开触头都处于分断状态，全部电阻器均被串联在转子绕组中。随着电动机转速的升高，转子电流逐渐减小，当减小至 KA1 的释放电流时，KA1 首先释放，使控制电路中 KA1 的常闭触头恢复闭合，接触器 KM1 线圈得电，其主触头闭合，短接切除第一组电阻器 R1。当 R1 被切除后，转子电流重新增大，但随着电动机转速的继续升高，转子电流又会减小，当减小至 KA2 的释放电流时，KA2 释放，它的常闭触头 KA2 恢复闭合，接触器 KM2 线圈得电，主触头闭合，把第二组电阻器 R2 短接切除。如此继续下去，直到全部电阻器被切除，电动机启动完毕，进入正常运转状态。

中间继电器 KA 的作用是保证电动机在转子电路中接入全部电阻器的情况下开始启动。因为电动机开始启动时，启动电流由零增大到最大值需要一定的时间，这样就有可能出现 KA1、KA2、KA3 还未动作，KM1、KM2、KM3 就已吸合而把电阻器 R1、R2、R3 短接，使电动机直接启动。采用 KA 后，无论 KA1、KA2、KA3 有无动作，开始启动时可由 KA 的常开触头来切断 KM1、KM2、KM3 线圈的通电回路，保证了启动时串入全部电阻器。

（4）按钮操作平衡短接法可逆启动控制电路：电路如图 2 - 8 - 4 所示。该电路中电动机的启动和启动电阻器的短接，都通过按钮的手动操作来控制。SB1、SB2 为正、反向启动的按钮，按下这两个按钮电动机即作正、反向启动。SB3、SB4、SB5 为短接启动电阻器 R3、R2、R1 的按钮，按下后启动电阻器被依次短接。该电路还具有过载、欠压、失压保护的功能。

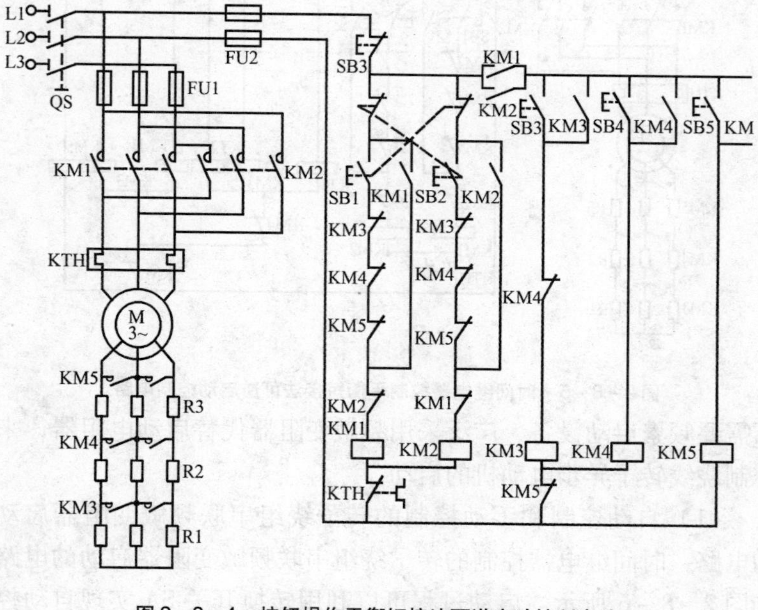

图 2-8-4　按钮操作平衡短接法可逆启动控制电路

（5）时间继电器控制平衡短接法可逆启动控制电路：电路如图 2-8-5 所示。该电路采用三只时间继电器 KT1、KT2、KT3，与三个交流接触器 KM1、KM2、KM3 配合，共同对电动机转子外接平衡电阻器进行分级短接。从而实现对绕线转子电动机的可逆启动、运行和调速。该电路还具有过载、欠压及失压保护。

2. 转子绕组串联频敏变阻器启动

绕线转子异步电动机采用转子绕组串联电阻器的启动方法。要想获得良好的启动特性，一般需要较多的启动级数，所用电器较多，控制线路复杂，设备投资大，维修不便，同时由于逐级切除电阻器，会产生一定的机械冲击力，因此，在工矿企业中对于

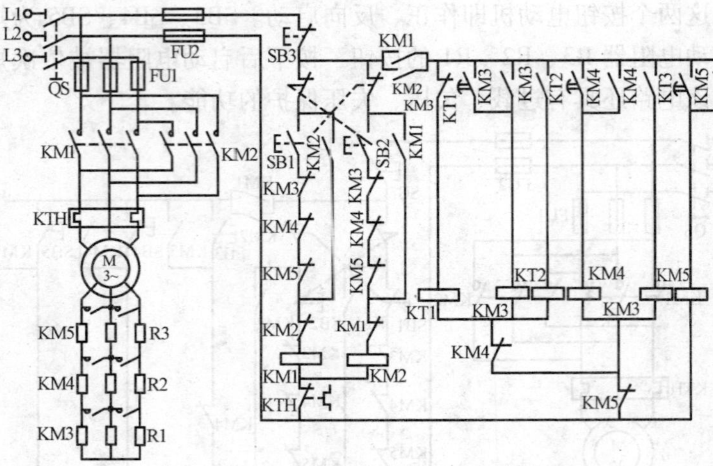

图 2-8-5 时间继电器控制平衡短接法可逆启动控制电路

不需要频繁启动设备，广泛采用频敏变阻器代替启动电阻器，来控制绕线转子异步电动机的启动。

（1）自动控制和手动控制的转子绕组串联频敏变阻器启动的电路：时间继电器控制的转子绕组串联频敏变阻器启动的电路如图 2-8-6 所示。启动过程可以利用转换开关 SA 实现自动控制和手动控制。

采用自动控制时，将转换开关 SA 扳到自动位置（A 位置），时间继电器 KT 将起作用。

启动过程中，中间继电器 KA 未得电，KA 的两对常闭触头将热继电器 KTH 的热元件短接，以免因启动过程较长，而使热继电器过热产生误动作。启动结束后，中间继电器 KA 才得电动作，其两对常闭触头分断，KTH 的热元件便接入主电路工作。图中 TA 为电流互感器，其作用是将主电路中的大电流变成小电流，串入热继电器的热元件反映过载程度。

采用手动控制时，将转换开关 SA 扳到手动位置（B 位置），这样时间继电器 KT 不起作用，用按钮 SB2 手动控制中间继电器

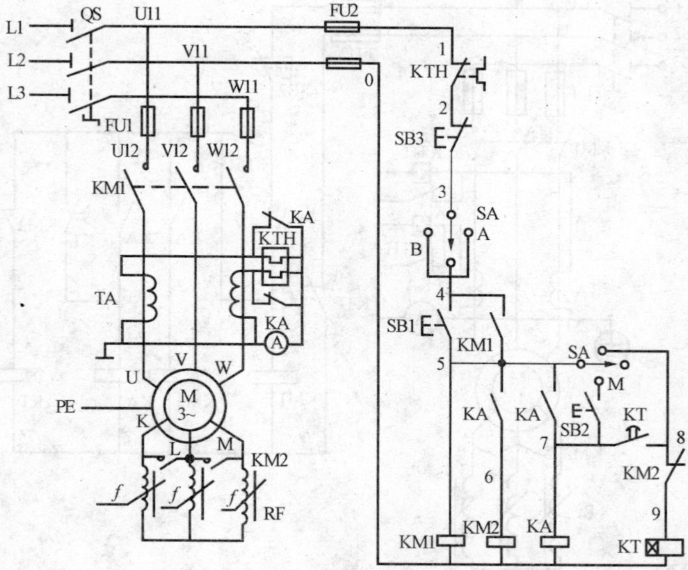

图 2-8-6 转子绕组串联频敏变阻器启动电路

KA 和接触器 KM 的得电动作，以完成短接频敏变阻器 RF 的工作。

用频敏变阻器启动绕线转子异步电动机的优点是：启动性能好，无电流和机械冲击，结构简单，价格低廉，使用维护方便。但功率因数较低，启动转矩较小，不宜用于重载启动。

（2）中间继电器、时间继电器控制的串联频敏变阻器启动电路：该电路如图 2-8-7 所示。启动时，按下启动按钮 SB1，接触器 KM1 得电接通，使时间继电器 KT 得电，电动机转子电路串入频敏变阻器启动。当时间继电器 KT 达到设定时间时，中间继电器 KA 得电动作，使 KM2 得电动作，致使时间继电器 KT 断电，其常闭触点闭合，将串联频敏变阻器短接，启动过程结束，电动机进入全压运行状态。

（3）按钮控制的转子绕组串联频敏变阻器可逆启动电路：该电路如图 2-8-8 所示。该电路由三只按钮 SB1、SB2、SB3

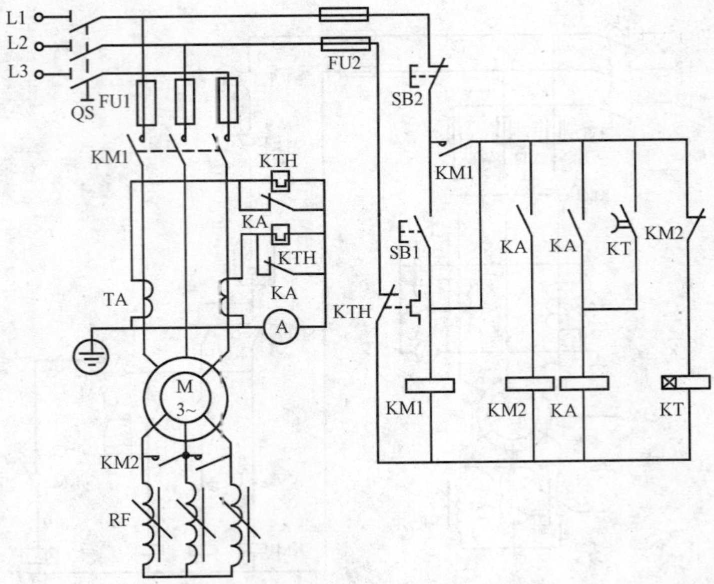

图 2-8-7 中间继电器、时间继电器控制的串联频敏变阻器启动电路

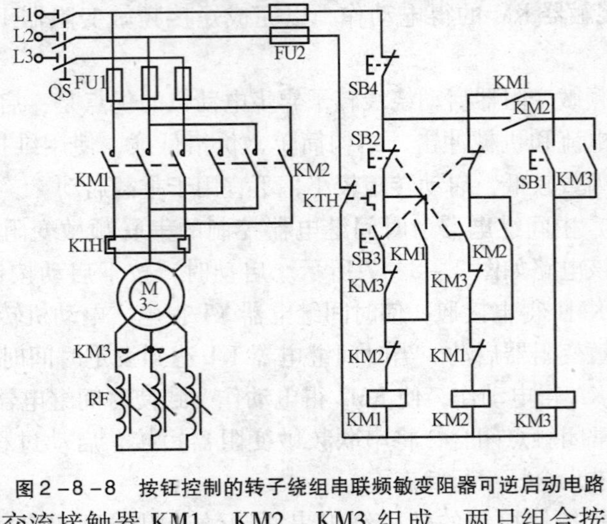

图 2-8-8 按钮控制的转子绕组串联频敏变阻器可逆启动电路

及三个交流接触器 KM1、KM2、KM3 组成，两只组合按钮 SB2、SB3 与接触器 KM1、KM2 的辅助触点构成双重联锁。

（4）时间继电器控制的转子绕组串联频敏变阻器可逆启动电路：该电路如图2－8－9所示。该电路通过一个时间继电器KT及三个交流接触器KM1、KM2、KM3的配合，对电动机转子绕组串联频敏变阻器可逆启动电路进行控制。

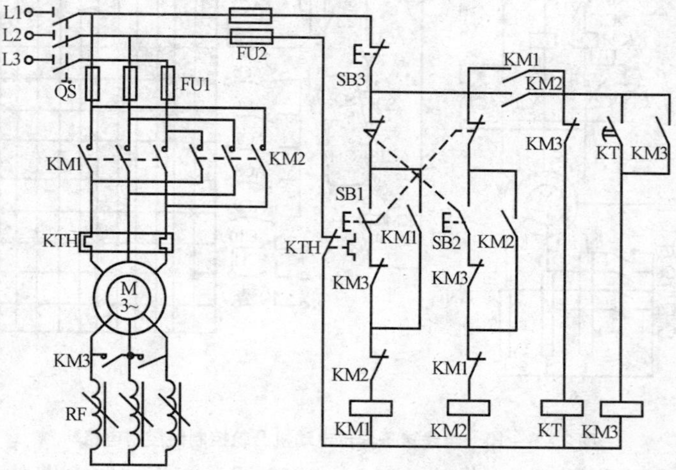

图2－8－9　按钮控制的转子绕组串联频敏变阻器可逆启动电路

二、凸轮控制器控制的绕线转子异步电动机启动与调速电路

1. 绕线转子异步电动机凸轮控制器控制电路

绕线转子异步电动机凸轮控制器控制电路如图2－8－10所示。图中转换开关QS作引入电源用；熔断器FU1、FU2分别作为主电路和控制电路的短路保护；接触器KM控制电动机电源的通断，同时起欠压　失压保护作用；位置开关QS1、QS2分别作为电动机正、反转时工作机构运动的限位保护；过流继电器KA1、KA2作为电动机的过载保护；R是电阻器；AC是凸轮控制器。

工作原理：先合上电源开关QS，然后将AC手轮放在“0”

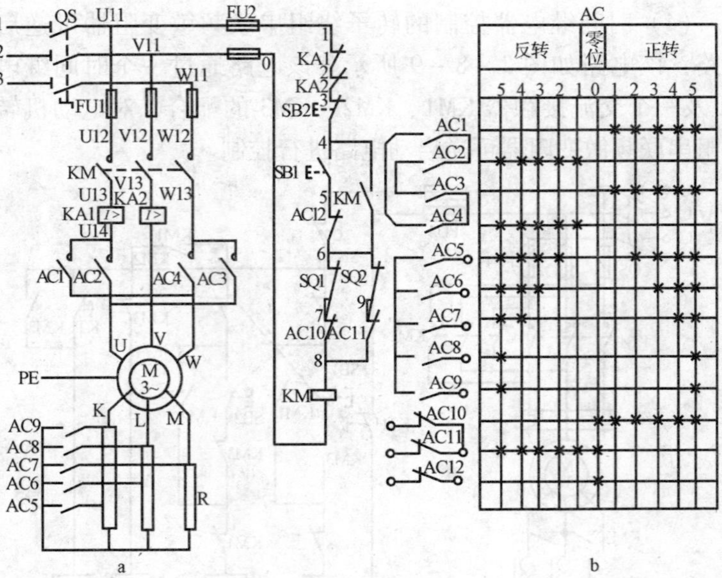

图2－8－10 绕线转子异步电动机凸轮控制器控制电路

位，这时最下面三对触头 AC10～AC12 闭合，为控制电路的接通作准备。按下 SB1，接触器 KM 线圈得电，KM 主触头闭合，接通电源，为电动机启动作准备，KM 自锁触头闭合自锁。将 AC 手轮从“0”位转到正转“1”位置，这时触头 AC10 仍闭合，保持控制电路接通，触头 AC1、AC3 闭合，电动机 M 接通三相电源正转启动，此时由于 AC 触头 AC5～AC9 均断开，转子绕组串联全部电阻器 R，所以启动电流较小，启动转矩也较小。如果电动机负载较重，则不能启动，但可以消除传动齿轮间隙和拉紧钢丝绳的作用。当 AC 手轮从正转“1”位转到“2”位时，触头 AC10、AC1、AC3 仍闭合，AC5 闭合，把电阻器 R 的一级电阻器切除，使电动机 M 正转加速。同理，当 AC 手轮依次转到正转“3”和“4”位置时，触头 AC10、AC1、AC3、AC5 仍保持闭合，AC6、AC7 先后闭合，把电阻器 R 的两级电阻器相继短接，电动机 M 继续正转加速。闭合，当 AC 手轮转到正转“5”位置时，AC5～AC9 五对触头全部闭合，电阻器 R 的全部电阻器被切除，电动机启动完毕后全速运转。

当把手轮转到反转的“1”～“5”位置时，触头 AC2 和 AC4 闭合，接入电动机的三相电源相序改变，电动机反转。触头 AC11 闭合使控制电路接通，接触器 KM 线圈继续得电工作。凸轮控制器反向启动依次切除电阻器的程序及工作原理与正转类同。

由凸轮控制器触头分合表可以看出，凸轮控制器最下面的三对辅助触头 AC10～AC12，只有当手轮置于“0”位时才全部闭合，而在其余各挡位置都只有一对触头闭合（AC10 或 AC11），而其余两对断开。这三对触头在控制电路中如此安排，就保证了手轮必须置于“0”位时，按下启动按钮 SB1 才能使接触器 KM 线圈得电动作。然后通过凸轮控制器 AC 使电动机进行逐级启动，从而避免了电动机的直接启动，同时也防止了由于误按 SB1 而使电动机突然加速运转产生的意外事故。

2. 凸轮控制器控制转子串联电阻器可逆启动控制电路

凸轮控制器控制转子串联电阻器可逆启动控制电路如图 2－8－11 所示。

该电路中凸轮控制器的操作手轮动作位置有“0”至左边和右边各 5 个位置，内部还有 K1、K2、K3 常闭触点三对及 K4～K12 常开触点九对。启动时，合上电源开关 QS，电动机一相定子绕组便立即得到 L1 相电源；将操作手轮由位置“0”向左边转至位置“1”，K1、K2、K3 常闭触点打开，K5、K7 常开触点闭合，另外两相定子绕组获得 L2、L3 相电源，电动机即开始启动。这时，星形连接的启动电阻器全部接入转子绕组。当手轮位置左转至位置“2”时，K12 常开触点闭合，电阻器 R1 被短接；依次类推，当手轮位置左转至位置“3”、“4”、“5”时，则电阻器 R2、R3、R4、R5 一次短接，启动过程结束。

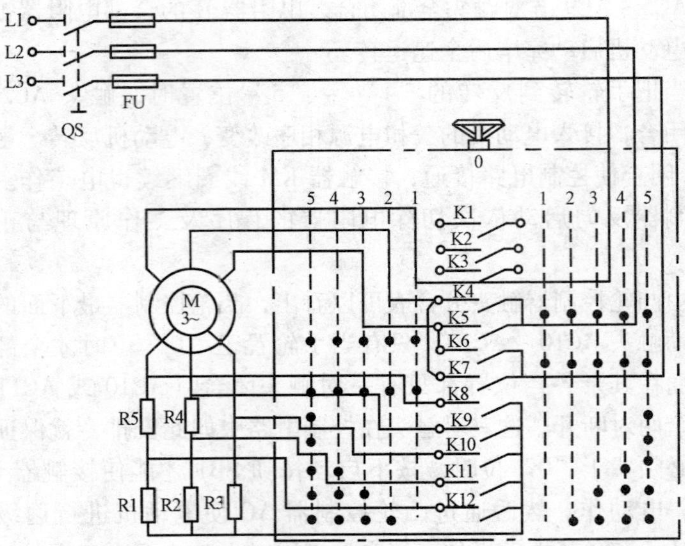

图 2-8-11 凸轮控制器控制转子串联电阻器可逆启动控制电路

3. 按钮操作不平衡接法可逆启动控制电路

按钮操作不平衡接法可逆启动控制电路如图 2-8-12 所示。该电路是一种具有过载、欠压、失压保护的鼓形控制器控制的电动机可逆启动控制电路。它主要由凸轮控制器、交流接触器 KM、热继电器 KTH 和按钮 SB 等电器元件组成。其启动过程为：合上电源开关 QS，按下启动按钮 SB1，接触器 KM 的线圈得电动作并自锁，电动机的一相定子绕组便立即接入 L1 相电源，随后的动作便与图 2-8-11 所进行的动作一样了。本图中串联在控制电路启动按钮 SB1 中的常闭触点 Q1 能起到防止电动机直接启动的作用。

4. 手动可逆启动、调速凸轮控制器控制电路

手动可逆启动、调速凸轮控制器控制电路如图 2-8-13 所示。该电路是采用凸轮控制器来实现绕线转子异步电动机的启动、调速及正反转的。此电路保护完备、运行可靠、维护方便，

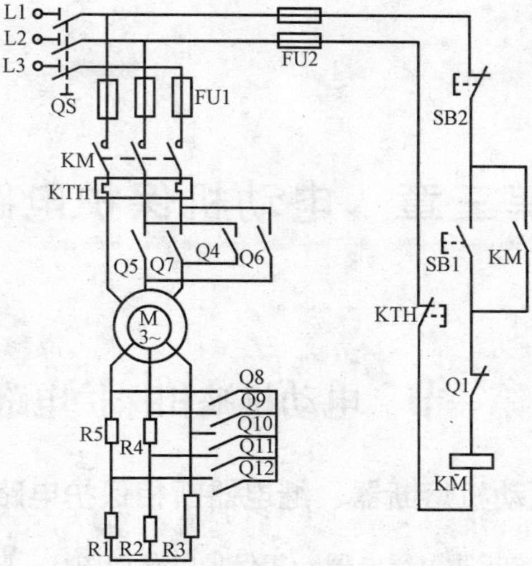

图2－8－12　按钮操作不平衡接法可逆启动控制电路

它常用于桥式起重机上。

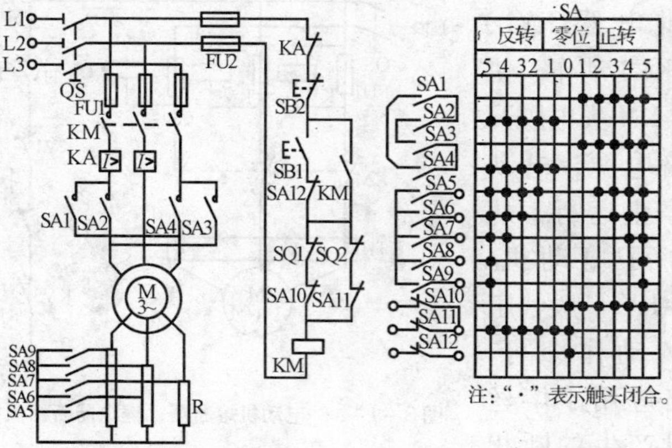

a.控制电路　　b.触头分合表

图2－8－13　手动可逆启动、调速凸轮控制器控制电路

第三章　电动机保护电路

第一节　电动机缺相保护电路

一、电动机熔断器、继电器断相保护电路

电动机熔断器、继电器断相保护电路如图 3－1－1 所示。该电路是一种断丝电压保护电路，即当熔丝熔断后，熔丝两端产生电压，这时与其并联的继电器 KV1、KV2、KV3 动作，使接触器 KM 失电脱开主电路电源，电动机即停止运行，从而保护了电动机。继电器 KV 一般整定在 60V 动作即可。该电路应用于熔丝熔断时产生的断相保护。

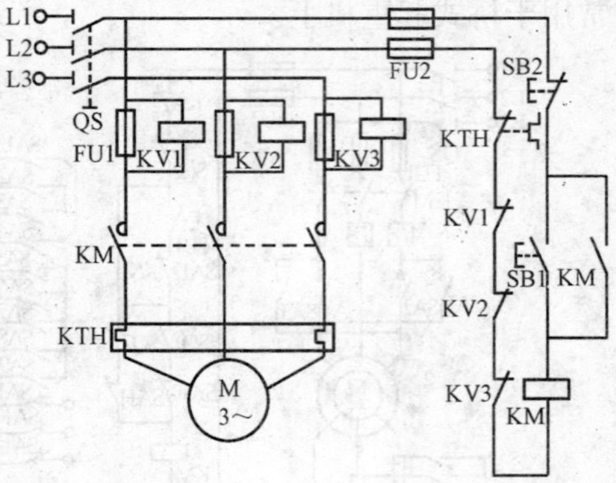

图 3－1－1　电动机熔断器、继电器断相保护电路

二、欠流继电器电动机断相保护电路

欠流继电器电动机断相保护电路如图 3－1－2 所示。该电路

的保护元件是三只欠流继电器 KA1、KA2、KA3。电动机在运行中，如果任一相电流大幅度减少或消失，则串联在该相电路上的继电器 KA 就会动作，并切断控制回路。此种电路的特点是保护比较可靠。但由于要使用三只欠流继电器，成本较高。

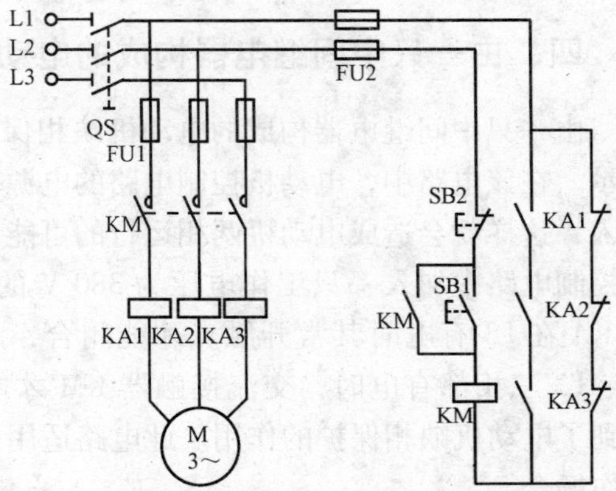

图 3-1-2 欠流继电器电动机断相保护电路

三、简单零序电压电动机断相保护电路

简单零序电压电动机断相保护电路如图 3-1-3 所示。由于采用星形接法的电动机绕组中性点对地电压为零，而当电动机的三相中的某一相断电时就会使其中性点电位产生偏移，就与地的零电位点存在电位差。因此，如在此点与地之间接一个 18 V 的继电器，即可起到对电动机的断相保护。此电路简单可行，在单台电动机的断相保护中应用较多。

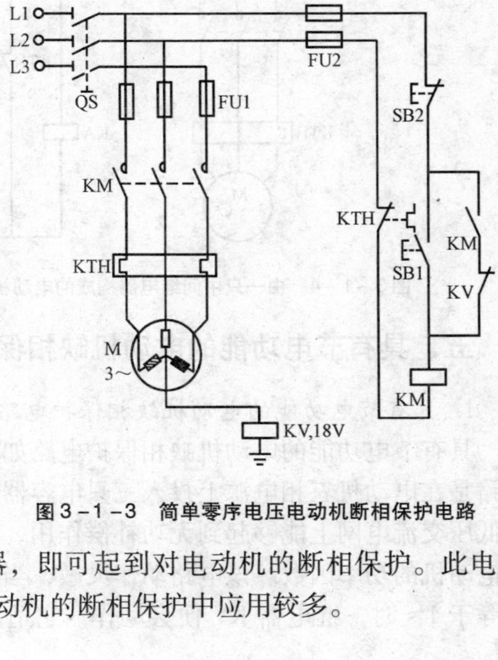

图 3-1-3 简单零序电压电动机断相保护电路

四、由一只中间继电器构成的电动机缺相保护电路

由一只中间继电器构成的电动机缺相保护电路如图 3－1－4 所示。在该电路中，电动机控制电路的电源一般均从两相主电路引入，这样就会造成电动机两相运行的可能。如果在普通的电动机控制电路中加入一只工作电压为 380 V 的中间继电器 KA，以使 KA 在 L3 有电时其常开触点才能闭合，从而保证只有在 L1、L2、L3 三相都有电时，交流接触器 KM 才能得电动作，这样就起到了电动机缺相保护的作用。此电路适用于电动机负载较重的工作场合。

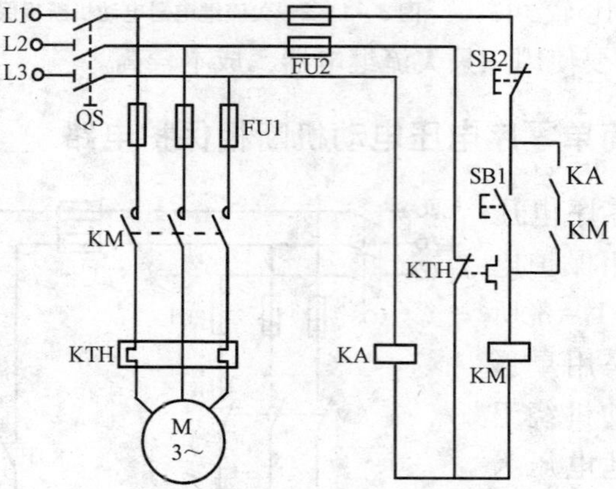

图 3－1－4 由一只中间继电器构成的电动机缺相保护电路

五、具有节电功能的电动机缺相保护电路

1. 具有节电功能的电动机缺相保护电路（一）

具有节电功能的电动机缺相保护电路如图 3－1－5 所示。该电路是在电动机三相电源上投入三只电容器运行工作，因电容器在低压交流电网上能够起到无功补偿作用，故断相保护器还能提高电动机的功率因数。该电路动作灵敏，当电动机缺相时间小于或等于 1 s 时，继电器 KV 便会动作。它适用于星形连接和三角

形连接的电动机，并且对电动机轻、重负载均能适应。

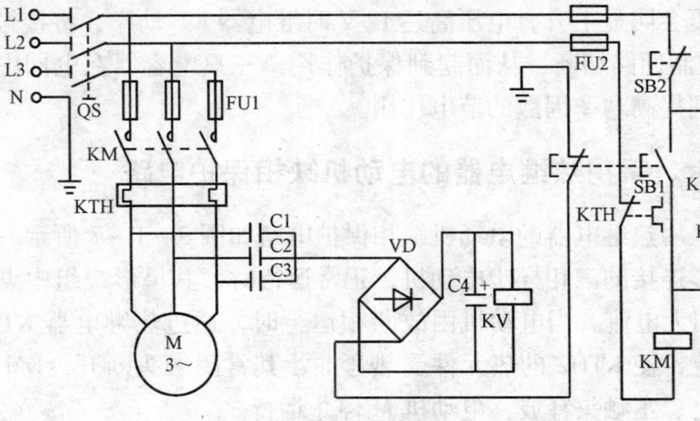

图 3－1－5　具有节电功能的电动机缺相保护电路（一）

2. 具有节电功能的电动机缺相保护电路（二）

另一种具有节电功能的电动机缺相保护电路如图 3－1－6 所示。该电路是在三角形连接的电动机定子绕组三相电源接线上各用导线引出，分别去接在电容器 C 上，并通过这三只电容器使其接成一个人为的中性点。电动机正常运行时，这个中性点电压也为零，与三相四线制的中性点电位一致，故此两点无电压输出，

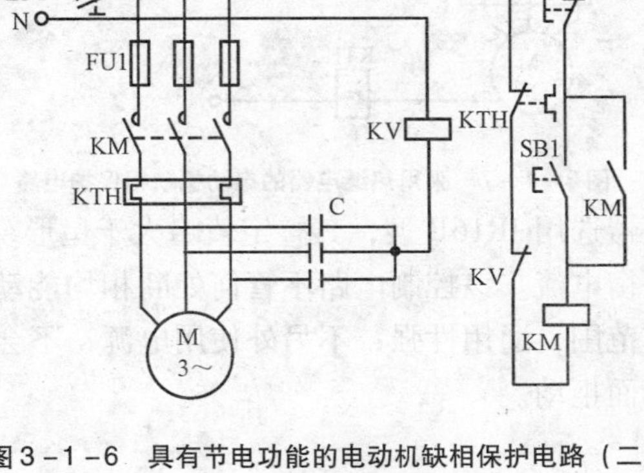

图 3－1－6　具有节电功能的电动机缺相保护电路（二）

继电器 KV 因而不动作，当电动机电源某相断开时，则该中性点的电压会明显上升，电压高达 12 V 时继电器 KV 动作，将接触器 KM 控制回路切断，从而起到保护作用。三只电容器在电网中又能起到提高功率因数的节电作用。

六、采用热继电器的电动机缺相保护电路

采用热继电器的电动机缺相保护电路如图 3－1－7 所示。对于星形连接的三相异步电动机，正常运行时，其星形绕组中点与 N 线间无电流。当电动机因故断相运行时，通过热继电器 KTH2 的电流，使 KTH2 的热元件受热弯曲，其常闭触头断开，KM 线圈失电、主触头释放，电动机 M 停止运行。

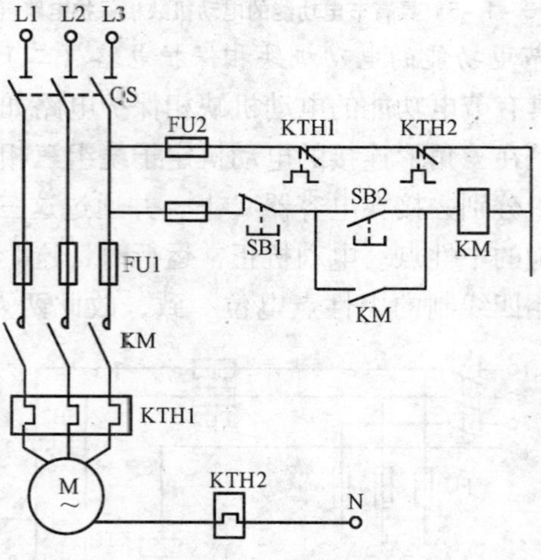

图 3－1－7 采用热继电器的电动机缺相保护电路

热继电器选用 JR16B 型，其整定值略大于星形绕组中点与 N 线间的不平衡电流。该控制电路不管何处断相均能动作，有较宽的电流适应范围，通用性强；不另外使用电源，不会因保护电路的电源故障而拒动。

七、电容器组成的零序电压电动机断相保护电路

1. 电容器组成的零序电压电动机断相保护电路（一）

电容器组成的零序电压电动机断相保护电路如图 3－1－8 所示。该电路采用三个电容接成一个人为中性点，适用于星形或三角形连接电动机的断相保护。当发生断相故障时，因人为中性点电位发生偏移，使继电器 KA 线圈得电，其常闭触头断开 KM 线圈回路，KM 主触头复位，从而使电动机断电，保护电动机定子绕组不被破坏。

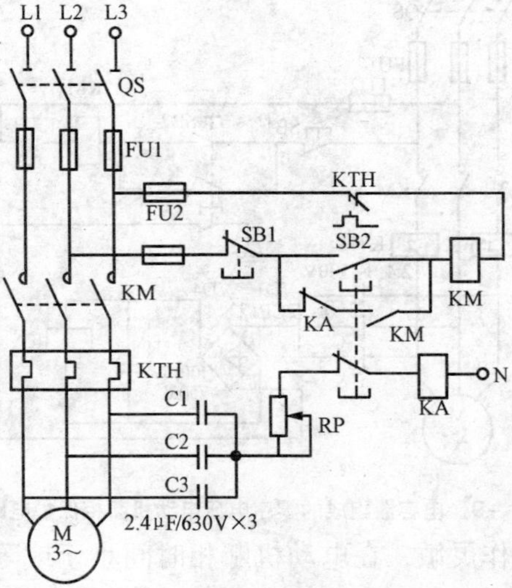

图 3－1－8　电容器组成的零序电压电动机断相保护电路（一）

由于此断相保护器是在三相电源上投入三只电容器进行运行，而电容器在低压交流电网上又能起到无功功率补偿作用，故该断相保护器在正常工作时，不浪费电能，相反还会提高电动机的功率因数，减少无功功率的损耗，可称为一个小型节电器。

2. 电容器组成的零序电压电动机断相保护电路（二）

另一种电容器组成的零序电压电动机断相保护电路如图

3－1－9 所示。在电动机的三相电源接线柱上，各用导线引出，分别接在电容 C1、C2、C3 上，并通过这三只电容器，使其产生一个人为星形中性点，当电动机正常运行时，人为星形中性点的电压为零，与三相四线制的中性点电位一致，故此两点电压通过整流后无电压输出，继电器不动作。当电动机电源某一相断相时，则人为星形中性点的电压会明显上升，电压高达 12 V 时，继电器 KA 便吸合，此时交流接触器控制回路切断，接触器释放，从而达到保护电动机的目的。

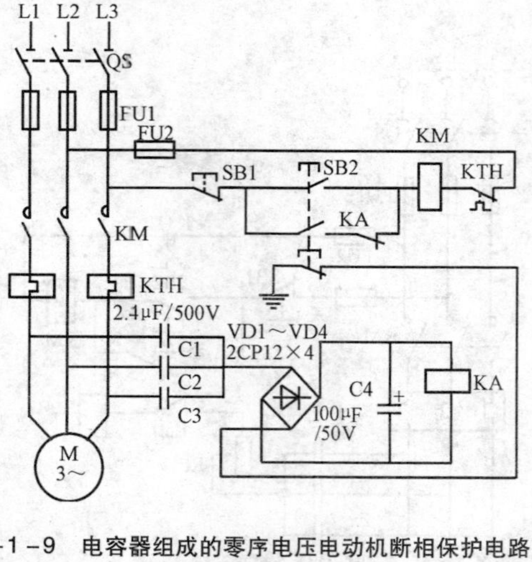

图 3－1－9 电容器组成的零序电压电动机断相保护电路（二）

该电路动作灵敏，在电动机断相时间小于或等于 1 s 时，继电器便会动作。该电路无论负载轻重也无论是星形连接的电动机还是三角形连接的电动机均可使用。本电路适用于 0.1 ~ 22 kW 的电动机。换用容量更大的继电器，则可在 30 kW 以上电动机上使用。

为了防止电动机在启动时交流接触器触头不同步引起继电器误动作，该电路采用一常闭的双联按钮作启动按钮，使在启动的同时断开保护器与三相四线制中性点的连线。待电动机启动完毕，操作者松手使按钮复位，断相保护器才能正常工作。

3. 电容器组成的零序电压电动机断相保护电路（三）

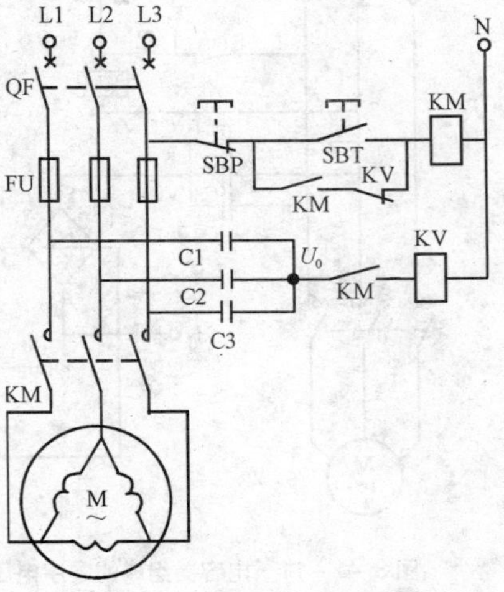

图3－1－10　电容器组成的零序电压电动机断相保护电路（三）

第三种电容器组成的零序电压电动机断相保护电路如图3－1－10所示，对于三角形连接的电动机，必须做一个人为中性点，即用三个等值的电容（阻抗元件）接成星形连接与电动机并联，在这个星形连接的中点，接上继电器等保护元件，当电动机三相电源正常运行时，中性点电压一般小于10 V。电动机负载在运行中断相时，中性点电压的大小与负载有关，其变化范围为10～50 V，负载越重，电压就越高，但与电动机容量的关系不大。如KV选用DJ131/60CN型电压继电器（其动作电压范围为15～60 V，线圈串联，长期允许电压220 V），调整动作电压可整定在20～25 V；如电动机负载低于额定负载的50%～60%时，整定电压取15～20 V。如电动机为三角形连接，其人为星形连接的阻抗元件可选用0.1～0.47 μF、400 V的电容器。

本电路适用于0.6～55 kW的电动机。

4. 电容器组成的零序电压电动机断相保护电路（四）

第四种电容器组成的零序电压电动机断相保护电路如图3－1－11所示，该电动机断相保护器电路由电容器C1～C5、二极管VD1～VD5、发光二极管VL、单结晶体管VU和继电器K组成。

在L1～L3三相电源正常时，电容器C1～C3连触头A上的

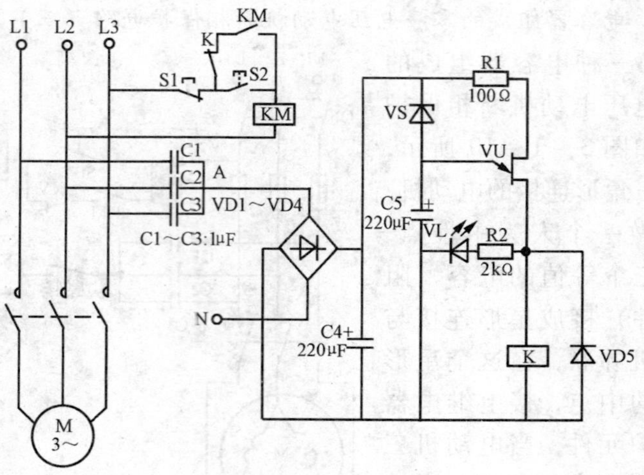

图3－1－11 电容器组成的零序电压电动机断相保护电路（四）

交流电压较低，该电压经VD1～VD4整流、C4滤波后，不足以使VS和VU导通，K不吸合，电动机M正常运转。

当三相电源中缺少某一相电压时，在A点与零线N之间将迅速产生12 V左右的交流电压。此电压经VD1～VD4整流及C4滤波后，使VS击穿导通，C5开始充电，延时几秒在C5充电结束后，VU导通，VL点亮，K吸合，其常闭触头断开，使交流接触器KM释放，切断电动机M的工作电源。

当三相电源恢复正常后，经过短暂的延时VU截止，K释放，此时可按动启动按钮S2重新启动电动机。

八、电阻器组成的零序电压断相保护电路

1. 电阻器组成的零序电压断相保护电路（一）

电阻器组成的零序电压断相保护电路（一）如图3－1－12所示。它是用三只电阻器接成一个人为中性点，当电动机断相时，因人为中性点电位发生偏移，继电器K便得电吸合，继电器的常闭触头切断交流接触器KM线圈回路，KM释放，从而保护

电动机。电路中的电阻器R1～R3应根据实际实验选定，标称值为100 kΩ。

2. 电阻器组成的零序电压断相保护电路（二）

第二种电阻器组成的零序电压断相保护电路如图3－1－13所示。该电压型电动机断相保护器具有成本低、性能稳定、动作可靠等特点，用于星形连接和三角形连接的电动机。电动机断相保护电路由电源电路和断相检测保护电路组成。

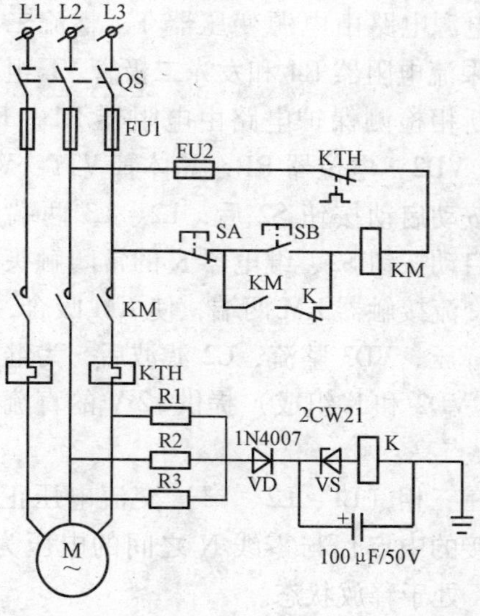

图3－1－12 电阻器组成的零序电压断相保护电路（一）

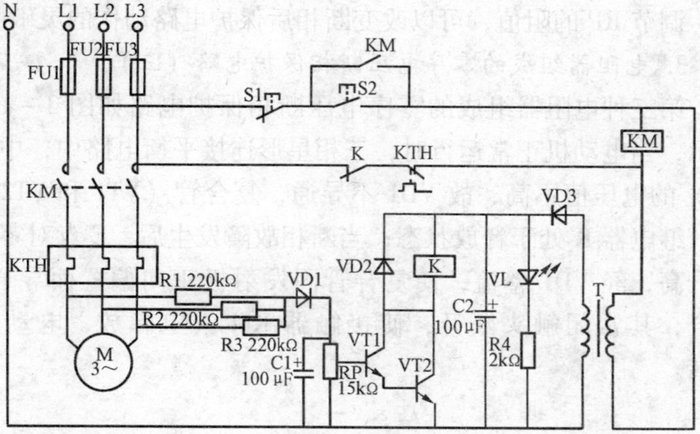

图3－1－13 电阻器组成的零序电压断相保护电路（二）

电源电路由电源变压器 T、整流二极管 VD3、滤波电容器 C2、限流电阻器 R4 和发光二极管 VL 组成。

断相检测保护电路由电阻器 R1 ~ R3，电容器 C1，二极管 VD1、VD2，电位器 RP，晶体管 VT1、VT2 和继电器 K 等组成。

按动启动按钮 S2 后，L2、L3 两端的电压一路经停止按钮 S1、启动按钮 S2、继电器 K 的常闭触头和热继电器 KTH 的触头加至交流接触器 KM 两端，使 KM 吸合，电动机启动运转；一路经 T 降压、VD3 整流、C2 滤波后，为继电器驱动电路（由 VT1、VT2、VD2 和 K 组成）提供 12 V 的直流电压，同时 12 V 电压还将 VL 点亮。

在三相（L1、L2、L3）交流电压正常时，VD1 的正端（星形连接的中点）与零线 N 之间的电压为 0 V，VT1 和 VT2 不导通，K 处于释放状态。

当三相交流电压中缺少某一相电压时，VD1 的正端与 N 端之间将产生一个交流电压，此电压经 VD1 整流及 C1 滤波后，使 VT1 和 VT2 导通，K 吸合，其常闭触头断开，使 KM 释放，将电动机 M 的工作电源切断，从而保护了电动机。

调节 RP 的阻值，可以改变断相后保护电路动作的灵敏度。

3. 电阻器组成的零序电压断相保护电路（三）

第三种电阻器组成的零序电压断相保护电路如图 3－1－14 所示，当电动机正常运行时，三相星形连接平衡电路中，中性点（E）的电压值不高，故 VD1 不导通，复合管（VT1 和 VT2）截止，继电器 K 处于释放状态；当断相故障发生后，E 点对零线电压升高，经 VD1 整流，使复合管因发射极正向偏置而导通，K 吸合，其常闭触头断开，使接触器 KM 失电释放，电动机 M 停转。

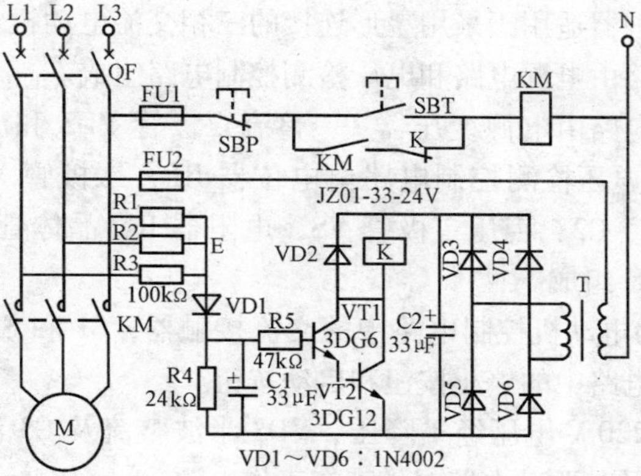

图 3－1－14　电阻器组成的零序电压断相保护电路（三）

九、星形连接电动机断相保护电路

1. 星形连接电动机断相保护电路（一）

因星形连接电动机的中性点对地电压为零，在此点与地之间接一个 18 V 的继电器，即可起到电动机的断相保护作用。这是当电动机某一相断电时，会造成电动机的中性点电位偏移，与地零电位点存在电位差，从而使继电器吸合，断开接触器主回路，使电动机停转，保护电动机不被烧坏，如图 3－1－15 所示。此方法简单可行，是一种较老式的保护方法。

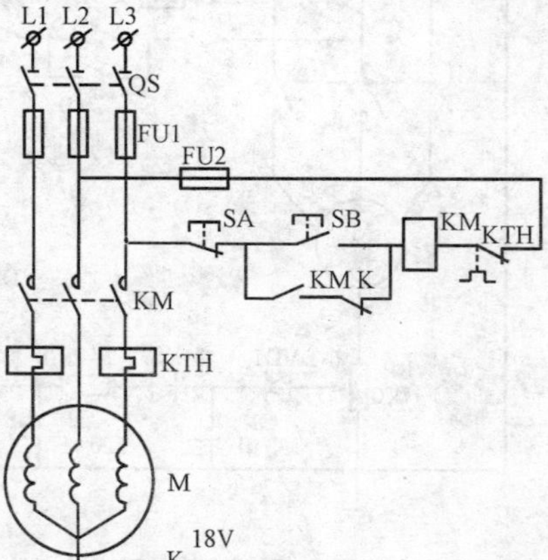

图 3－1－15　星形连接电动机断相保护电路(一)

2. 星形连接电动机断相保护电路（二）

第二种星形连接电动机断相保护电路如图 3－1－16 所示。

该保护器适用于采用星形连接的三相交流电动机。该电动机保护器电路由电源电路和电压检测控制电路组成。

电源电路由电源变压器 T、整流二极管 VD3 和滤波电容器 C3 组成。电压检测控制电路由电位器 RP，二极管 VD1、VD2，电容器 C1、C2，稳压二极管 VS，电阻器 R，晶体管 VT1、VT2 和继电器 K 组成。

KM 为电动机控制电路中的交流接触器，S1 和 S2 分别为电动机控制电路中的停止按钮和启动按钮。

交流 220 V 电压经 T 降压、VD3 半波整流及 C3 滤波后，为继电器 K 及其驱动电路提供直流工作电源。

在电动机 M 正常运行时，电位器 RP 中心抽头无电压或电压很低，VS 和 VT1、VT2 均处于截止状态，继电器 K 处于释放状态，其常闭触头接通，对电路无影响。

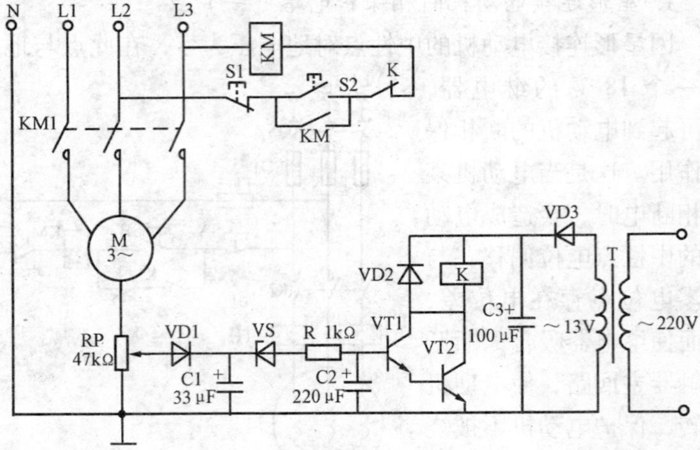

图 3-1-16 星形连接电动机保护器电路（二）

当某种原因导致电动机 M 断相运行时，RP 的中心抽头上的电压将升高，使 VS 管被击穿导通。延时 3 s 后，VT1 和 VT2 饱和导通，K 吸合，其常闭触头断开，交流接触器 KM 释放，电动机 M 断电而停止运行。

十、三角形连接电动机断相保护电路

三角形连接电动机断相保护电路如图 3－1－17 所示。该电路是将三只电阻器 R1～R3 接成一个人为的中性点，当电动机断相时，继电器 KA 吸合，继电器的常闭触点切断接触器 KM 线圈回路，KM 失电释放，电动机主回路电路被切断，电动机 M 停转。

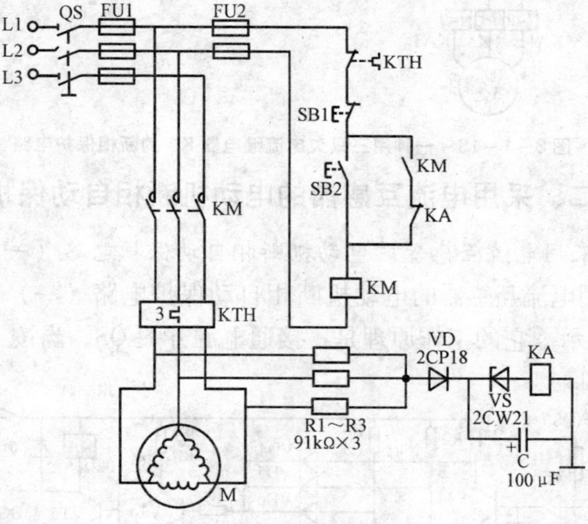

图 3－1－17　三角形连接电动机断相保护电路

十一、零序电流断相保护电路

一种用三只欠电流继电器 KA 的断相保护电路如图 3－1－18 所示。合上电源开关 QS，按下启动按钮 SB2，接触器 KM 线圈得电，主触头闭合，电动机启动运行，同时三只欠电流继电器 KA1、KA2、KA3 得电，触头闭合，KM 线圈自锁。在电动机发生断相故障时，接在断相上的欠电流继电器释放，其常开触头 KA1、KA2 或 KA3 复位，使得 KM 线圈自锁电路断开，KM 主触头复位，电动机停转，从而保护了电动机。

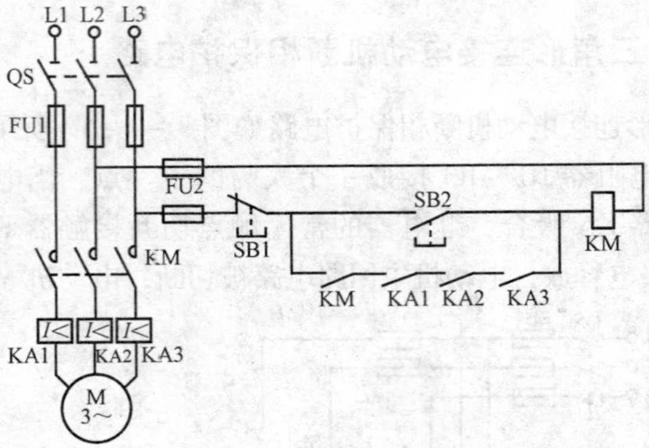

图3-1-18　一种用三只欠电流继电器KA的断相保护电路

十二、采用电流互感器的电动机断相自动保护电路

1. 采用电流互感器的电动机断相自动保护电路（一）

采用电流互感器的电动机断相自动保护电路（一）如图3-1-19所示。它的工作原理是：接通电源开关QS，当按下启动按

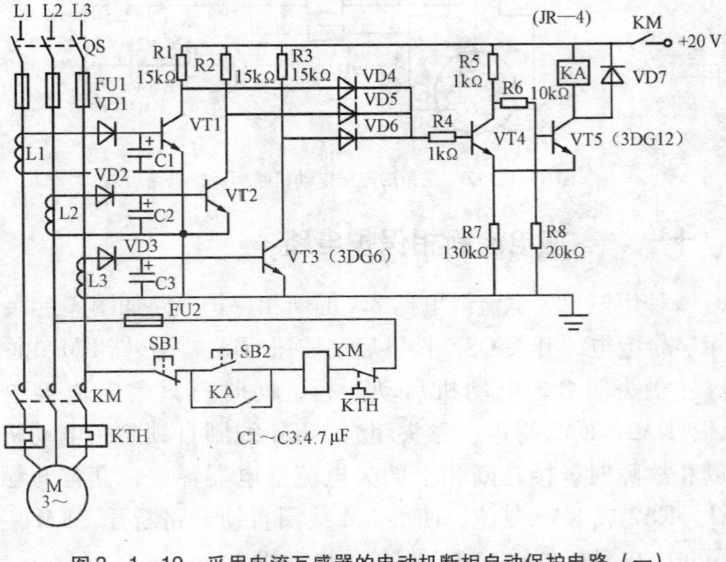

图3-1-19　采用电流互感器的电动机断相自动保护电路（一）

钮 SB2，接触器 KM 得电，常开触头闭合，保护器电源接通工作。当电动机三相均有电时，L1、L2、L3 的感应电压经 VD1、VD2、VD3 分别使晶体管 VT1 ~ VT3 饱和，三只晶体管的集电极输出电位为零，VD4 ~ VD6 构成的二极管或门电路输出为零，VT4 截止，VT5 饱和，继电器 KA 获电工作，其常开触头闭合，电动机正常运行。当断相启动时，其中一只晶体管将截止，或门输出高电位，使 VT4 饱和、VT5 截止，继电器 KA 失电断开，接触器 KM 线圈断电，电动机停止运行。

电路中的晶体管 VT1 ~ VT3 选用 3DG6；VT4、VT5 选用 3DG12；继电器 KA 选用 JR—4 型。

2. 采用电流互感器的电动机断相自动保护电路（二）

第二种采用电流互感器的电动机断相自动保护电路如图 3 - 1 - 20 所示。这是一种较为实用的电路，按下 ST，KM 吸合，电动机 M 启动、运转。电流互感器 TA 通过二次侧输出电流，经

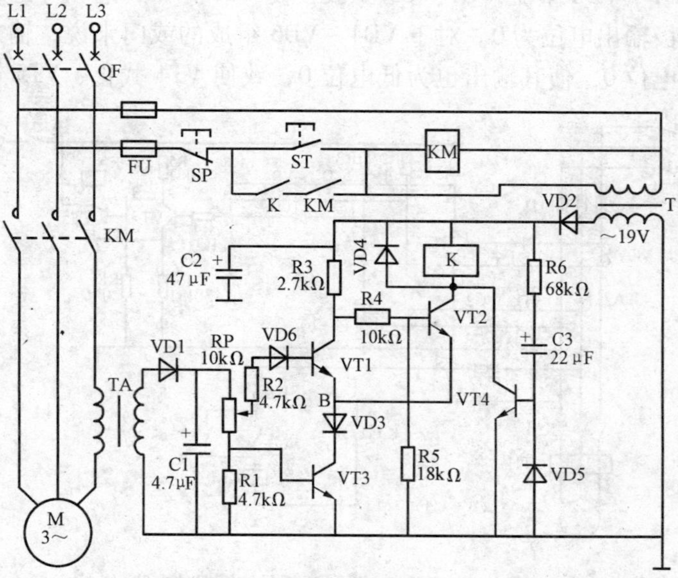

图 3 - 1 - 20　采用电流互感器的电动机断相过电流保护电路（二）

VD1 整流，RP、R1 分压，形成电压信号，经 R2、VD6 加到 VT1 的基极，另一个信号经 RP 加到 VT3 的基极。VT1、VT2、VT3 组成一个射极耦合双稳态电路。正常时，VT1 截止，VT2、VT3 饱和导通，继电器 K 吸合，电动机 M 正常运行。

当三相电动机某一相断相时，电流必定比正常时增大许多，或因电动机绕组短路、机械卡堵等故障使电流大增，这时 TA 的二次电流也必定大增，加到 VT1 的基极电压也大增，促使 VT1、VT3 饱和导通，VT2 截止，K 线圈失电释放，KM 线圈相继失电释放，电动机 M 停电。

十三、三相异步电动机断相晶体管保护电路

1. 三相异步电动机断相晶体管保护电路（一）

第一种三相异步电动机断相晶体管保护电路如图 3－1－21 所示。当电动机工作正常时，TA1、TA2、TA3 上的感应电动势经 VD1～VD3 整流，C1～C3 滤波，使 VT1～VT3 饱和导通，其集电极输出电位为 0。对于 VD4～VD6 组成的或门来说，输入全是低电位 0，使其输出也为低电位 0，致使 VT4 截止、VT5 饱和

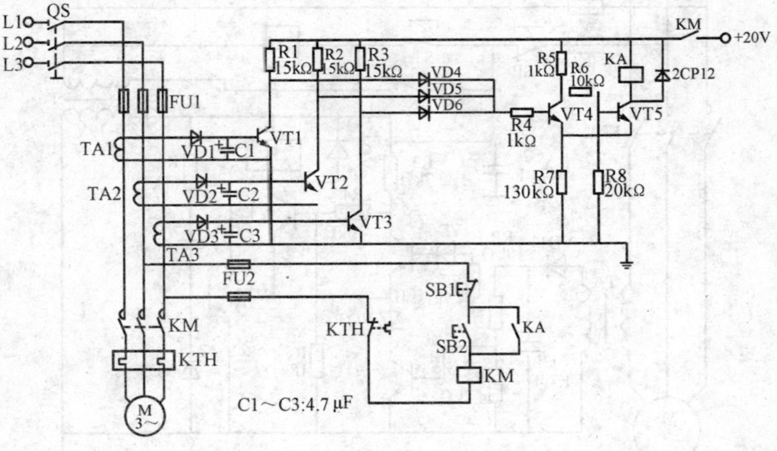

图 3－1－21　三相异步电动机断相晶体管保护电路（一）

导通，中间继电器 KA 得电吸合，其常开触点闭合，电动机正常运行。

当出现断相时，如 D 相断开，则 L3 上的感应电动势为 0，使 VT3 截止，其集电极输出高电位 1，因此或门 VD4 ~ VD6 输出高电位 1，导致 VT4 饱和导通，VT5 截止，KA 失电释放，其常开触点断开，使接触器 KM 失电释放，切断电动机电源，电动机 M 停转。

2. 三相异步电动机断相晶体管保护电路（二）

第二种用晶体管电路作断相保护的电路如图3 - 1 - 22 所示。三相电流正常时，电流互感器 TA1、TA2、TA3 感应出交流电压，此时晶体管 VT1、VT2、VT3 都导通，继电器 K 吸合，M 正常运行。当某一相断电时，该相电流互感器输出电压为 0，相对应的那一只晶体管截止，与门电路条件被破坏，继电器 K 释放，断开了 KM 回路，KM 主触头跳开，电动机 M 得以保护。

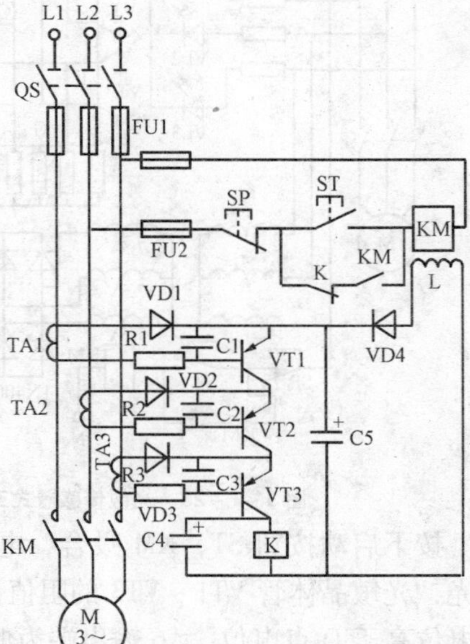

图 3 - 1 - 22　三相异步电动机断相晶体管保护电路（二）

十四、光敏传感器式三相断相保护电路

光敏传感器式三相断相保护电路如图 3 - 1 - 23 所示。图中，VL1 ~ VL3 为发光二极管，VT1 ~ VT3 为光敏晶体管，发光二极

管与光敏晶体管分别组成三只光耦合器，R1～R3 为 VL1～VL3 的限流电阻器。A1～A3 为 LM324 集成运算放大器，在这里构成三个电压比较器。A6 为一个与非门电路（74LS00），VT4 为晶体管，A4 为 7805 集成稳压电路。HA 为电铃，K 为继电器。

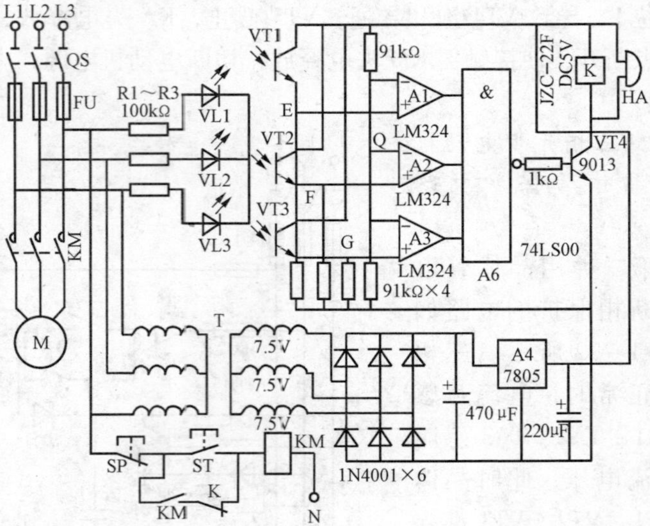

图 3-1-23 光敏传感器式三相断相保护电路

按下启动按钮 ST，KM 吸合，电动机正常运转。VL1～VL3 发光，光敏晶体管 VT1～VT3 的阻值仅为几十千欧，E、F、G 点的电位高于 Q 点电位，A6 输出端为低电位，VT4 处于截止状态，继电器 K 不动作，K 的触头为常闭状态。当有某相断开时，如 L1 相缺电，VL3 熄灭，VL1、VL2 仍发光，VT3 的阻值为无穷大，G 点电位低于 Q 点电位（G 点通过电阻器接地），于是 A6 的输出端为高电位，VT4 导通，继电器 K 动作，电动机的三相电源被 KM 切断，电铃 HA 骤响，提醒操作人员前来排除故障。

在本例中，采用三相电源变压器供电。无论电网供电正常还是缺一相，始终有较稳定的 5 V 直流电压为保护电路提供电源。

十五、光耦合器式电动机断相保护电路

光耦合器式电动机断相保护电路如图 3 －1 －24 所示。该电动机断相保护器电路由电压检测电路和保护控制执行电路组成，启动控制电路由停止按钮 S1、启动按钮 S2 和交流接触器 KM 组成（原电动机的启动电路）。

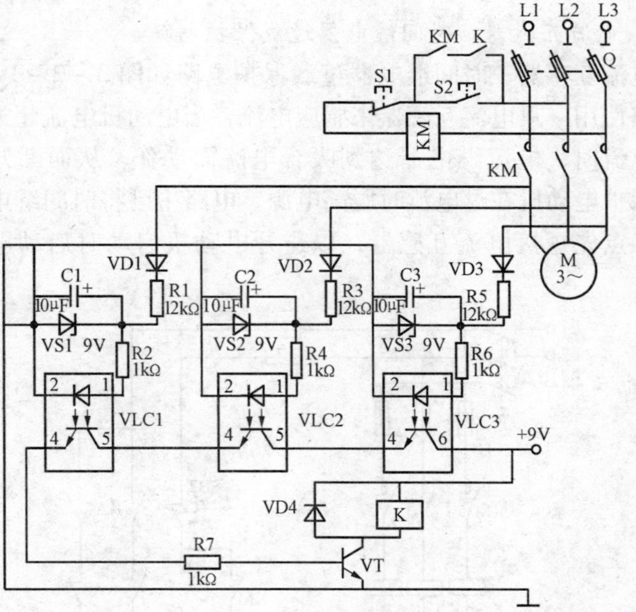

图 3 –1 –24　光耦合器式电动机断相保护电路

电压检测电路由二极管 VD1 ~ VD3，稳压二极管 VS1 ~ VS3，电阻器 R1、R6，电容器 C1 ~ C3 和光耦合器 VLC1 ~ VLC3 组成。

保护控制电路由晶体管 VT、继电器 K、二极管 VD4 和电阻器 R7 组成。

按动启动按钮 S2 后，交流接触器 KM 通电吸合，其常开触头 KM 接通，电动机 M 启动运转。若此时三相交流电源均正常，则 VLC1 ~ VLC3 内部的发光二极管均点亮，光敏晶体管均导通，

使 VT 饱和导通，K 吸合，其常开触头接通。松开 S2 后 KM 仍能维持吸合。

第二节 电动机过载、失压、欠压保护电路

一、过载保护电路

1. 电流互感器、时间继电器过载保护电路

电流互感器、时间继电器过载保护电路如图 3－2－1 所示。该电路使用一只电流互感器来感应电流，当电动机电流超过正常工作电流时，电流继电器达到吸合电流而动作，从而断开主电路，保护电动机在过电流时脱离电源。电路中已将时间继电器的常闭触点先短接电流互感器，以避开电动机启动时启动电流的冲击。

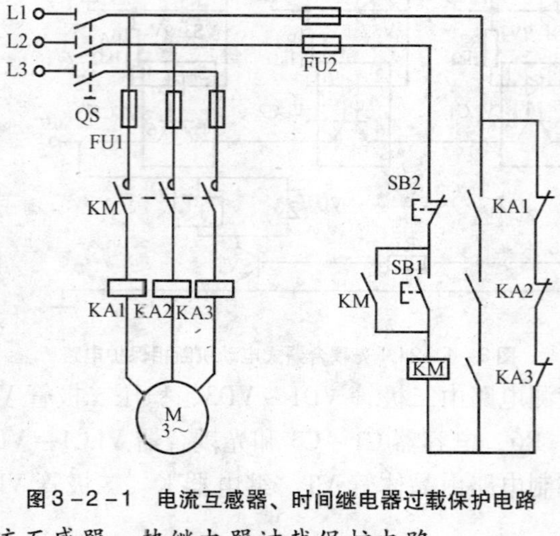

图 3－2－1 电流互感器、时间继电器过载保护电路

2. 电流互感器、热继电器过载保护电路

电流互感器、热继电器过载保护电路如图 3－2－2 所示。该电路主要用于较大容量电动机的过载保护，热继电器接在电流互

感器 TA 的二次侧，经电流互感器 TA 将大电流转换成小电流，而热继电器的热元件串联在 TA 二次侧进行保护。

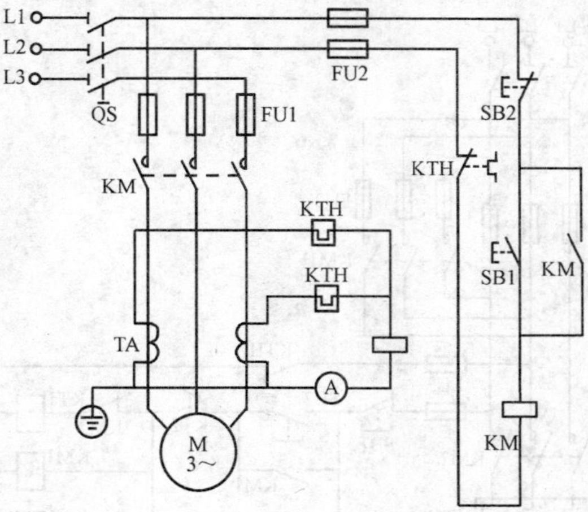

图 3-2-2　电流互感器、热继电器过载保护电路

3. *启动时双路熔断器并联控制电路*

由热继电器和熔断器组成的三相异步电动机保护系统，通常前者作为过载保护用，后者作为短路保护用。在这种保护系统中，如果热继电器失灵，而过载电流又不能使熔断器熔断，则会烧毁电动机。如果电动机能顺利启动，而运行时熔断器熔丝的额定电流等于电动机额定电流，则发生过载时，即使热继电器失灵，熔断器也会熔断，从而保护了电动机。图 3-2-3 为一种启动时双路熔断器并联控制电路。

电动机启动时，两路熔断器装置并联工作。电动机启动完毕正常运行时，第二路熔断器装置自动退出。这样，所装设的执行运行、保护功能的熔丝的额定电流和电动机的额定电流一致，一旦发生过电流或其他故障，能将熔丝熔断，保护电动机。

KT1 的作用是保证 FU2 并联上后，电动机才开始启动。KT1 调到最小位置（零点几秒），KT2 调到电动机启动完毕，电动机正常运行 1～33 s。选择熔丝时，FU1 熔丝的额定电流应等于电动机的额定电流，FU2 熔丝的额定电流一般与 FU1 的一样大，如果是重负荷启动，则应酌情增大。

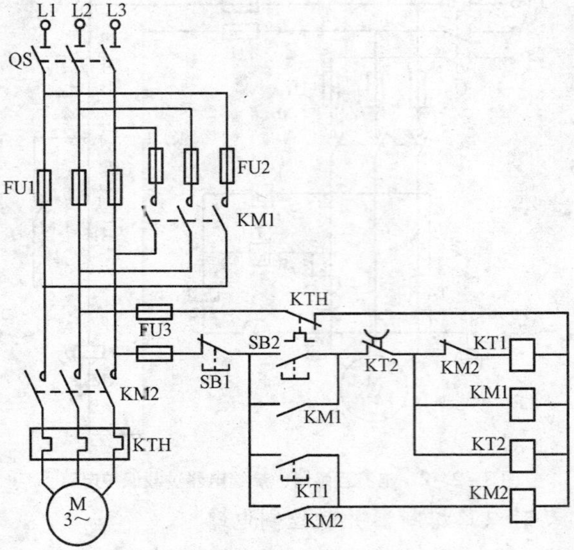

图 3－2－3 启动时双路熔断器并联控制电路

二、失压保护电路

三相交流电动机启动电流很大，一般是额定电流的 4～7 倍，故选用的熔丝额定电流较大，这对保护运行中的电动机很不利。电动机用双闸式保护装置是用两只刀开关控制，电路如图 3－2－4 所示。

启动时先合上启动刀开关，其熔丝额定电流较大（电动机额定电流的 1.5～2.5 倍），因此启

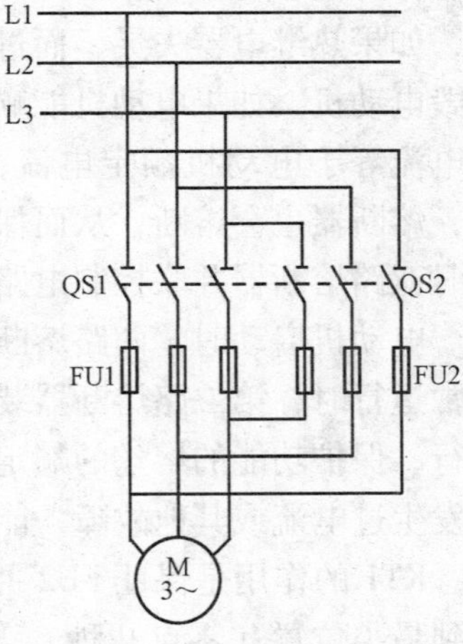

图 3－2－4 电动机双闸式保护电路

动时熔丝不会熔断。当电动机进入正常运行后，再合上运行刀开关，拉开启动刀开关。运行刀开关上熔丝的额定电流可等于电动机的额定电流，所以在电动机正常运行的情况下，熔丝不会熔断。发生断相运行时，电流增加到电动机额定电流的 1.73 倍左右，可使运行刀开关的熔丝熔断，断开电源，保护电动机不被烧毁。

三、过电流保护电路

1. 电流互感器、热继电器和时间继电器的电动机过电流保护电路

为了防止电动机过载损坏，常采用热继电器 KTH 进行过载保护。对于容量较大的电动机，额定电流较大时，如果没有合适的热继电器，可以用电流互感器 TA 变流后，再接热继电器进行保护。如果启动时负载惯性矩大，启动时间长（5 s 以上），则在启动时可将热继电器短接。使用电流互感器和热继电器的电动机过电流保护电路如图 3－2－5 所示。

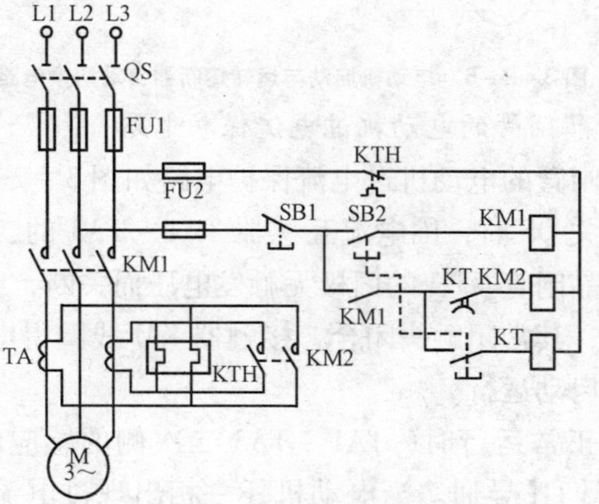

图 3－2－5　使用电流互感器、热继电器和时间继电器的电动机过电流保护电路

热继电器动作的电流一般设定为电动机额定电流与电流互感器电流比换算后的电流。

2. 电动机启动与运转熔断器自动切换电路

电动机启动与运转熔断器自动切换电路如图 3－2－6 所示。电动机启动熔断器 FU2 熔丝的额定电流按满足启动要求选择，运行熔断器 FU1 熔丝的额定电流按电动机额定电流选择。时间继电器 KT 的延时时间（3～30 s）视负载大小而定。

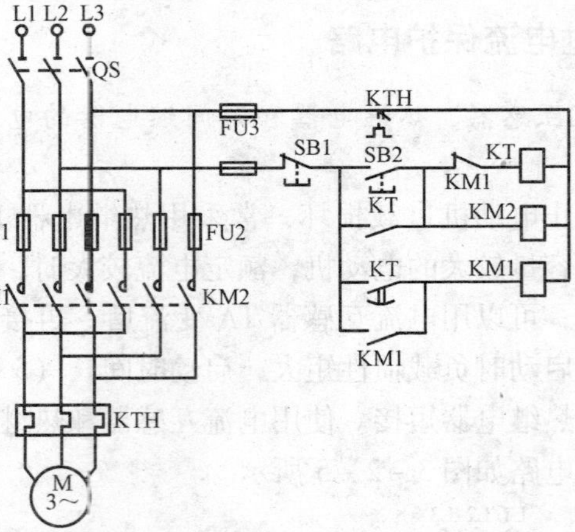

图 3－2－6 电动机启动与运转熔断器自动切换电路

3. 使用晶闸管的电动机过电流保护电路

使用晶闸管的电动机过电流保护电路如图 3－2－7 所示。当合上电源开关 QS 时，因电流互感器 TA1～TA3 的二次侧中无感应电动势，晶闸管 VTH 的门极无触发电压而关断，继电器 KA 处于释放状态，其常闭触头闭合，接触器 KM 线圈得电，主触头闭合，电动机启动运行。

电动机正常运行时，TA1～TA3 二次侧的感应电动势较小，不足以触发 VTH 导通。当电动机任一相出现过电流时，电流互感器二次侧的感应电动势增大，经整流桥 VC1、VC2、VC3 整流，C3、C4、C5 滤波，通过或门电路（VD2～VD4），使 VTH 触发导通，KA 线圈得电，其常闭触头断开，KM 线圈失电，主触头复位，电动机停转。

检修时，应断开电源开关QS。如果未断开电源开关QS，故障排除后，VTH仍维持导通，此时应按一下复位按钮SB，使VTH关断。

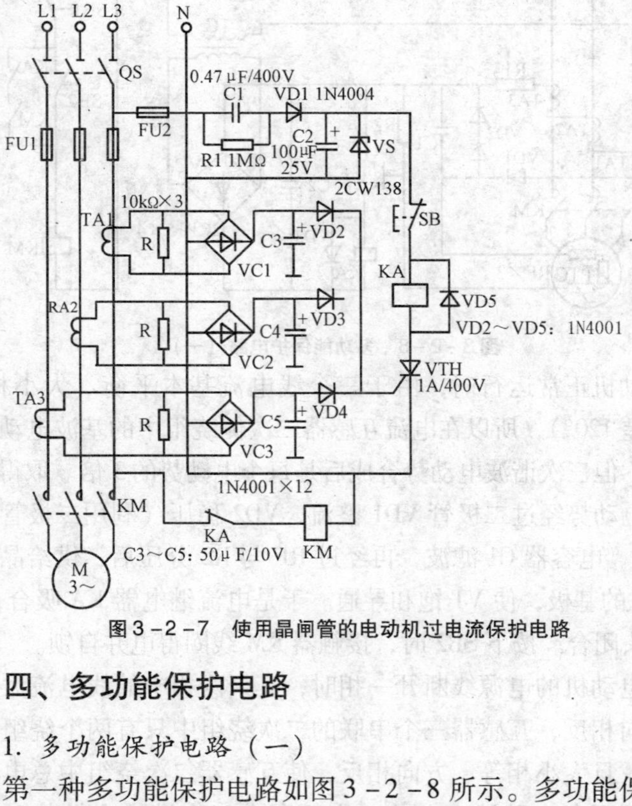

图3-2-7 使用晶闸管的电动机过电流保护电路

四、多功能保护电路

1. 多功能保护电路（一）

第一种多功能保护电路如图3-2-8所示。多功能保护电路的电动机控制电路能实现电动机的过载、断相、堵转、失压和欠压保护。

保护信号由电流互感器TA1、TA2、TA3串联后取得。这种互感器选用具有较低饱和磁感应强度的磁环（例如用铁氧体软磁材料MX0—2000型锰锌磁环）制成。电动机运行时磁环处于饱和状态，因此互感器二次绕组中的感应电动势，除基波外还有三次谐波成分。

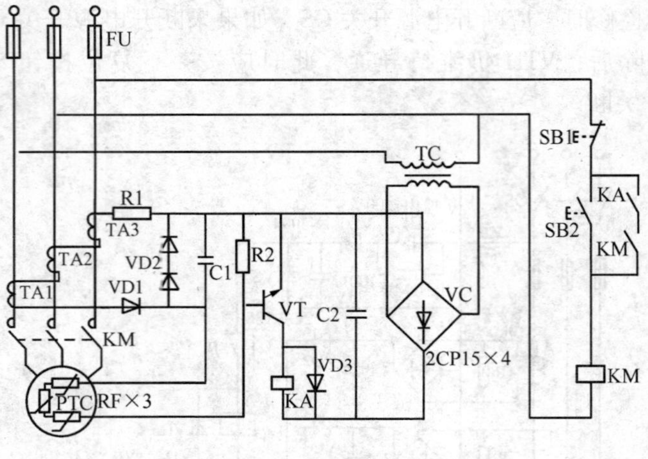

图3-2-8　多功能保护电路（一）

电动机正常运行时，由于三个线电流基本平衡（大小相等、相位互差120°），所以在电流互感器二次侧绕组中的基波电动势合成为零，但三次谐波电动势合成后是每个电动势的3倍。取得的三次谐波电动势经过二极管VD1整流、VD2稳压（利用二极管的正向特性）、电容器C1滤波，再经过RF与R2分压后，供给晶体三极管VT的基极，使VT饱和导通。于是电流继电器KA吸合，KA常开触头闭合。按下SB2时，接触器KM线圈得电并自锁。

当电动机的电源线断开一相时，其余两相中的线电流大小相等、方向相反，互感器三个串联的二次绕组中只有两个绕组感应电动势，且大小相等、方向相反，使互感器二次绕组中总电动势为零，既不存在基波电动势，也不存在三次谐波电动势，于是VT的基极电流为零，VT截止，接在VT集电极的电流继电器KA释放，接触器KM线圈失电，其触头断开切断电动机的电源。

当电动机由于故障或其他原因使其绕组温度过高，超过绕组允许值时，PTC热敏电阻器RF的阻值急剧上升，改变了RF和R2的分压比，使晶体三极管VT的基极电流的数值减小（实际上接近于零），VT截止，电流继电器KA释放，其常开触头断开，接触器 KM 线圈失电，电动机脱离电源停转。

2. 多功能保护电路（二）

第二种多功能保护电路如图 3－2－9 所示。该电动机多功能保护电路由电源电路、电流检测电路和保护控制电路组成，该保

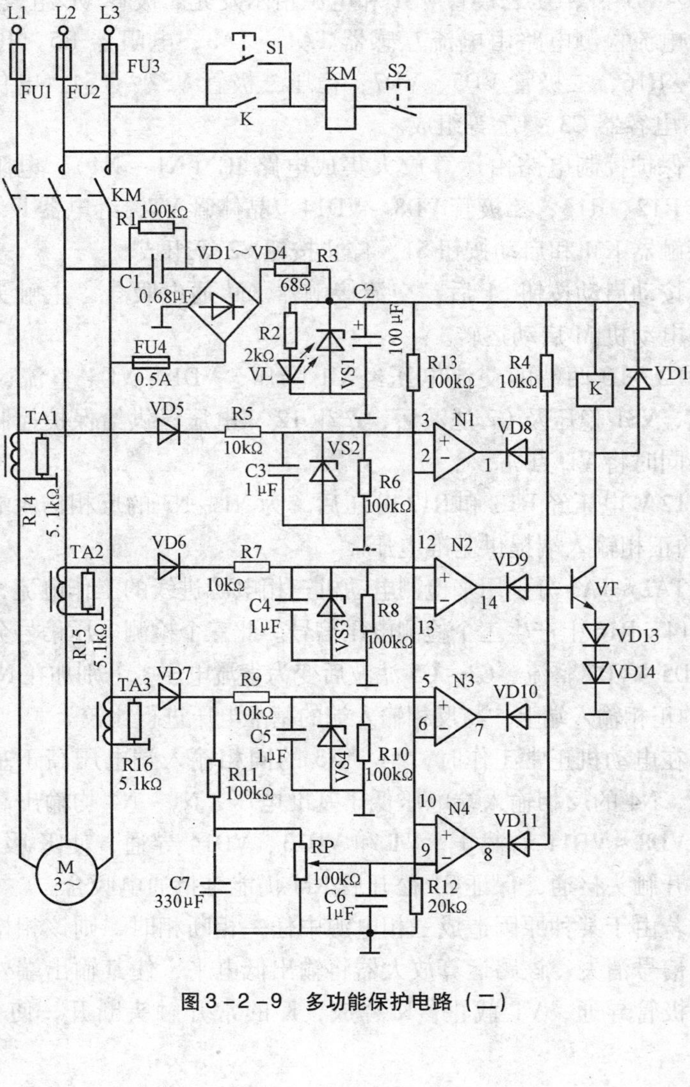

图3－2－9　多功能保护电路（二）

护电路能在电动机断相和过载时，及时切断电动机的工作电源，防止电动机烧毁。该保护器具有抗干扰能力强、工作性能可靠、自耗电低等特点，适用于小型三相交流电动机。

电源电路由电容器 C1、C2，电阻器 R1 ~ R3，整流二极管 VD1 ~ VD4，稳压二极管 VS1 和电源指示发光二极管 VL 组成。

电流检测电路由电流互感器 TA1 ~ TA3，电阻器 R5 ~ R11、R14 ~ R16，二极管 VD5、VD7，稳压二极管 VS2 ~ VS4，电位器 RP，电容器 C3 ~ C7 等组成。

保护控制电路由运算放大集成电路 IC（N1 ~ N4），电阻器 R4、R12、R13，二极管 VD8 ~ VD14，晶体管 VT，继电器 K，交流接触器 KM 和启动按钮 S1、停止按钮 S2 等组成。

按动启动按钮 S1 后，交流接触器 KM 通电吸合，主触头接通，电动机 M 启动运转。

L2、L3 两端的交流电压经 C1 降压、VD1 ~ VD4 整流、R3 限流、VS1 稳压及 C2 滤波后，产生 12 V 电压，供给保护控制电路，同时将 VL 点亮。

12 V 电压经 R13 和 R12 分压后，为 N1 ~ N3 的反相输入端和 N4 的正相输入端提供基准电压。

TA1 ~ TA3 分别用来检测电动机三相电源进线的工作电流，并在 R14、R16 上产生三个检测电压信号。此三个检测电压信号分别经 VD5 ~ VD7 整流、C3 ~ C5 滤波后变为直流电压，分别加在 N1 ~ N3 的正相输入端上，与反相输入端的基准电压进行比较。

在电动机正常工作时，N1 ~ N3 的同相输入端电压高于基准电压，N4 的反相输入端电压低于基准电压，N1 ~ N4 均输出高电平，VD8 ~ VD11 均截止，VT 和 VD13、VD14 导通，使 K 吸合，其常开触头接通，保证 S1 松开后 KM 仍能维持通电吸合。

若由于某种原因造成三相电源中任一相断相时，则该相检测电压信号消失，该路运算放大器将输出低电平，使其输出端外接的二极管导通，VT 截止，K 释放，K 的常开触头断开，使 KM

释放，KM 的主触头将电动机的工作电源切断，从而保护电动机不会因为断相而损坏。

当电动机出现过载时，N4 反相输入端电压将高于基准电压，N4 输出低电平，使 VD11 导通，VT 截止，K 和 KM 释放，切断电动机的工作电源，从而保护电动机不会因为过载而损坏。

3. 多功能保护电路（三）

第三种多功能保护电路如图 3－2－10 所示。该电动机多功能保护电路由电源电路、电流检测电路和保护控制电路组成。

电源电路由电源变压器 T、整流桥堆 UR、滤波电容器 C5、限流电阻器 R3 和稳压二极管 VS 组成。

电流检测电路由电流互感器 TA、二极管 VD1、电容器 C1 和电位器 RP1、RP2 组成。

保护控制电路由时基集成电路 IC，电阻器 R1、R2，二极管 VD2，电容器 C2～C4，继电器 K 和交流接触器 KM 组成。

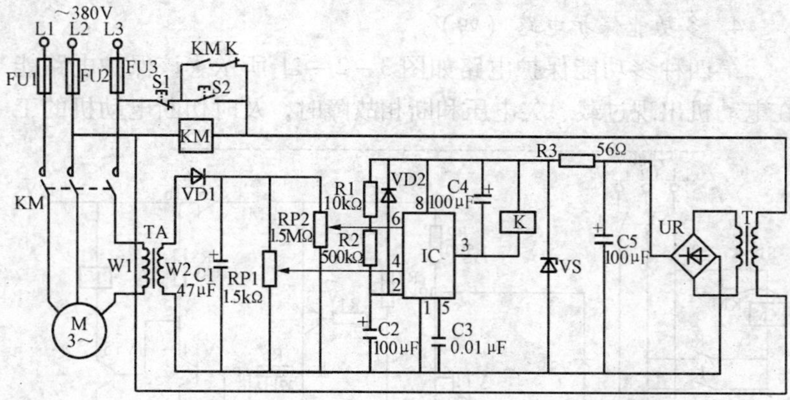

图 3－2－10　多功能保护电路（三）

按动启动按钮 S2 时，交流接触器 KM 通电吸合，其常开触头 KM1 接通，电动机 M 通电运转。KM 的工作电压还经 T 降压、UR 整流、C5 滤波、R3 限流及 VS 稳压后，为 IC 提供 12V（V_{cc}）工作电源。松开 S2 后，KM 触头和 K 的常闭触头将电源锁定，

KM 保持吸合状态。

在电动机 M 正常运行时，TA 的 W2 绕组上的感应电压较低，IC 的 6 脚电压低于 $2V_{cc}/3$，3 脚输出低电平，K 不吸合。

当 L1 相或 L2 相电压断相时，L3 相电流将迅速增大（约为正常电流的 1.73 倍），使 TA 的 W2 绕组上的感应电压增高，IC 的 6 脚电压高于 $2V_{cc}/3$，3 脚由高电平变为低电平，K 吸合，其常闭触头断开，KM 断电释放，其常开触头 KM1 将电动机 M 的工作电源切断。若 L3 相电压断相时，TA 无感应电压输出，相当于 IC 的 4 脚加上了低电平，其 3 脚输出低电平，使 K 吸合，KM 释放，电动机 M 停止运转。

当电动机 M 的拖动负荷变重、超过电动机的额定功率时，三相 L1 ~ L3 上的电流同时增大，当电流增大至额定电流的 1.2 倍左右时，IC 的 6 脚电压将高于 $2V_{cc}/3$，3 脚输出低电平，使 K 吸合，KM 释放，电动机 M 停转保护。

4. 多功能保护电路（四）

第四种多功能保护电路如图 3－2－11 所示。该保护电路能在电动机出现过载、欠电压和断相故障时，及时切断电动机的工

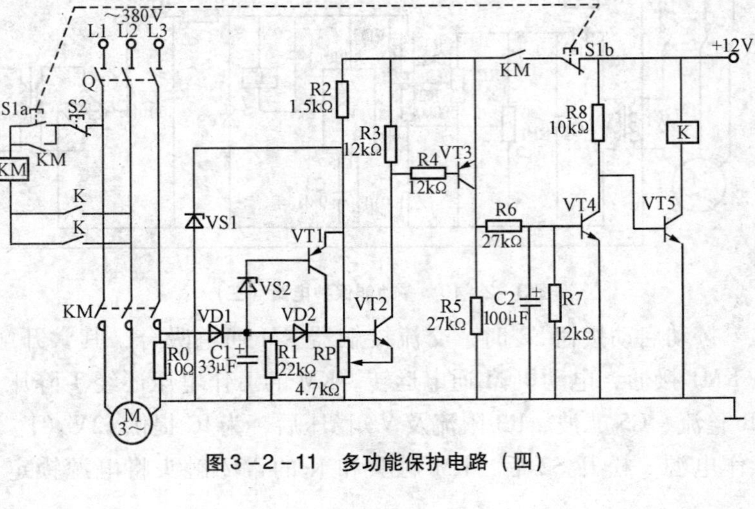

图 3－2－11 多功能保护电路（四）

作电源，以保护电动机。该多功能保护器电路由电流检测控制电路和延时控制电路组成，电流检测控制电路由电阻器 R0 ~ R5，晶体管 VT1 ~ VT3，电容器 C1，二极管 VD1、VD2 和稳压二极管 VS1、VS2 组成。

延时控制电路由电阻器 R6 ~ R8，电容器 C2，晶体管 VT4、VT5 和继电器 K 组成。

按动启动按钮 S1 后，VT5 饱和导通，K 吸合，其常开触头 K 均接通，KM 动作使电动机 M 启动运行，同时电流检测控制电路通电工作。

在电动机正常运转时，R0 上的电压降较小，VT1 ~ VT4 均处于截止状态，VT5 维持导通状态。

当电动机出现过载或工作电压偏低时，R0 两端电压上升，使 VT1 ~ VT4 导通，VT5 截止，K 释放，其常开触头 K 均断开，KM 断电释放，使电动机 M 断电停转。

R0 可串联在三相电源的任一相中，本电路中接于 L3 相。若某一相电压断相，则 VT1 将导通，使 VT2 ~ VT4 导通，VT5 截止，K 和 KM 释放，M 停转。

调整 RP 的阻值，可以改变电路动作的灵敏度。

5. 多功能保护电路（五）

第五种多功能保护电路如图 3 – 2 – 12 所示。该电动机多功能保护器，采用压敏电阻器作为检测器件，能在三相交流电源出现断相或过电压时，及时切断电动机的输入电源，保护电动机不因断相过电流和过电压而损坏，同时还能吸收开关尖脉冲和浪涌电流，控制电火花造成的干扰，延长电动机的使用寿命。该电动机多功能保护器电路由输入电压检测电路和控制保护电路组成，输入电压检测电路是由电阻器 R1 ~ R3 和压敏电阻器 RV1 ~ RV3 组成的三相平衡电路。在三相交流电源正常时，三相平衡电路的公共端（A 点）电位为 0。

控制保护电路由压敏电阻器 RV4、RV5，电阻器 R4、R5，

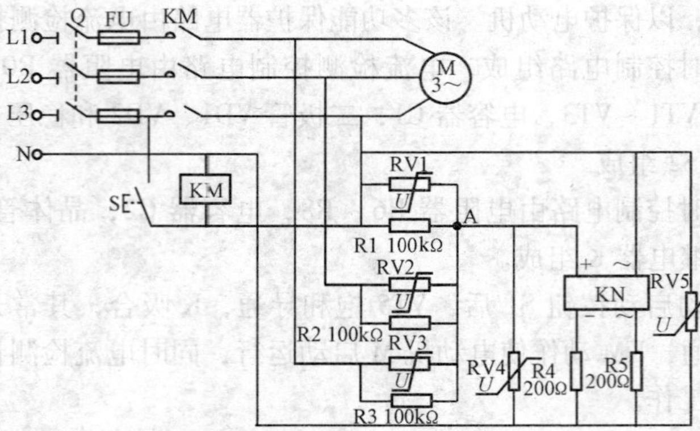

图 3－2－12 多功能保护电路（五）

固态继电器 KN，刀开关 Q，熔断器 FU，交流接触器 KM，启动按钮 S 和电动机 M 组成。RV4 为公共端保护压敏电阻器，它与 RV1～RV3 构成过电玉保护电路。

当三相交流电源的任一相电压异常(电压过高或断相)时，均会导致公共端电位上升，使固态继电器 KN 内电路导通，将交流接触器 KM 的线圈短路，使 KM 释放，切断输入电压，保护电动机。

6. 多功能保护电路（六）

第六种多功能保护电路如图 3－2－13 所示。该电路采用保护继电器来实现电动机的漏电保护、断相保护、短路保护和过载保护。该保护器既能点动又可长期工作，适用于单台电动机的保护。

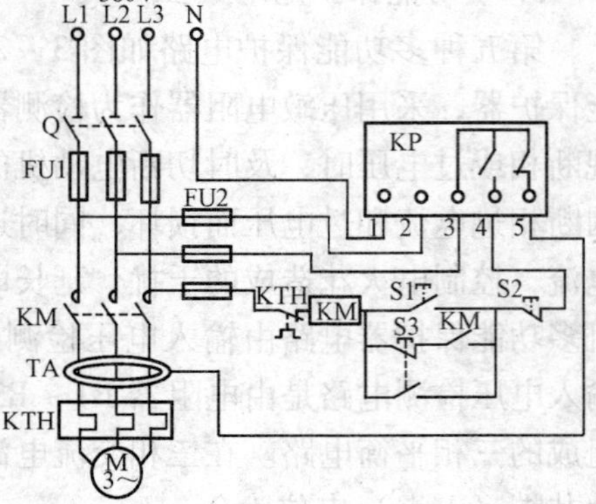

图 3－2－13 多功能保护电路（六）

该电动机保护器电路由环形电流互感器 TA、保护继电器 KP、启动按钮 S1、停止按钮

S2、点动按钮 S3、交流接触器 KM 和热继电器 KTH 等组成。

接通刀开关 Q 后，KP 通电吸合（L1 相线与中性线 N 之间的交流 220 V 电压作为 KP 的工作电源），其常开触头接通，常闭触头断开。此时若按下启动按钮 S1，则 KM 通电吸合并自锁，电动机 M 通电运转；若按动点动按钮 S3，则在 S3 按下时 M 通电运转，在 S3 复位后 M 断电。

按下停止按钮 S2 时，KM 释放，M 停转。

当电动机 M 漏电或人身体触及漏电的电动机 M 时，TA 中流过电流增大，使 KP 动作，切断电动机 M 的工作电源并自锁。这时只有在查明故障原因并修复后，方能重新启动电动机。

当三相交流电源的一相出现断相时，交流接触器 KM 均会断电释放，使电动机 M 停转，从而保护了电动机，防止其因断相运行而损坏。

当电动机 M 出现过电流或过载时，热继电器 KTH 动作，使 KM 释放，M 停转。

7. 由漏电继电器组成的多功能电动机保护电路

由漏电继电器组成的多功能电动机保护电路如图 3－2－14 所示。由 JD6—E 型漏电继电器组成的多功能电动机保护电路，起触电、漏电、断相、短路和过载保护作用。该保护电路不仅可用于对既能点动又能长期工作的单台电动机的保护，也适用于对多台电动机同时进行保护，同样适用于 Y－△减压启动及其他形式的减压启动控制。图中 SB2 为电动机长期工作控制按钮，SB3 为点动工作控制按钮。从图中可以看出 L1 相和 N 是漏电继电器的工作电源。L2 相由漏电继电器的 3 端输入，经其内部的常闭触头由 4 端输出，为控制回路电源的一端。L3 相为控制回路电源的另一端。合上电源开关 QS，启动按钮 SB2，进入正常的工作状态。

当三相电源任意一相断相时，该保护电路均停止工作，从而保护电动机不会因断相运行而烧毁；当电动机漏电或人身触及漏电设备时，漏电继电器的零序电流互感器 TA 检测到漏电、触电信号，且达到额定动作值时，漏电继电器迅速动作，切断电源并自锁。只有查明原因并修复后方能重新启动，保护了人身安全，避免其他事故发生。按下控制按钮 SB3，电动机即能进入点动工作状态，解决了其他多功能电动机保护器不能适应点动工作的缺点。

熔断器 FU1 和 FU2 用作电动机的短路保护。热继电器 KTH 用作过载保护。JD6—E 型漏电继电器的技术参数：电源电压为 220 (1 ±20%) V，输出容量为 5 A/380 V，保护动作时间≤0.2 s，额定漏电动作电流为 300 mA，触电动作电流为 50 mA，功率为 5 W。

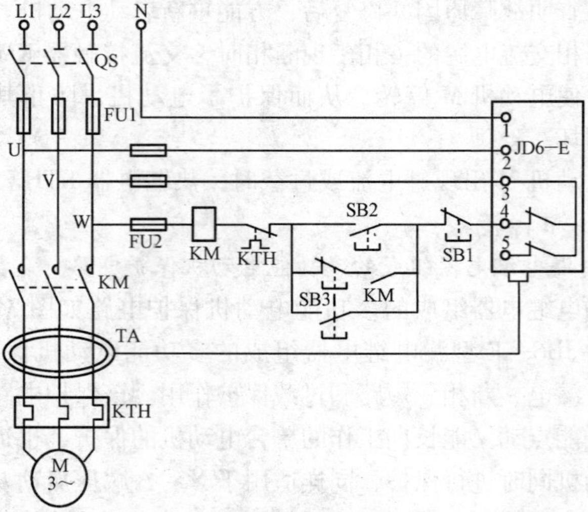

图 3 -2 -14　由漏电继电器组成的多功能电动机保护电路

第三节　安全保护电路

一、漏电保护电路

1. 晶体管式漏电脱扣器保护电路

晶体管式漏电脱扣器保护电路如图 3 -3 -1 所示。它是一个利用平衡负荷使三相电流的和电流为零的断相保护电路。正常运行时和电流为零，晶体管 VT1 ~ VT3 导通，开关管 VT4 截止，继电器 K 断电。当断相发生后（包括电动机某相绕组断开），和电流大于零且系统失去平衡，晶体管截止，开关管导通，继电器得电，其触点打开，切断了原有的控制电路，接触器断电释放，电动机断电停止。

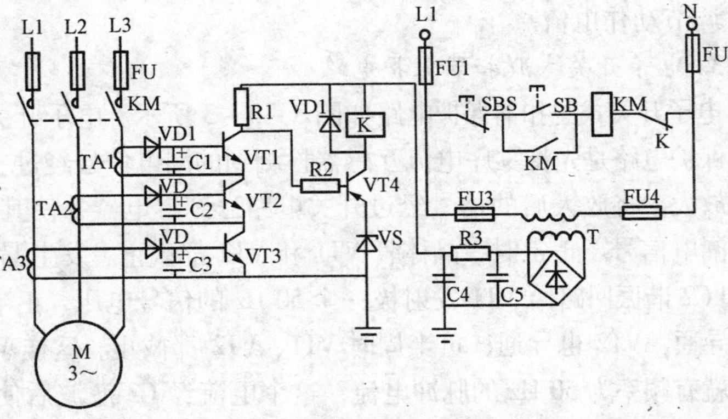

图 3－3－1　晶体管式漏电脱扣器保护电路

2. 漏电流式保护电路

漏电流式保护电路如图 3－3－2 所示。该电路是传统的电磁式脱扣器，它直接接受零序电流互感器的信号，灵敏度很高，一

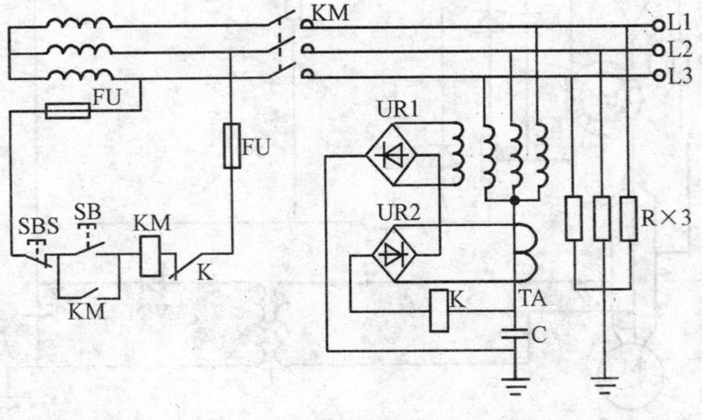

图 3－3－2　漏电流式保护电路

般用极化电磁铁，在漏电流达到 30 mA 时即可动作。无漏电流时，漏电脱扣器的永久电磁铁将衔铁吸合，处于正常工作状态。当被保护电路对地有漏电流时，零序电流互感器二次绕组输入到脱扣器线圈的电流便产生磁通，在半个周期内抵消了永久磁铁的磁通，衔铁借弹簧的拉力释放，脱扣器动作，并使继电器的触点在 0.1 s 内接通或断开。调节弹簧使衔铁和磁轭有一定的间隙，即可调节动作电流。

3. 电子开关式脱扣器保护电路

电子开关式脱扣器保护电路如图 3－3－3 所示。电子开关式脱扣器保护电路是先将零序电流互感器检测到的漏电信号经过一个放大器放大，将放大后的信号经过开关电路送到继电器并使其动作，发出漏电信号。正常时，晶体管 VT1 和 VT2 都截止。发生漏电时，L2 和 C2 谐振回路给 VT1 发射极一个 50 Hz 的信号电压，正半周时 VT1 导通，VT2 也导通；负半周时 VT1、VT2 都截止。这样 VT2 集电极就有频率为 50 Hz 的脉冲电流，这个电流经 C3 滤波后使 K 动作并发出漏电信号。这种电路灵敏度高，动作电流小于 15 mA。

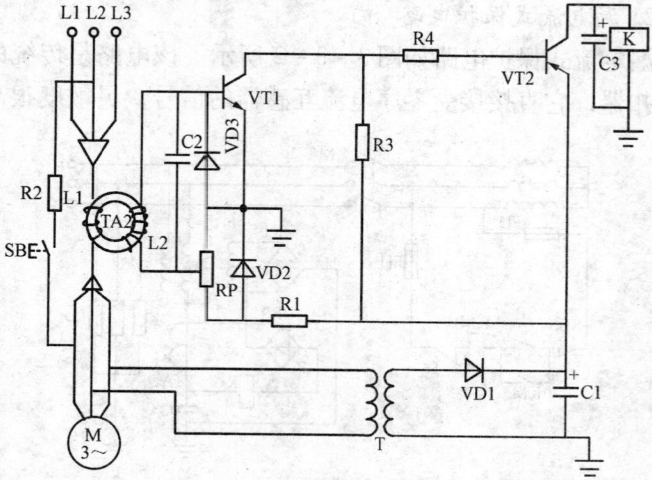

图 3－3－3 电子开关式脱扣器保护电路

4. 电压型低压漏电保护器电路

电压型低压漏电保护器电路如图 3-3-4 所示。发生漏电事故时，电流经人体、大地、桥式整流器 VC 及灵敏继电器 KA 和变压器 T 中性线形成回路。当电流达到灵敏继电器的启动电流值时，KA 吸合，常闭触头断开，使交流接触器 KM 线圈失电，主触头切断电源，人体得到安全保护。图中 SB3 为模拟漏电实验按钮，以检验该保护器工作是否可靠。

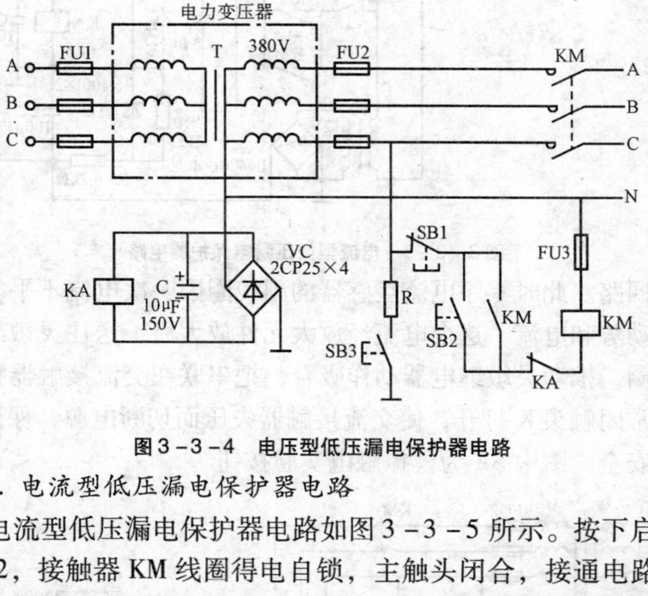

图 3-3-4　电压型低压漏电保护器电路

5. 电流型低压漏电保护器电路

电流型低压漏电保护器电路如图 3-3-5 所示。按下启动按钮 SB2，接触器 KM 线圈得电自锁，主触头闭合，接通电路。当电路发生漏电事故时，电流经人体、大地到中性点形成回路，此时三相电流不平衡，零序电流互感器 TA 二次线圈产生电动势和电流。这个电流经放大元件放大后，送往灵敏继电器 KA 线圈。当漏电电流达到一定值时，KA 动作，KA 常闭触头断开，使交流接触器线圈失电，主触头切断电电源，保证了安全。

6. 电流型低压触电保护器电路

电流型低压触电保护器电路如图 3-3-6 所示。当电路发生触电事故时，电流经零序电流互感器、人体、大地到中性点成一

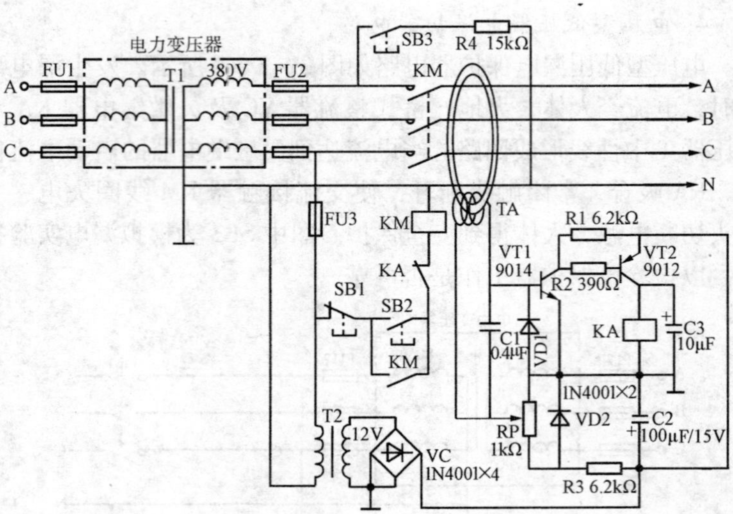

图3－3－5　电流型低压漏电保护器电路

闭合回路。此时零序电流互感器的副线圈因一次电流不平衡而产生电动势和电流。这个电流经放大元件放大后，送往灵敏继电器的线圈，推动灵敏继电器动作吸合，把串联在交流接触器控制回路的常闭触头 K 打开，使交流接触器失压而切断电源，保证了人身的安全。图中 SA 为模拟触电实验按钮。

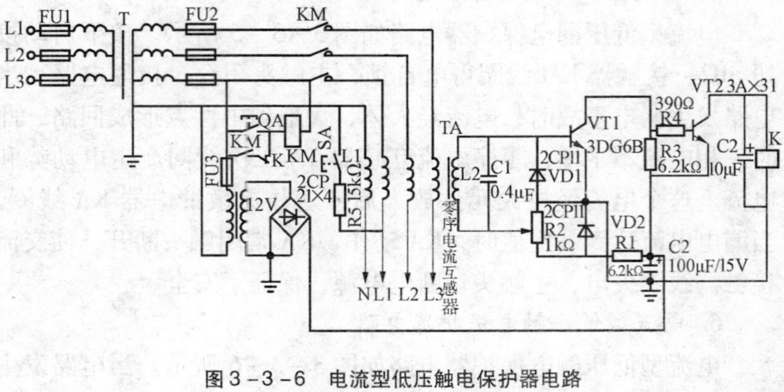

图3－3－6　电流型低压触电保护器电路

7. 三相漏电保护器电路

三相漏电保护器电路如图 3－3－7 所示，TA 为零序电流互感器。正常情况下流过 TA 的三相电流的矢量和为零，TA 无感应电压输出，整流桥 VD1～VD4 无直流电压输出，单向晶闸管 VTH 由于门极无触发电压而处于截止状态，脱扣线圈 F 失电不工作，断路器 QF 的三相触头一直闭合，向负载正常供电。如果某一相发生漏电、触电故障，流过 TA 的三相电流矢量和不为零，TA 有感应电压输出，经 VD1～VD4 桥式整流、C1 滤波，得到直流电压，VTH 门极得到触发电压而导通。380 V 交流电经脱扣线圈 F、VD5、VTH、VD6 形成回路，F 内有直流脉动电流流过，F 得电吸合，拉动脱扣机构，使断路器 QF 的三相触头断开，切断负载的三相电源，起到保护作用。

SB 为检验漏电保护功能是否有效的试验按钮，R1 限制电流的大小，R2、R3、C2 组成抗干扰电路。

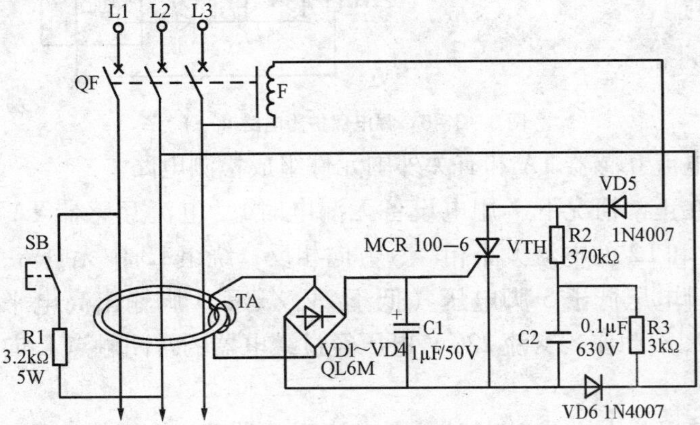

图 3－3－7　三相漏电保护器电路

8. 漏电保护器电路（一）

本处介绍的漏电保护器，可用于各种外壳易带电的家用电器。它能够在家用电器漏电及用户触电时，及时进行断电保护（其灵敏度较高，动作时间约 0.02 s，动作电流小于 2 mA），有效地起到保护作用。

该漏电保护器电路如图 3－3－8 所示。电路由电源电路、检测电路和控制电路组成，交流 220 V 电压经电容器 C1 降压、整流桥堆 UR 整流、电容器 C2 滤波和三端稳压集成电路 IC1 稳压后，产生 12 V 电压，供给 IC2 和继电器 K。

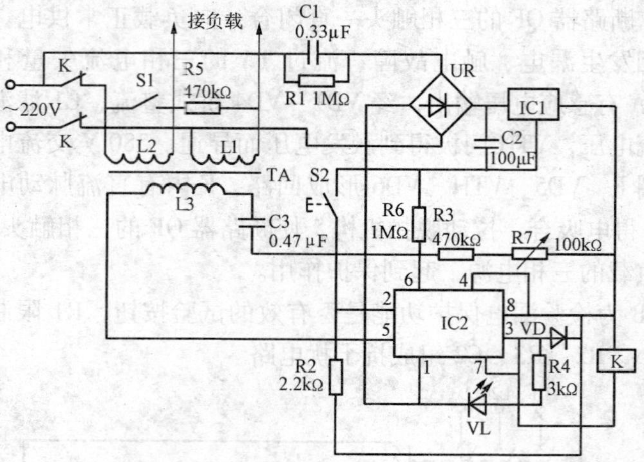

图 3－3－8　漏电保护器电路（一）

电流互感器 TA 和有关外围元件组成检测电路。

在正常情况下（用电设备无漏电时），电流互感器 TA 的绕组 L1 和 L2 的电流大小相等、方向相反，绕组 L3 中无电流，IC2 的 6 脚电压低于 5 脚电压（低于 $2V_{cc}/3$），3 脚输出高电平，继电器 K 不动作，交流 220 V 电压经过继电器的常闭触点 K 向负载供电。

若发生漏电或触电时，则电流互感器 TA 的绕组 L3 中将产生感应电流，使 IC2 的 6 脚电压高于 5 脚，IC2 内部的触发器翻转，其 3 脚电压输出低电平，使继电器 K 动作，其常闭触头 K 断开，使负载的电源被切断。

S1 为实验按钮，S2 为复位按钮，若按 S1 时发光二极管 VL

熄灭，按 S2 时发光二极管 VL 点亮，则说明保护器正常工作。若按 S1 时继电器 K 不动作，则应适当调节可变电阻器 R7。

9. 漏电保护器电路（二）

本处介绍的漏电保护器电路由电源电路、漏电检测电路、声光报警电路和保护执行电路等组成，如图 3－3－9 所示。

电源电路由电源变压器 T，二极管 VD7、VD8，滤波电容器 C4 和电池 GB 组成。

漏电检测电路由电流互感器 TA1、TA2，二极管 VD1～VD4，电容器 C1、C2，电位器 RP 和电阻器 R2 等组成。

声光报警电路由报警器 HA、发光二极管 VL 和电阻器 R3 组成。

保护执行电路由晶体管 VT1、VT2，电阻器 R4～R7，电容器 C3，继电器 K，交流接触器 KM 和二极管 VD5、VD6 组成。

在负载电路正常时，流过 TA 的 L1、L2 绕组的电流大小相等、相位相反，故 L3 绕组中无感应电压输出。此时 VT1 和 VT2 截止，继电器 K 和交流接触器 KM 均处于释放状态，市电经 KM 的两组常闭触头供给负载（家用电器）。

当发生触电、漏电或短路故障时，流过 L1 和 L2 的电流不再相等，在 L3 绕组中将产生一定的感应电压，此电压经 VD2 整流后，使 VT1 和 VT2 导通，继电器 K 吸合，K 的常开触头接通，使交流接触器 KM 通电吸合，KM 的两组常闭触头断开，将市电切断。同时，VL 发光，报警器 HA 发出报警声。

在 L3 绕组上感应电压消失后，由于 C3 和 R4 的反馈作用，VT1 和 VT2 仍维持导通状态。当 C3 上的电压充至 6 V 时（约 30 s），VT1 和 VT2 截止，K 和 KM 释放，恢复对负载供电。若此时仍有人触电、负载电路漏电或短路存在时，则 TA2 的二次绕组上将产生感应电压，此电压经 VD1 整流后，使 VT1、VT2 维持导通，直到人体脱离危险，触电和漏电彻底消失，VT1 和 VT2 才能截止。

S 为试验按钮，按动该按钮时，漏电保护器应迅速动作，并发出声光报警信号，同时将负载电源切断，约 30 s，报警解除，恢复对负载供电。

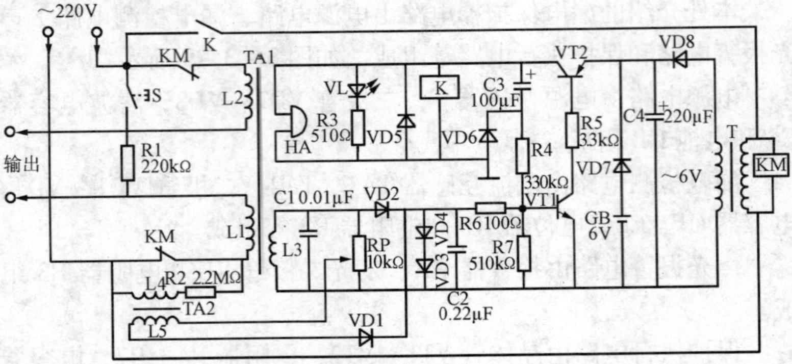

图 3－3－9　漏电保护器电路（二）

10. 漏电保护器电路（三）

本处介绍的漏电保护器电路如图 3－3－10 所示。电路主要由电流互感器 T、KM、VS 为核心构成。其中：T 电流互感器的初级是由单股塑料导线双线并绕 3～5 匝作为 L1、L2 线组，次级

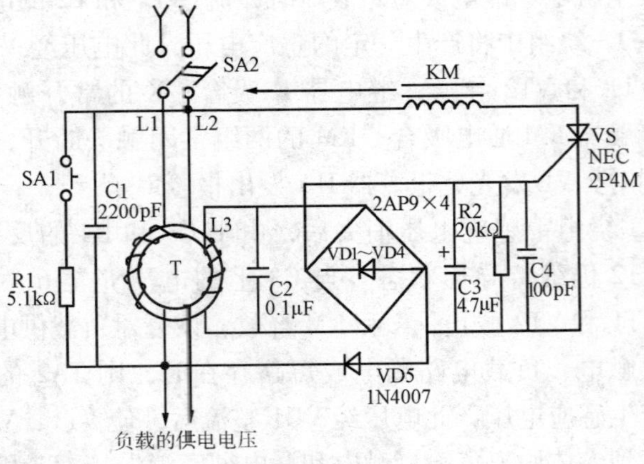

图 3－3－10　漏电保护器电路（三）

L3 可用 ϕ0.17 mm 的高强度漆包线绕制，匝数应根据负载的允许电流来确定，只要负载有漏电现象出现，使 VS 导通即可；KM 是一只直流脱扣器（实际上是一只直流电磁铁），其工作电压在 100 V 左右，其由动、静触点 SA2 组成的开关，受 KM 线圈的控制，一旦出现漏电现象时，KM 线圈得电后就会动作，带动 SA2 开关动作（脱扣），切断了输出到后级的 220 V 交流供电；VS 是一只单向晶闸管，用于控制 KM 脱扣器线圈的供电。

当负载端未出现漏电现象时，合上脱扣开关 SA2 后，L1 与 L2 上通过的电流相量和为零，故电流互感器 L3 次级绕组上无感应电压或产生的感应电压极低，不会使 VS 单向晶闸管被触发导通，不会影响负载的供电电压。

当被保护线路发生人身触电或设备漏电时，T 初级出现剩余电流，使次级 L3 中感应出的电流经 VD1～VD4 桥式整流、C3 电容滤波，得到的直流电压触发 VS 单向晶闸管导通。这样，由于 VS 的半波整流作用，使施加到脱扣器 KM 线圈两端的直流电压有效值为：$0.45 \times U$（市电）$=0.45 \times 220 = 99$ V（0.45 为脱扣器调试经验值）。从而使 KM 得电吸动自由脱扣装置，使保护器的 SA2 开关触点分离，切断了负载的电源，起到了漏电（触电）保护的作用。

11. 漏电保护器电路（四）

此处介绍的漏电保护器电路如图 3－3－11 所示。电路的额定漏电动作电流 <30 mA，漏电动作分断时间 $\leqslant 0.05$ s，过压动作电压值为 $280\text{ V} \pm 5\text{ V}$，过流动作电流值 >10 A。

图 3－3－11 所示电路是由漏电检测电路、过压保护电路、过流保护电路三个部分组合而成的。该电路采用直流触发、交流脱扣方式，既能确保整机的动作时间，重复一致性，又能减少分断时间，由此可提高整机的安全性和可靠性。

（1）漏电检测电路：正常状态下，L1、L2 上通过的电流向量和为零，当被保护线路发生人身触电或设备漏电时，初级出现剩余电流，使次级 L3 中感应出几百毫伏的漏电信号，经 L3、C1 构成的串联谐振回路谐振后达到 80 mV 以上，再经由 VD5 ~ VD8 组成的桥式整流、滤波后去触发单向晶闸管 VS 导通（VS 的工作电压由 220 V 经 VD1 ~ VD4 桥式整流供给），即 a、b 两点接通，220 V 的交流电几乎全部施加在脱扣器 KM 上，KM 得电吸动自由脱扣装置，使保护器的动、静触头分离，切断电源，从而起到漏电（触电）保护作用。

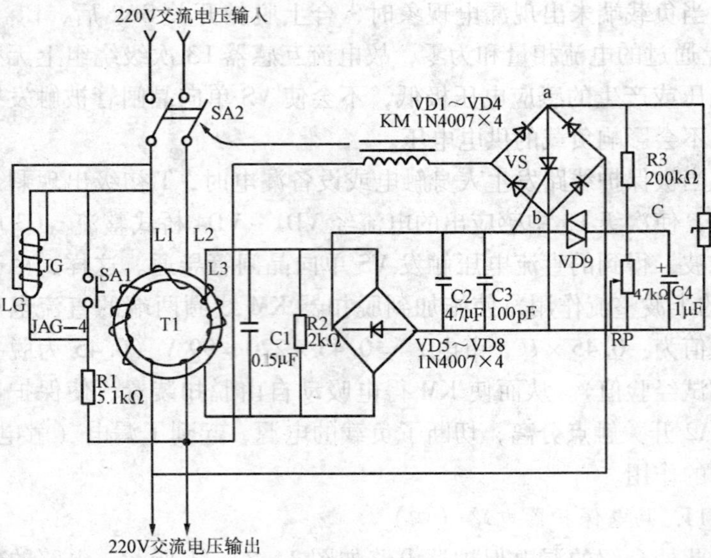

图 3-3-11 漏电保护器电路（四）

（2）过压保护电路：过压保护由 R3、RP、C4、RV 组成，分压电路检取整流桥 a、b 间的过压信号。正常运行时，由于中点 C 电位小于 VS 控制极的触发电压 0.8 V，保护器不会动作。当电网出现故障性高压时，C 点电位相应升高，经触发二极管 VD9 触发使 VS 迅速导通，产生脱扣跳闸、切断电源等连贯性动作，完成过压保护动作。此种分压式过压保护方法有较好的实用性和精确性，其过压动作电压值可设定在 280 V ±5 V。

（3）过流保护电路：过流保护由在干簧管上绕制的线圈 LG 完成。干簧管的常开触点并联在试验按钮 A 上，线圈 LG 串联在零序电流互感器 T1 初级绕组 L1 中，正常运行无过流故障时，保护器不动作。当负载电流超过设定值时，干簧管的常开触头因过流形成的磁场磁化而闭合，在零序电流互感器 T1 的初级产生剩余电流，从而使次级感应出的漏电信号推动脱扣器切断电源，完成过流保护功能。

二、接地、接零和防雷保护

1. 保护接地电路

保护接地是将电气设备的不带电的金属外壳，通过导体和埋入地下的金属接地体连接在一起的技术措施，这种方法用于三相电源中性点不接地系统，如图 3－3－12 所示。其作用是一旦电气设备绝缘损坏漏电时，人体接触带电设备的外壳，此时，人体

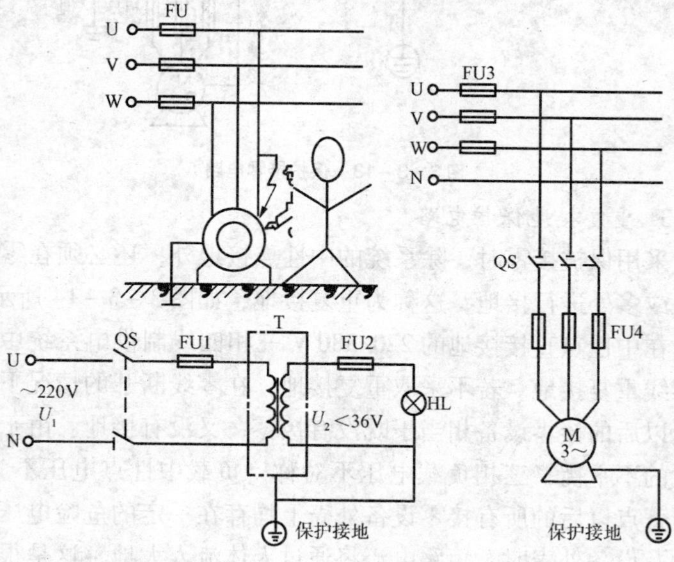

图 3－3－12　保护接地电路

电阻值远大于接地体电阻值（4 Ω），电流通过金属外壳泄入大地，对地电压可降低至36 V以下，从而保证人身安全。

2. 保护接零电路

保护接零电路如图3－3－13所示。保护接零是将电气设备的不带电的金属外壳，通过导线与380 V三相四线制供电系统的零线接在一起的技术措施。其作用是一旦电气设备绝缘损坏漏电时，漏电电流能使保护装置动作或熔体熔断，从而自动切断电源。值得注意的是：在同一电网内，应采用同一种保护方式，不允许某些电气设备接零而另一些电气设备接地。

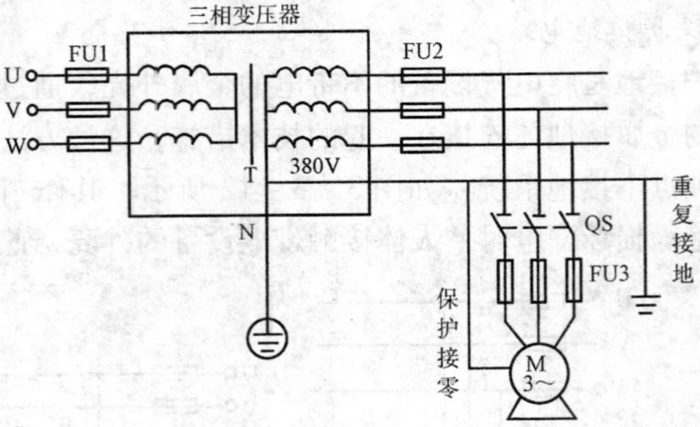

图3－3－13　保护接零电路

3. 重复接地保护电路

采用保护接零时，除系统的中性点接地外，还必须在零线上一处或多处进行接地，这称为重复接地，如图3－3－14所示。

在中性点直接接地的220/380 V三相四线制供电系统中，要求零线重复接地。若不采取重复接地，在零线断开的情况下，断开点以后的接零设备相当于既没有接零，又没有接地。由于三相负载的不平衡，三相负载电压不对称，负载中性点电压不为零，即断开点以后的所有接零设备外壳上均存在一定的危险电压。当人触及设备外壳时，短路电流将通过人体流入大地，这是很危险的。在一处或多处重复接地，即使零线折断，发生相线碰壳现象时，短路电流通过重复接地与系统构成回路，使保护电器动作。

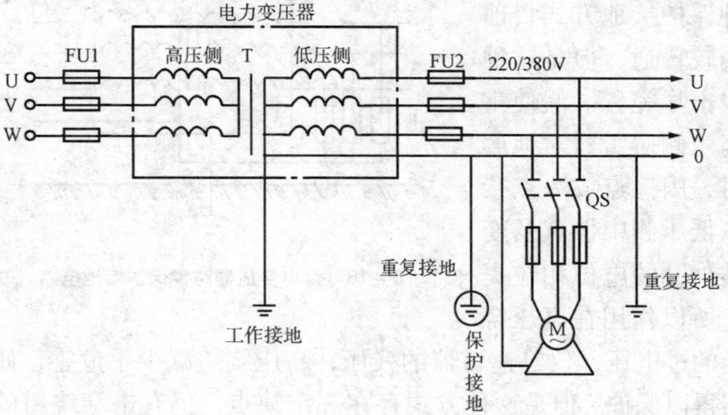

图 3-3-14　重复接地保护电路

4. 配电变压器防雷保护接地电路（一）

第一种配电变压器防雷保护接地电路如图 3-3-15 所示，高压侧装设避雷器 FA，采用避雷器单独接地方式。

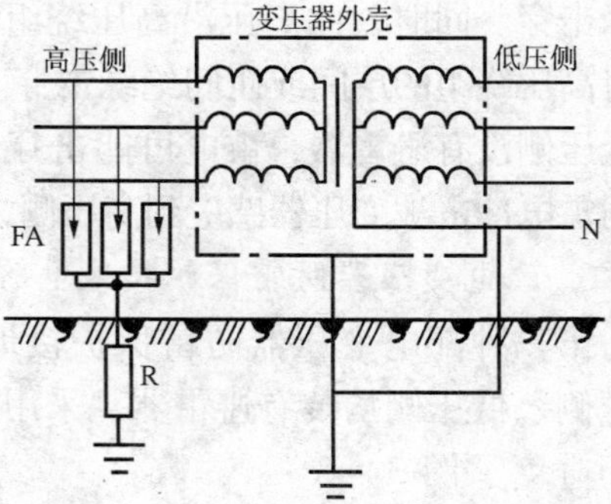

图 3-3-15　配电变压器防雷保护接地电路

当雷击高压侧（10 kV），避雷器对地放电，作用在变压器高压绕组上的过电压，是避雷器的残压与雷电流经接地电阻器 R 而产生的压降的叠加，往往超出配电变压器的试验标准，因此雷击有可能造成变压器绝缘被击穿，所以这样不合理。

5. 配电变压器防雷保护接地电路（二）

第二种配电变压器防雷保护接地电路如图 3-3-16 所示，高压侧装设避雷器，采用三点共同接地。所谓三点共同接地，就是将避雷器 FA 的接地线、变压器低压侧中性点及变压器外壳连接在一起，然后接地。这种保护接地方式目前使用较普通，但是这种接线不尽完善。假使雷击高压侧避雷器对地放电时，因三点成一点接地，低压侧中性点及变压器外壳的电位相应提高，所以作用在高压绕组上的过电压，仅是避雷器的残压，高压绕组减少了危害，使变压器得以保护。但是这种方式存在一定缺点，仍有击穿绕组的可能性。由于高压绕组出线端的电压受到避雷器限制，所以高电压沿高压绕组分布，在中性点上达到最大值，可能把中性点附近的绝缘击穿。同时，此高压沿高压绕组产生的纵向电压也很大，可能将高压绕组的层间或匝间绝缘击穿。另外，假如雷击低压侧时，因低压侧没有避雷器，雷电可能击穿低压绝缘，同时作用在低压侧的雷电冲击被变压器感应到高压侧，可能将高压绝缘击穿。

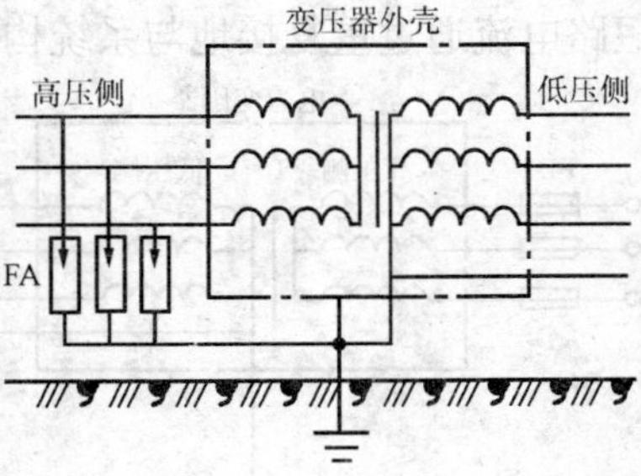

图 3－3－16　配电变压器防雷保护接地电路（二）

6. 配电变压器防雷保护接地电路（三）

第三种配电变压器防雷保护接地电路如图 3－3－17 所示，高压侧、低压侧均装有避雷器，采用三点共同接地。这种接线方式，避免了图 3－3－15、图 3－3－16 的缺点，这样，无论雷击高压侧还是低压侧，作用在变压器绕组上的过电压，都限制在避雷器的残压，从而保护了变压器。

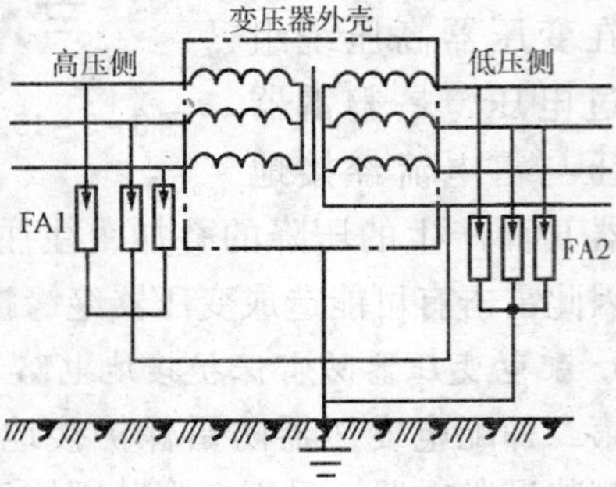

图 3－3－17　配电变压器防雷保护接地电路（三）

第四章　机床控制电路

第一节　车床控制电路

一、CA6140 型普通卧式车床控制电路

1. 电路组成

CA6140 型普通卧式车床的电路一般由电源电路、主电路、控制电路和辅助电路四部分组成，如图 4－1－1 所示。

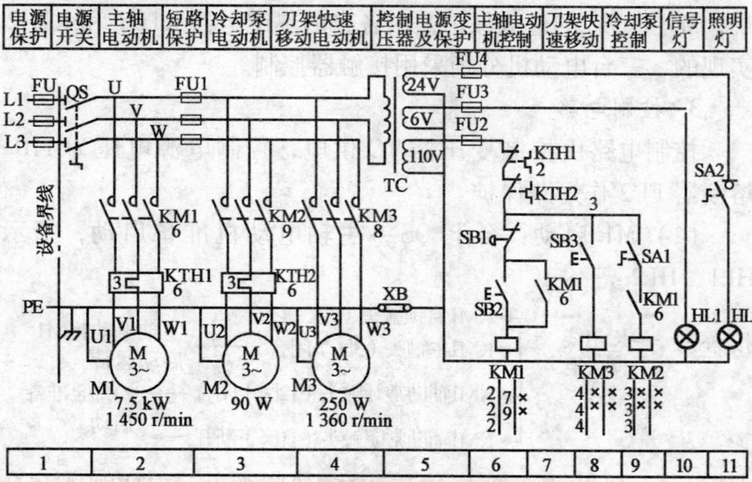

图 4－1－1　CA6140 型普通卧式车床电路

（1）电源电路：由电源保护电器和电源开关组成，按规定画成水平线。

（2）主电路：作用于被控对象的电路，如电动机、电磁铁及其保护电器的电路，直接输出功率，并且通过较大电流。主电路垂直于电源电路，在电路图的左侧。

（3）控制电路：实现对被控对象运转的控制，具有逻辑判断、记忆、顺序动作等作用。控制电路垂直于电源电路，在主电路的右侧。继电器、接触器和电磁铁的线圈、灯泡等元件连在接地的水平电源上，继电器、接触器的触头连接上方水平电源线与线圈等耗能元件之间。

（4）辅助电路：由变压器、整流电源、照明灯和信号灯等低压电路组成。

2. 主电路分析

机床电源采用三相 380 V 交流电路——由电源开关 QS（低压断路器）引入，总电源短路保护由 FU 来实现。主轴电动机 M1 的短路保护由低压断路器 QS 的电磁脱扣器来实现，而冷却泵电动机 M2、刀架快速移动电动机 M3 的短路保护由 FU1 来实现，M1 和 M2 的过载保护是由各自的热继电器 KTH1 和 KTH2 来实现的，三台电动机分别采用接触器控制。

3. 控制电路

控制电路由控制变压器 TC 供电，控制电源电压为 110 V，熔断器 FU2 作短路保护。

（1）M1 启动：合上 QS→主轴电动机准备启动，指示灯 HL1、HL2 亮→

按下SB2 →KM1线圈得电 →
- →KM1自锁触头（7区）闭合 ┐
- →KM1主触头（3区）闭合 ┘→ 主轴电动机M1启动运转
- →KM1辅助常开触头（12区）闭合 → 冷却泵准备启动
- →KM1辅助常闭触头（11区）断开 →

（2）M1 停止：按下 SB4→KM1 线圈失电→KM1 触头复位→

M1 失电停转。

冷却泵电动机 M2 与主轴电动机 M1 是联锁控制的，只有当 M1 启动并闭合开关 SA1 后，M2 才能启动，M1 停止后，M2 也立即停止，以满足车工工艺的要求。

从安全需要考虑，快速进给电动机采用点控制，按下 SB3，就可以快速进给。当电动机 M1 或 M2 过载时，热继电器 KTH1 或 KTH2 动作，其常闭触头断开控制电路电源，接触器 KM1 或 KM2 断电释放，电动机 M1 或 M2 断电停转，从而起到过载保护作用。

主轴的正反转是采用多片摩擦离合器实现的。

4. 照明、指示电路

当车床主电源接通后，由控制变压器 6 V 绕组供电的指示灯 HL1 亮，表示车床已接通电源，可以开始工作。若闭合开关 SA2，由控制变压器 24 V 绕组供电的车床照明工作灯 HL2 点亮。

二、CA616 型普通车床控制电路

CA616 型普通车床控制电路如图 4－1－2 所示。图中 QS1 为电源总开关，QS2 是冷却泵电动机的电源控制开关。FU1、FU2 作主轴和冷却泵电动机的短路保护。辅助电路电压为 380 V，中间继电器 KA 作零压保护。

1. 电路特点及控制要求

（1）主拖动电动机从经济性、可靠性出发，一般选用笼型异步电动机，调速采用机械变速。

（2）主电动机的启动、停止用按钮操作，电动机直接启动。

（3）必须有冷却装置和过载、短路、失压保护。

（4）主轴的正反转通过改变电动机的转向来实现，由接触器 KM1、KM2 控制。

（5）接触器由主令开关控制，因其不能自动复位，所以必须设置零压（零位）保护电路，以免发生事故。

（6）装备有机械脚踏式刹车装置的机床，在刹车时，必须

先断开主轴电动机的电源。

（7）有照明装置，而且必须使用安全电压。

2. 电路工作原理

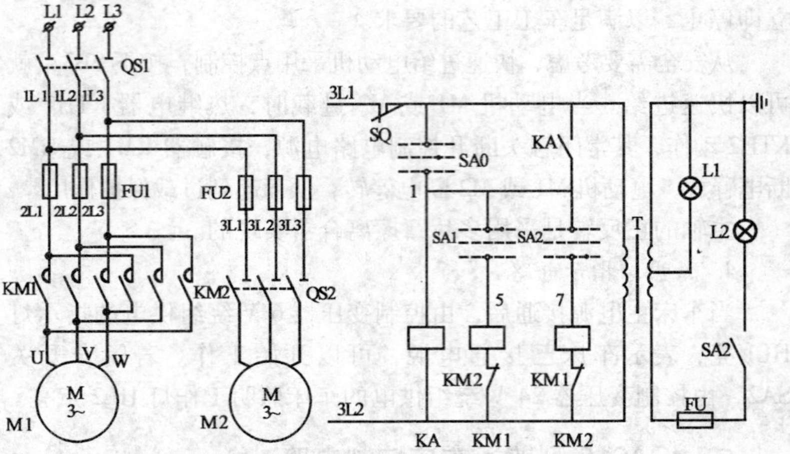

图 4－1－2 CA616 型普通车床电气控制电路

主令开关 SA 由开关杠操纵，其结构如图 4－1－3 所示。它有三个形状相同的动触点 SA0、SA1、SA2，安装位置互差 45°，分“零位”、“正转”、“反转”三个位置。若需电动机工作，先将电源开关 QS1 合上，开关杠扳到零位，其触点 SA0 接通了 KA3L1—1 电路，如图 4－1－3a 所示，中间继电器 KA 通电吸合，常开触点闭合自锁，为正、反接触器工作作了准备。若需主轴电动机正转，把开关杠扳到正转位置，动触点 SA1 接通，如图 4－1－3b 所示，电源通过 KA 的自锁触点和 SA1，使接触器 KM1 线圈通电，主触点闭合，电动机正转。要使电动机反转，将开关杠扳到反转位置，动触点 SA2 接通，如图 4－1－3c 所示，主轴电动机反转。

在主轴电动机正转或反转工作中突然停电时，中间继电器和接触器同时停止工作，这时，如重新获电，由于开关杠不在零位，组合开关是断开的，继电器 KA 不工作，接触器线圈电路也得不到电源，不能吸合。只有开关杠扳到零位后，中间继电器工作，接触器才能重新工作，所以中间继电器 KA 起到了零压保护作用。如需反转或紧急停车，踏下刹车装置，制动开关 SQ 断开，使接触器断电，电动机进行机械制动。

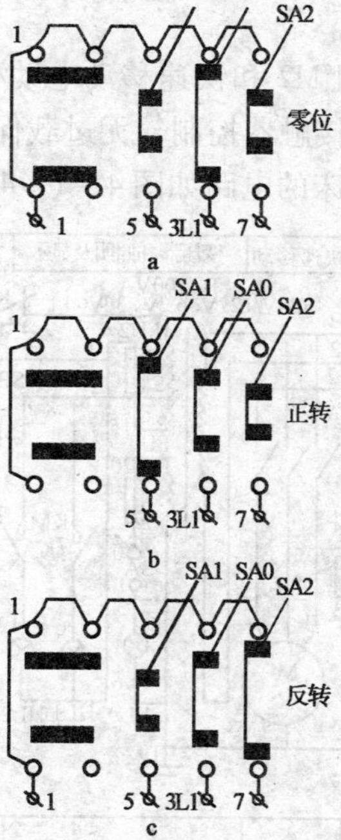

图4－1－3 主令开关结构及触点通断情况

三、CW6136 型卧式车床控制电路

1. 电气控制的要求

（1）由于工件的最大长度较长，为了减少辅助时间，除了配备一台主轴电动机以外，还配备了一台快速移动电动机，主轴运动的启动、停止要求两地操作。

（2）由于车削时会产生高温，故配备了一台冷却泵。

（3）有局部照明和指示灯。

2. 电路分析

通过试车并观察电气柜可知：

（1）该车床采用的主轴电动机具有单向直接启动控制方式，用接触器 KM 控制，并具有过载保护和短路保护。另外还采用了电流表 PA 监视用电量。

（2）冷却泵电动机 M2 和快速移动电动机 M3 分别用中间继电器 KA1 和 KA2 替代接触器控制，无过载保护。

CW6163 型卧式车床的电路如图 4－1－4 所示。

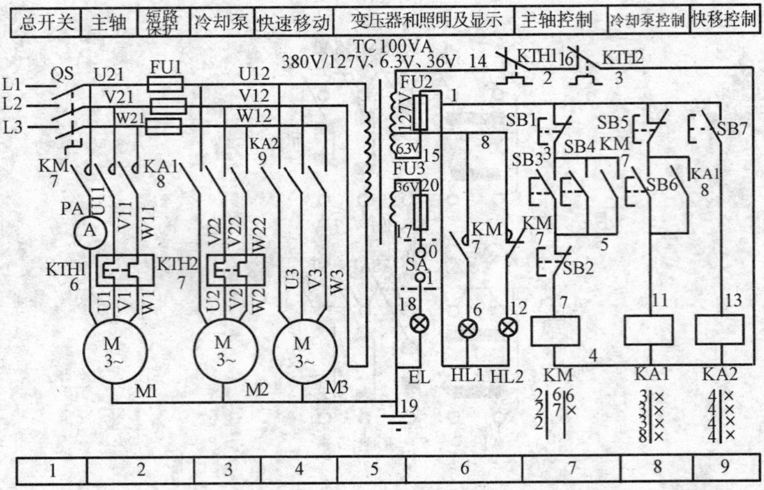

图 4－1－4 CW6163 型卧式车床电路

第二节 钻床控制电路

钻床是一种用途广泛的通用机床，有立式钻床、卧式钻床、深孔钻床、多头钻床及专用钻床等。钻床用于钻孔、扩孔、铰孔及攻螺纹等基本加工过程。

一、Z535 型立式钻床控制电路

Z535 型立式钻床电路如图 4－2－1 所示。

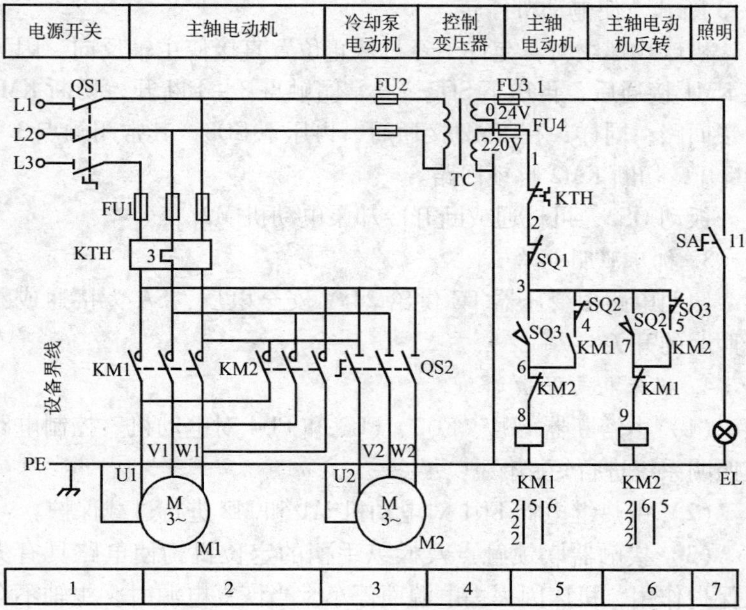

图 4－2－1　Z535 型立式钻床电路

1. 主电路分析

电源是由车间配电网供给的三相交流电 L1、L2、L3 提供，合上主开关 QS1，机床接通电源。主轴电动机由接触器 KM2 和 KM1 分别控制正、反转，冷却泵的启动、停止由 QS2 控制。

2. 控制电路分析

合上 QS1，机床接通电源。将手柄向下扳，行程开关 SQ3 被压下，其常开触点闭合，接触器 KM1 沿电路 1→2→3→6→8→0 接通，KM1 主触点闭合，电动机 M1 启动右转（正转）；松开手柄，SQ3 复原，接触器沿 1→2→3→4→6→8→0 自锁接通。

将手柄向上扳动，行程开关 SQ2 被压下，接触器 KM2 接通，其主触点闭合，使电动机 M1 启动左转（反转），松开手柄，SQ2 复原，接触器 KM2 自锁。

手柄放在中间位置时，行程开关 SQ1 被压下，其常闭触点 2－3 断开，使电动机停转。

机床攻螺纹时，允许不经过停止位置直接使主轴反向。因为在 KM1 接通后，再压下 SQ2，其常闭触点 3－4 断开，切断 KM1 自锁回路；同样，在 KM2 接通后，再压下 SQ3，其常闭触点 3－5 断开，切断 KM2 自锁回路。

扳动 QS2，可接通或断开冷却泵电动机 M2。

3. 机床照明电路

照明电路由变压器 TC 供给 24 V 安全电压，SA 为接通或断开照明的开关。

4. 机床电气保护

（1）由熔断器 FU1、FU2、FU3 和 FU4 对电动机、控制电路及照明系统进行短路保护。

（2）由热继电器 FU1 对电动机 M1 和 M2 进行过载保护。

（3）接触器联锁触点及操纵手柄的定位机构使电路具有失压保护作用，机床因失去电源而停车。当恢复电源时，主轴不会自动旋转，必须由操作者重新扳动手柄，才能启动机床。

二、Z37 型摇臂钻床控制电路

1. 电力拖动特点及控制要求

（1）由于摇臂钻床的相对运动部件较多，故采用多台电动机拖动，以简化传动装置。主轴电动机 M2 承担钻削及进给任务，只要求单向旋转。主轴的正反转一般通过正反转摩擦离合器来实现，主轴转速和进刀量用变速机构调节。摇臂的升降和立柱的夹紧放松由电动机 M3 和 M4 拖动，要求双向旋转。冷却泵用电动机 M1 拖动。

（2）该钻床的各种工作状态都是通过十字开关 SA 操作的，

为防止十字开关手柄停在任何工作位置时，因接通电源而产生误动作，本控制电路设有零压保护环节。

（3）摇臂的升降要求有限位保护。

（4）摇臂的夹紧与放松是由机械和电气联合控制。外立柱和主轴箱的夹紧与放松是由电动机配合液压装置来完成的。

（5）钻削加工时，需要对刀具及工件进行冷却。由电动机 M1 拖动冷却泵输送冷却液。

2. 主电路分析

Z37 型摇臂钻床电路如图 4－2－2 所示。Z37 型摇臂钻床共有四台三相异步电动机，其中主轴电动机 M2 由接触器 KM1 控制，热继电器 KTH 作过载保护，主轴的正、反向控制是由双向片式摩擦离合器来实现的。摇臂升降电动机 M3 由接触器 KM2、KM3 控制，FU2 作短路保护。立柱松紧电动机 M4 由接触器 KM4 和 KM5 控制，FU3 作短路保护。冷却泵电动机 M1 是由组合开关 QS2 控制的，FU1 作短路保护。摇臂上的电气设备电源，是通过转换开关 QS1 及汇流环 YG 引入。

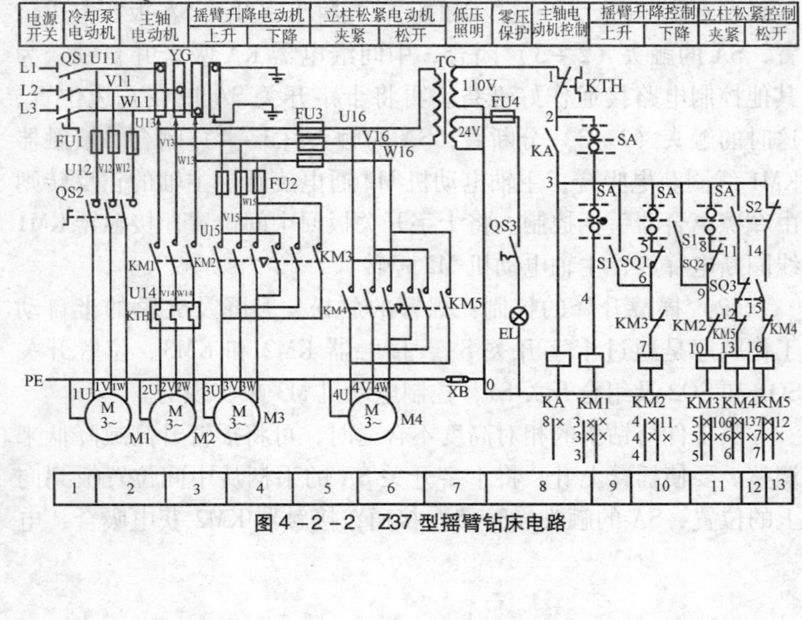

图 4－2－2　Z37 型摇臂钻床电路

3. 控制电路分析

合上电源开关 QS1，控制电路的电源由控制变压器 TC 提供 110 V 电压。Z37 型摇臂钻床控制电路采用十字开关 SA 操作，它有集中控制和操作方便等优点。十字开关由十字手柄和四个微动开关组成。根据工作需要，可将操作手柄分别扳在孔槽内五个不同位置上，即左、右、上、下和中间位置。手柄处在各个工作位置时的工作情况见表 4－2－1。为防止突然停电又恢复供电而造成的危险，电路设有零压保护环节。零压保护是由中间继电器 KA 和十字开关 SA 来实现的。

表 4－2－1　十字开关操作说明

手柄位置	接通微动开关的触头	工作情况
中	均不通	控制电路断电
左	SA（2－3）	KA 获电并自锁
右	SA（3－4）	KM1 获电，主轴旋转
上	SA（3－5）	KM2 吸合，摇臂上升
下	SA（3－8）	KM3 吸合，摇臂下降

（1）主轴电动机 M2 的控制：主轴电动机 M2 的旋转是通过接触器 KM1 和十字开关控制的。首先将十字开关 SA 扳在左边位置，SA 的触头（2－3）闭合，中间继电器 KA 吸合并自锁，为其他控制电路接通作好准备。再将十字开关 SA 扳在右边位置，这时的触头（2－3）分断后，SA 的触头（3－4）闭合，接触器 KM1 线圈获电吸合，主轴电动机 M2 通电旋转。主轴的正反转则由摩擦离合器手柄控制。将十字开关扳回中间位置，接触器 KM1 线圈断电释放，主轴电动机 M2 停转。

（2）摇臂升降的控制：摇臂的放松、升降及夹紧的半自动工作顺序是通过十字开关 SA、接触器 KM2 和 KM3、位置开关 SQ1 和 SQ2 及组合开关 S1，控制电动机 M3 来实现的。

当工件与钻头的相对高度不合适时，可将摇臂升高或降低来调整。要使摇臂上升，将十字开关 SA 的手柄从中间位置扳到向上的位置，SA 的触头（3－5）接通，接触器 KM2 获电吸合，电动机 M3 启动正转。由于摇臂在升降前被夹紧在立柱上，所以 M3 刚启动时，摇臂不会上升，而是通过传动装置先把摇臂松开，这时组合开关 S1 的常开触头（3－9）闭合，为摇臂上升后的夹紧作好准备，随后摇臂才开始上升。当上升到所需位置时，将十字开关 SA 扳到中间位置，接触器 KM2 线圈断电释放，电动机 M3 停转。由于摇臂松开时，组合开关 S1 的常开触头（3－9）已闭合，所以当接触器 KM2 线圈断电释放，其联锁触头（9－10）恢复闭合后，接触器 KM3 获电吸合，电动机 M3 启动反转，带动机械夹紧机构将摇臂夹紧，夹紧后开关 S1 的常开触头（3－9）断开，接触器 KM3 线圈断电释放，电动机 M3 停转。

要使摇臂下降，可将十字开关 SA 扳到向下位置，于是十字开关 SA 的触头（3－8）闭合，接触器 KM3 线圈获电吸合，其余动作情况与上升相似，不再细述。由以上分析可知摇臂的升降是由机械、电气联合控制实现的，能够自动完成摇臂松开→摇臂上升（或下降）→摇臂夹紧的过程。

为使摇臂上升或下降不致超出允许的极限位置，在摇臂上升和下降的控制电路中分别串联位置开关 SQ1 和 SQ2 作限位保护。

（3）立柱的夹紧与松开的控制：钻床正常工作时，外立柱夹紧在内立柱上。要使摇臂和外立柱绕内立柱转动，应首先扳动手柄放松外立柱。立柱的松开与夹紧是靠电动机 M4 的正反转拖动液压装置来完成的。电动机 M4 的正反转由组合开关 S2 和位置开关 SQ3、接触器 KM4 和 KM5 来实现。位置开关 SQ3 是由主轴箱与摇臂夹紧的机械手柄操作的。拨动手柄使 SQ3 的常开触头（14－15）闭合，接触器 KM5 线圈获电吸合，电动机 M4 拖动液压泵工作，使立柱夹紧装置放松。当夹紧装置完全放松时，组合开关 S2 的常闭触头（3－14）断开，使接触器 KM5 线圈断电释放，电动机 M4 停转，同时 S2 的常开触头（3－11）闭合，为夹紧作好准备。当摇臂转动到所需位置时，只需扳动手柄使位置开关 SQ3 复位，其常开触头（14－15）断开，而常闭触头（11－

12）闭合，使接触器 KM4 线圈获电吸合，电动机 M4 带动液压泵反向运转，就可以完成立柱的夹紧动作。当完全夹紧后，组合开关 S2 复位，其常开触头（3－11）分断，常闭触头（3－14）闭合，使接触器 KM4 的线圈失电，电动机 M4 停转。

Z37 型摇臂钻床的主轴箱在摇臂上的松开与夹紧和立柱的松开与夹紧是由同一台电动机 M4 拖动液压机构完成的。

3. 照明电路分析

照明电路的电源也是由变压器 TC 将 380 V 的交流电压降为 24 V 安全电压来提供。照明灯 EL 由开关 QS3 控制，由熔断器 FU4 作短路保护。

三、Z3040 型摇臂钻床控制电路

1. Z3040 型摇臂钻床的电力拖动特点及控制要求

根据摇臂钻床结构及运动情况，对其电力拖动和控制情况提出如下要求：

（1）摇臂钻床运动部件较多，为简化传动装置，采用多台电动机拖动。通常设有主轴电动机、摇臂升降电动机、立柱夹紧放松电动机及冷却泵电动机。

（2）摇臂钻床为适应多种形式的加工，要求主轴及进给有较大的调速范围。在一般速度下的钻削加工常为恒功率负载；而低速时主要用于扩孔、绞孔、攻丝等加工，这时则为恒转矩负载。

（3）摇臂钻床的主运动与进给运动皆为主轴运动，为此这两个运动由一台主轴电动机拖动，分别经主轴与传动机构实现主轴旋转和进给。所以主轴变速机构与进给变速机构均装在主轴箱内。

（4）为加工螺纹，主轴要求正反转。摇臂钻床主轴正反转一般由机械方法获得，这样主轴电动机只需单方向旋转。

（5）具有必要的联锁与保护。

2. Z3040 型摇臂钻床的电气控制

该摇臂钻床具有两套液压系统，一个是操纵机构液压系统，

一个是夹紧机构液压系统。前者装在主轴箱内，用以实现主轴正反转、停车制动、空挡、预选及变速；后者安装在摇臂背后的电器盒下部，用以夹紧松开主轴箱、摇臂及立柱。

（1）液压系统简介：

1）操纵机构液压系统：该系统压力油由主轴电动机拖动齿轮泵送出，由主轴变速、正反转及空挡操作手柄来改变两个操纵阀的相互位置，使压力油作不同的分配，获得不同的动作。操作手柄有五个空间位置：上、下、里、外和中间位置。其中上为“空挡”，下为“变速”，里为“反转”，外为“正转”，中间位置为“停车”。主轴转速及主轴进给量各由一个旋钮预选，然后操作手柄。

2）夹紧机构液压系统：主轴箱、立柱和摇臂的夹紧与松开，是由液压泵电动机拖动液压泵送出压力油，推动活塞菱形块来实现的。其中主轴箱和立柱的夹紧与放松由一个油路控制，摇臂的夹紧与松开，因与摇臂升降构成自动循环，所以由另一个油路单独控制。这两个油路均由电磁阀操纵。

欲夹紧或松开主轴箱及立柱时，首先启动液压电动机，拖动液压泵，送出压力油，在电磁阀操纵下，使压力油经二通阀流入夹紧或松开油腔，推动活塞和菱形块实现夹紧或松开。由于液压泵电动机是点动控制，所以主轴箱和立柱的夹紧与松开是点动的。

（2）主电路分析：Z3040 型摇臂钻床主电路如图 4－2－3a 所示。M1 为主轴电动机，M2 为摇臂升降电动机，M3 为液压泵电动机，M4 为冷却泵电动机。

M1 为单方向旋转，由 KM1 控制，主轴的正反转则由机床液压系统操纵机构配合正反转摩擦离合器实现的，并由热继电器 KTH1 作电动机长期过载保护。

M2 由接触器 KM2 和 KM3 控制实现正反转。控制电路保证在操纵摇臂升降时，首先使液压泵电动机启动旋转，供出压力油，经液压系统将摇臂松开，然后才使电动机 M2 启动，拖动摇臂上升或下降。当移动到位后，控制电路又保证 M2 先停下，再自动通过液压系统将摇臂夹紧，最后液压泵电动机才停下。M2 为短时工作，不用设长期过载保护。

M3 由 KM4、KM5 实现正反转控制，并由热继电器 KTH2 作长期过载保护。

M4 电动机容量小，仅 0.125 kW，由开关 SA1 控制。

(3) 控制电路分析：Z3040 型摇臂钻床控制电路如图 4－2－3b 所示。由按钮 SB1、SB2 与 KM1 构成主轴电动机 M1 的单向启动与停止电路。M1 启动后，指示灯 HL3 点亮表示主轴电动机在旋转。

由摇臂上升按钮 SB3、下降按钮 SB4 及正反转接触器 KM2、KM3 组成具有双重互锁的电动机正反转点动控制电路。由于摇臂的升降控制需与夹紧机构液压系统紧密配合，所以与液压泵电动机的控制有密切关系。下面以摇臂的上升为例分析摇臂升降的控制。

按下上升点动按钮 SB3，时间继电器 KT 线圈通电，触点 KT (1－17)、KT (13－14) 立即闭合，使电磁铁 YV、KM4 线圈同时通电，液压泵电动机启动旋转，拖动液压泵送出压力油，并经二位六通阀进入松开油腔，推动活塞和菱形块，将摇臂松开。同时，活塞杆通过弹簧片压上行程开关 SQ2，发出摇臂松开信号，即触点 SQ2 (6－7) 闭合，SQ2 (6－13) 断开，使 KM2 通电，KM4 断电。于是电动机 M3 停止旋转，油泵停止供油，摇臂维持松开状态，同时 M2 启动旋转，带动摇臂上升。所以，SQ2 是用来反映摇臂是否松开并发出松开信号的电气元件。如果 SQ2 没有动作，表示摇臂没有松开，KM2、KM3 就不能吸合，摇臂就不能升降。

当摇臂上升到所需位置时，松开 SB3，KM2 和 KT 断电，M2 电动机停止旋转，摇臂停止上升。但由于 KT 触点 (17－18) 经 1～3 s 延时闭合，KT 的触点 (1－17) 经同样延时断开，所以

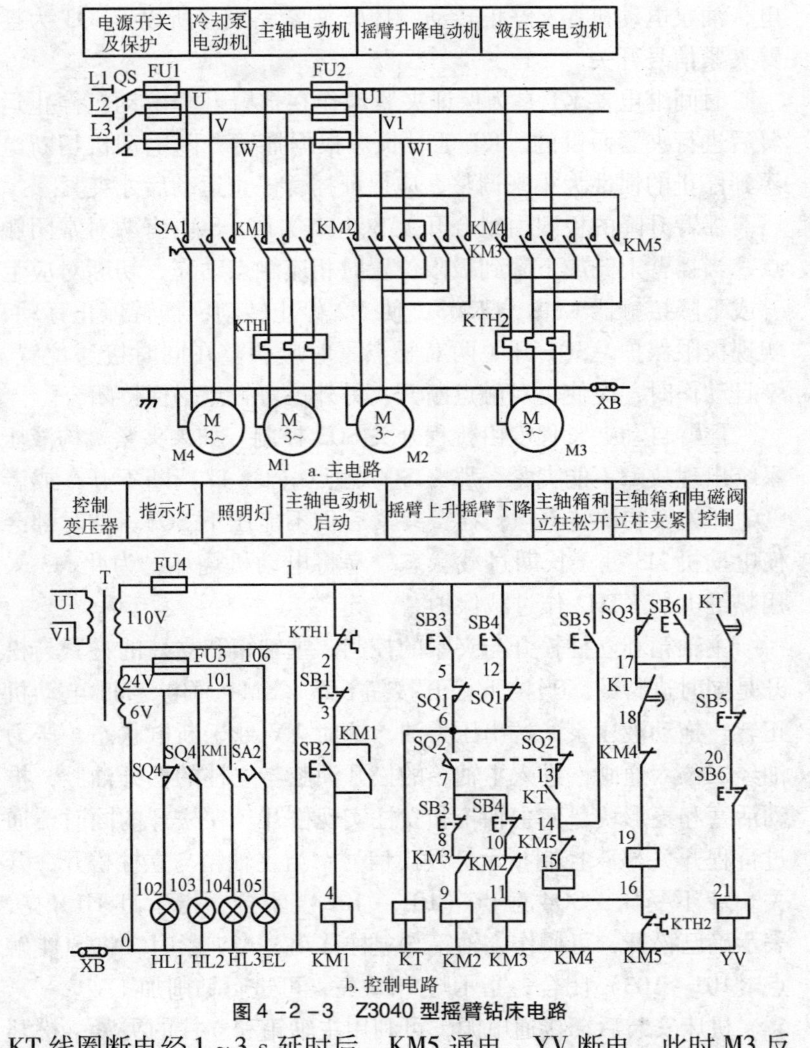

b. 控制电路

图 4－2－3　Z3040 型摇臂钻床电路

KT 线圈断电经 1 ~3 s 延时后，KM5 通电，YV 断电。此时 M3 反向启动，拖动液压泵，送出压力油，经二位六通阀进入摇臂夹紧油腔，向反方向推动活塞和菱形块，将摇臂夹紧。同时，活塞杆通过弹簧片压下行程开关 SQ3，使触点（1 －17）断开，KM5 断电，油泵电动机 M3 停止转动，摇臂夹紧完成。所以，SQ3 为摇臂夹紧信号开关。

时间继电器 KT 是为保证夹紧动作在摇臂升降电动机停止运转后进行夹紧而设的。KT 延时长短根据摇臂升降电动机切断电源到停止的惯性大小来调整，应保证摇臂停止运动后才夹紧。

摇臂升降的极限由组合开关 SQ1 来实现。SQ1 有两对常闭触点，当摇臂上升或下降到极限位置时相应触点动作，切断对应上升或下降接触器 KM2 与 KM3，使 M2 停止转动，摇臂停止移动，实现极限保护。SQ1 开关两对触点平时应调整在同时接通位置，一旦动作时，应使一对触点断开，另外一对触点仍保持闭合。

摇臂自动夹紧程度由行程开关 SQ3 控制。如果夹紧机构液压系统出现故障不能夹紧，那么 SQ3 触点（1－17）断不开，或者 SQ3 开关安装调整不当，摇臂夹紧后仍不能压下 SQ3。这时都会使电动机 M3 处于长期过载状态，易将电动机烧坏，为此 M3 采用热继电器 KTH2 作过载保护。

主轴箱和立柱松开与夹紧的控制：主轴箱和立柱的夹紧与松开是同时进行的。当按下松开按钮 SB5，KM4 通电，M3 电动机正转，拖动液压泵，送出压力油，这时 YV 处于断电状态，压力油经二位六通阀，进入主轴箱的松开油腔与立柱的松开油腔，推动活塞和菱形块，使主轴箱和立柱实现松开。在松开的同时，通过行程开关 SQ4 控制指示灯发出信号，当主轴箱与立柱松开，开关 SQ4 不受压，SQ4 触点（101－102）闭合，指示灯 HL1 亮，表示确已松开，可操作主轴箱与立柱移动。当夹紧时，将 SQ4 触点（101－103）闭合，指示灯 HL2 亮，可进行钻削加工。

机床安装后，接通电源，可利用主轴箱和立柱的夹紧、松开来检查电源相序是否正确。相序正确时，按立柱夹紧或松开按钮，夹紧与松开动作正确；如相序接反，则动作正好相反，此时应对调电源的任意两根相线，以改正相序。

第三节 铣床控制电路

一、X62 型万能铣床控制电路

X62 型万能铣床控制电路如图 4－3－1 所示。

1. 主电路分析

X62 型万能铣床的主电路有三台电动机，M1 是主轴电动机，M2 是进给电动机，M3 是冷却泵电动机。

（1）主轴电动机 M1 通过换相开关 SA4 与接触器 KM1 配合，能进行正反转控制，而与接触器 KM2、制动电阻器 R 及速度继电器的配合，能实现串电阻瞬时冲动和正反转反接制动控制，并能通过机械进行变速。

（2）进给电动机 M2 能进行正反转控制，通过接触器 KM3、KM4 与行程开关及 KM5、牵引电磁铁 YA 配合，能实现进给变速时的瞬时冲动、六个方向的常速进给和快速进给控制。

（3）冷却泵电动机 M3 只能正转。

（4）电路中 FU1 作机床总短路保护，也兼作 M1 的短路保护；FU2 作为 M2、M3 及控制、照明变压器一次侧的短路保护；热继电器 KTH1、KTH2、KTH3 分别作为 M1、M2、M3 的过载保护。

2. 控制电路分析

（1）主轴电动机的控制：

1）SB1、SB3 与 SB2、SB4 是分别装在机床两边的停止（制动）和启动按钮，实现两地控制，方便操作。

2）KM1 是主轴电动机启动接触器，KM2 是反接制动和主轴变速冲动接触器。

3）SQ7 是与主轴变速手柄联动的瞬时动作行程开关。

4）主轴电动机需启动时，要先将 SA4 扳到主轴电动机所需要的旋转方向，然后再按启动按钮 SB3 或 SB4 来启动电动机。

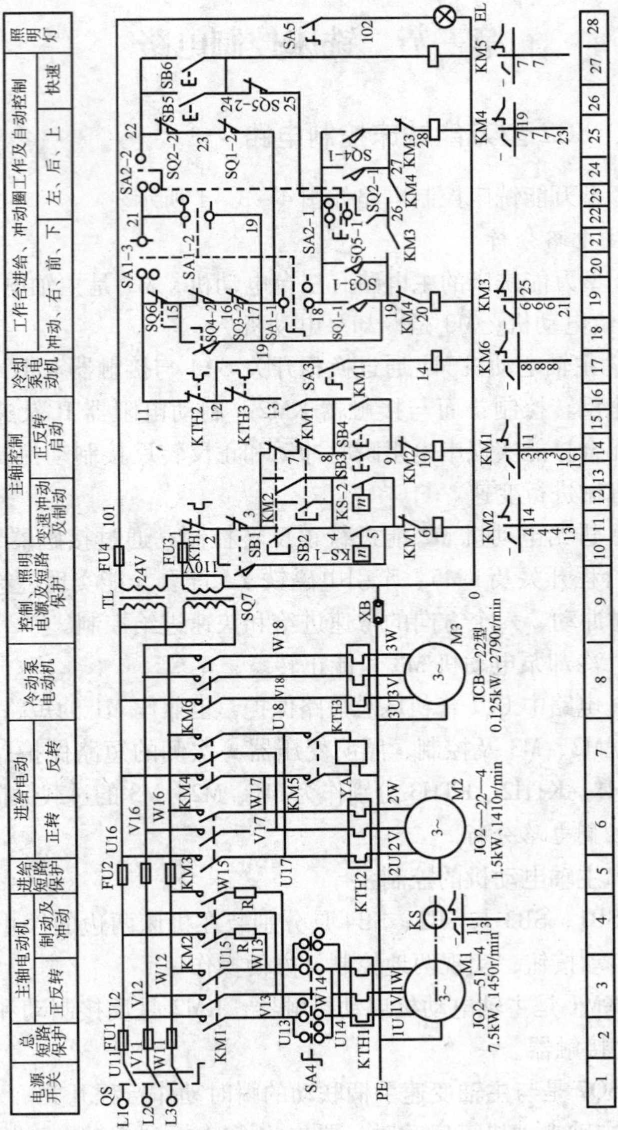

图4-3-1 X62型万能铣床电气控制电路

5）M1 启动后，速度继电器 KS 的一副常开触头闭合，为主轴电动机的停转制动作好准备。

6）停车时，按停止按钮 SB1 或 SB2 切断 KM1 电路，接通 KM2 电路，改变 M1 的电源相序进行串电阻反接制动。当 M1 转速低于 120 r/min 时，速度继电器 KS 的一副常开触头恢复断开，切断 KM2 电路，M1 停转，制动结束。

7）主轴电动机变速时的瞬动（冲动）控制，是利用变速手柄与冲动行程开关 SQ7 通过机械上的联动机构进行控制的。主轴电动机变速冲动控制示意如图 4－3－2 所示。

变速时，先下压变速手柄，然后拉到前面，当快要落到第二道槽时，转动变速盘，选择需要的转速。此时凸轮压下弹簧杆，使冲动行程开关 SQ7 的常开触头接通，KM2 线圈得电动作，M1 被反接制动。当手柄拉到第二道槽时，SQ7 不受凸轮控制而复位，M1 停转。接着把手柄从第二道槽推回原始位置时，凸轮又瞬时压动行程开关 SQ7，使 M1 反向瞬时冲动一下，以利于变速后的齿轮啮合。但要注意，不论是开车还是停车时变速，都应以较快的速度把手柄推回原始位置，以免通电时间过长，引起 M1 转速过高而打坏齿轮。

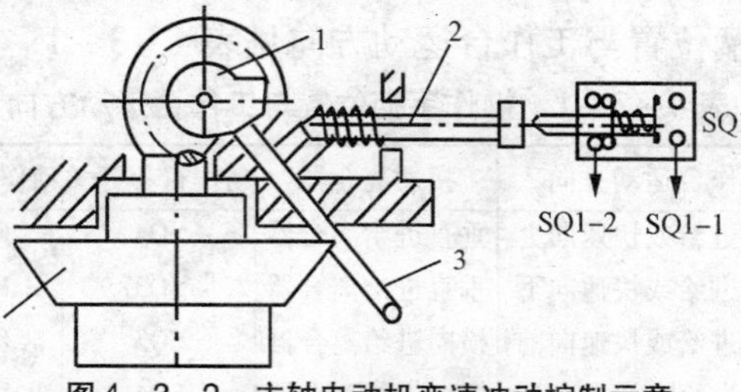

图 4－3－2　主轴电动机变速冲动控制示意

1. 凸轮　2. 弹簧杆　3. 变速手柄　4. 变速盘

（2）工作台进给电动机的控制：工作台的纵向、横向和垂直运动都由进给电动机 M2 驱动，接触器 KM3 和 KM4 使 M2 实现正反转，用以改变进给运动方向。它的控制电路采用了与纵向运动机械操作手柄联动的行程开关 SQ1、SQ2，以及横向及垂直运动机械操作手柄联动的行程开关 SQ3、SQ4，相互组成复合联锁控制，即在选择三种运动形式的六个方向移动时，只能进行其中一个方向的移动，以确保操作安全。当这两个机械操作手柄都在中间位置时，各行程开关都处于未受压的原始状态。

在机床接通电源后，将控制圆工作台的组合开关 SA1 扳到断开位置，使触头 SA1－1（17－18）和 SA1－3（11－21）闭合，而 SA1－2（19－21）断开，再将选择工作台自动与手动控制的组合开关 SA2 扳到手动位置，使触头 SA2－1（18－25）断开，而 SA2－2（21－22）闭合，然后启动 M1。这时接触器 KM1 吸合，使 KM1（8－13）闭合，就可进行工作台的进给控制。

1）工作台垂直（上下）和横向（前后）运动的控制：工作台的垂直和横向运动，由垂直和横向进给手柄操纵。此手柄是复式的，有两个完全相同的手柄分别装在工作台左侧的前、后方。手柄的联动机械一方面能压下行程开关 SQ3 或 SQ4，同时能接通垂直或横向进给离合器。操纵手柄有五个位置，五个位置是联锁的，工作台的上下和前后的终端保护是利用装在床身导轨旁与工作台座上的撞铁，将操纵十字手柄撞到中间位置，使 M2 断电停转。操作手柄位置与工作台运动方向见表 4－3－1。

表 4－3－1　操作手柄位置与工作台运动方向

手柄位置	工作台运动方向	接通离合器	动作行程开关	动作接触器	M2 转向
向上	向上进给或快速向上	垂直进给离合器	SQ4	KM4	反转
向下	向下进给或快速向下	垂直进给离合器	SQ3	KM3	正转
向前	向前进给或快速向前	横向进给离合器	SQ3	KM3	正转
向后	向后进给或快速向后	横向进给离合器	SQ4	KM4	反转
中间	垂直或横向停止	横向进给离合器	—	—	停止

A. 工作台向上运动的控制：在 M1 启动后，将操作手柄扳至向上位置，其联动机构一方面机械上接通垂直离合器，同时压下行程开关 SQ4，图区 19 上的 SQ4（15－16）断开，图区 25 上的 SQ4（18－27）闭合，见表 4－3－2。接触器 KM4 线圈通电吸

合，M2 反转，工作台向上运动。

表 4-3-2　工作台垂直、横向进给行程开关 SQ3、SQ4 通断

触头 \ 位置		向上、向后	停止	向下、向前
SQ3	18-19	-	-	+
	16-17	+	+	-
SQ4	18-27	+	-	-
	15-16	-	+	+

注：表中“-”表示不动作，“+”表示动作。

B. 工作台向后运动的控制：当操纵手柄扳至向后位置，机械上接通横向进给离合器，而压下的行程开关仍是 SQ4，所以在电路上仍然接通 KM4，M2 也是反转，但在横向进给离合器的作用下，机械传动装置带动工作台向后进给运动。

C. 工作台向下运动的控制：将操纵手柄扳至向下位置时，机械上接通垂直进给离合器，同时压下行程开关 SQ3，图 4-3-1 中，图区 19 上的常闭触头 SQ3-2（16-17）断开，图区 20 上的常开触点 SQ3-1（18-19）闭合，接触器 KM3 吸合，M2 正转，工作台向下进给运动。

D. 工作台向前运动的控制：当操纵手柄扳至向前位置时，机械上接通横向进给离合器，而压下的行程开关仍是 SQ3，所以在电路上仍然接通 KM3，M2 也是正转，但在横向离合器的作用下，机械传动装置带动工作台向前运动。

2）工作台纵向（左右）运动的控制：工作台的纵向运动也是由进给电动机 M2 驱动，由纵向操纵手柄来控制。此手柄也是复式的，一个安装在工作台底座的顶面中央部位，另一个安装在工作台底座的左下方。手柄有三个位置：向左、向右、零位。当手柄扳到向右或向左运动方向时，手柄的联动机构压下行程开关 SQ1 或 SQ2，使接触器 KM3 或 KM4 动作，控制进给电动机 M2 的正反转。工作台左右运动的行程，可通过调整安装在工作台两端的撞铁位置来实现。当工作台纵向运动到极限位置时，撞铁撞

动纵向操纵手柄，使它回到零，M2 停转，工作台停止运动，从而实现了纵向终端保护。

A. 工作台向左运动：在 M1 启动后，将操作手柄扳至向左位置，一方面在机械上接通纵向离通纵向合器，同时在电气上压下行程开关 SQ2，使图区 25 上的行程开关常闭触头 SQ2 -2（22 -23）断开，图 4 -3 -1 中图区 24 上的行程开关 SQ2 -1（18 -27）闭合，而其他控制进给运动的行程开关都处于原始位置，见表 4 -3 -3。此时，使接触器 KM4 吸合，M2 反转，工作台向左进给运动。

表 4 -3 -3　工作台纵向进给行程开关 SQ1、SQ2 通断

触头＼位置		向左	停止	向右
SQ1	18 -19	-	-	+
	17 -23	+	+	-
SQ2	18 -27	+	-	-
	22 -23	-	+	+

注：表中“+”表示动作，“-”表示不动作。

B. 工作台向右运动：当操纵手柄扳至向右位置时，机械上仍然接通纵向进给离合器，但却压动了行程开关 SQ1。其 SQ1 常闭触头（17 -23）断开，常开触头（18 -19）闭合，这样，接触器 KM3 吸合，M2 正转，工作台向右进给运转。

3）工作台的快速进给控制为提高劳动生产率，要求铣床在不铣切加工时，工作台能快速移动。工作台快速移动控制分手动和自动两种控制方法。铣工在操作时，多数采用手动快速进给控制。

工作台快速进给也是由进给电动机 M2 来驱动，在纵向、横向和垂直三种运动形式六个方向上都可以实现快速进给控制。

主轴电动机启动后，将进给操纵手柄扳至所需位置，工作台按照选定的速度和方向作常速进给移动时，再按下快速进给按钮 SB5（或 SB6），使接触器 KM5 通电吸合，接通牵引电磁铁 YA，电磁铁通过杠杆使摩擦离合器合上，减少中间传动装置，使工作台按原运动方向作快速进给运动。当松开快速进给按钮时，电磁

铁 YA 断电，摩擦离合器断开，快速进给运动停止，工作台仍按原常速进给时的速度继续运动。

4）进给电动机变速时的瞬动（冲动）控制变速时，为使齿轮易于啮合，进给变速与主轴变速一样，设有变速冲动环节。当需要进行进给变速时，应将转速盘的蘑菇形手轮向外拉出并转动转速盘，把所需进给量的标尺数字对准箭头，然后再把蘑菇形手轮用力向外拉到极限位置并随即推向原位，就在一次操纵手轮的同时，其连杆机构二次瞬时压下行程开关 SQ6，使 SQ6 的常闭触头 SQ6（11－15）断开，常开触头 SQ6（15－19）闭合，使接触器 KM3 得电吸合，其通电回路是 11→21→22→23→17→16→15→19→20→KM3→0，电动机 M2 正转，因为 KM3 是瞬时接通的，故能达到 M2 瞬时转动一下，从而保证变速齿轮易于啮合。

由于进给变速瞬时冲动的通电回路要经过 SQ1～SQ4 四个行程开关的常闭触头，因此，只有当进给运动的操作手柄都在中间（停止）位置时才能实现进给变速冲动控制，以保证操作时的安全。同时，与主轴变速时冲动控制一样，电动机的通电时间不能太长，以防止转速过高，在变速时打坏齿轮。

（3）圆工作台运动的控制：铣床如需铣削螺旋槽、弧形槽等曲线时，可在工作台上安装圆形工作台及其传动机械。圆形工作台的回转运动也是由进给电动机 M2 经传动机构驱动的。

圆工作台工作时，应先将进给操作手柄都扳到中间（停止）位置，然后将圆工作台组合开关 SA1 扳到接通位置，这时图 4－3－1 中图区 19 和图区 20 上的 SA1－1 及 SA1－3 断开，图区 22 上的 SA1－2 闭合，见表 4－3－4。准备就绪后，按下主轴启动按钮 SB3 或 SB4，则接触器 KM1 与 KM3 相继吸合，主轴电动机 M1 与进给电动机 M2 相继启动并运转，而进给电动机仅以正转方向带动圆工作台作定向回转运动，此时 KM3 的通电回路为：1→2→3→7→8→13→12→11→15→16→17→23→22→21→19→20→KM3→0。若要使圆工作台停止运动，可按主轴停止按钮 SB1

或SB2，则主轴与圆工作台同时停止工作。

表4－3－4 圆工作台组合开关SA1通断

位置 / 触头	圆工作台	
	接通	断开
SA1－1（17－18）	－	+
SA1－2（19－21）	+	－
SA1－3（11－21）	－	+

注：表中“+”表示动作，“－”表示不动作。

由上通电回路中可知，圆工作台不能反转，只能定向作回转运动。并且不允许工作台在纵向、横向和垂直方向上有任何运动。当圆工作台工作时，若误操作而扳动进给运动操纵手柄，由于实现了电气上的联锁，就立即切断圆工作台的控制电路，电动机停止运转。

二、X6132型万能铣床控制电路

X6132型万能铣床控制电路如图4－3－3所示，该机床的动力电源是三相交流电380 V，变压器两侧均有熔断器作短路保护。三个电动机除有熔断器作短路保护外，还有热继电器作过载和断相保护。

1. 主轴运动的电气控制

启动主轴时，先闭合开关QS接通电源，再把换向开关SA3转到主轴所需要的旋转方向，然后按启动按钮SB3或SB4接通接触器KM1，即可启动主轴电动机M1。

万能铣床主轴的停止控制原理是：按停止按钮SB1－1或SB2－1，切断接触器KM1线圈的供电电路，并接通YC1主轴制动电磁离合器，主轴即可停止转动。

在变速时，为了让齿轮易于啮合，需使主轴电动机瞬时转动。当变速手柄推回原来位置时，压下行程开关SQ7，使接触器KM1瞬时接通，主轴电动机即作瞬时转动，应以连续的较快速度推回变速手柄，以免电动机转速过高而打坏齿轮。

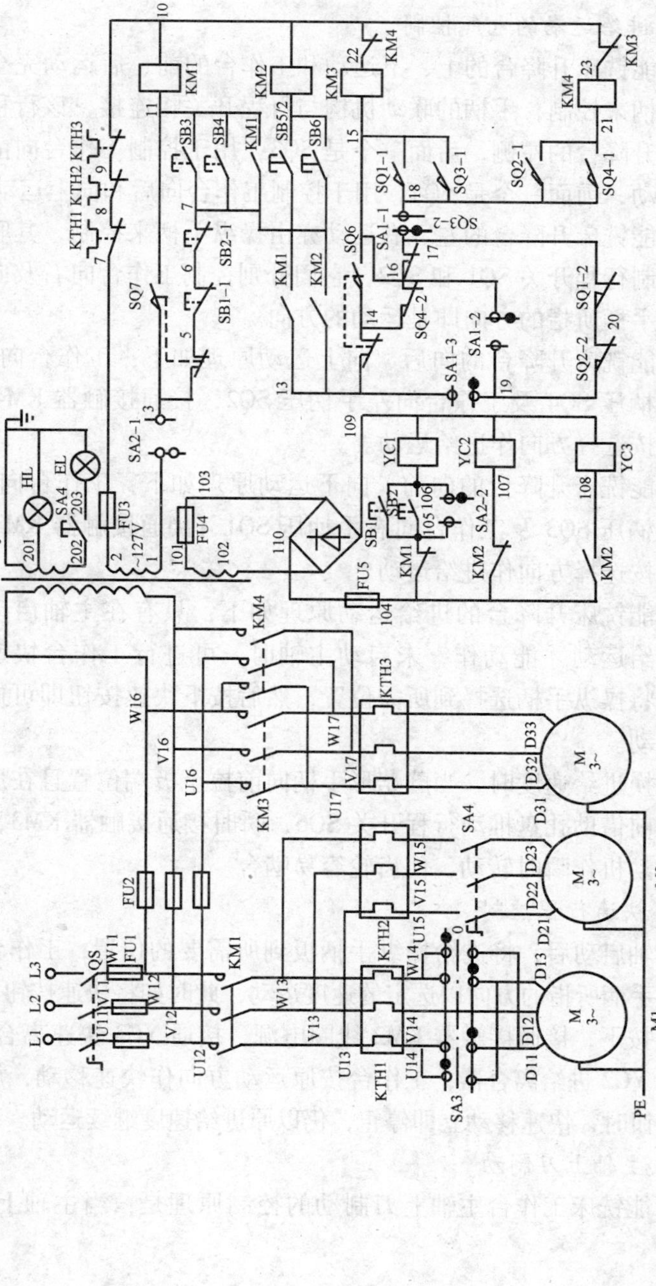

图4–3–3　X6132型万能铣床的电气原理

2. 进给运动的电气控制

万能铣床升降台的上、下运动和工作台的前、后运动完全由操纵手柄来控制，手柄的联动机构与行程开关相连接，该行程开关装在升降台的左侧，后面一个是SQ3，用于控制工作台向前和向下运动，前面一个是SQ4，用于控制工作台向后和向上运动。

万能铣床升降台的左、右运动亦由操纵手柄来控制，其联动机构控制行程开关SQ1和SQ2，它们分别控制工作台向右及向左运动，手柄所指的方向即是运动的方向。

万能铣床升降台的向后、向上运动原理如下：工作台向后、向上手柄压SQ4及工作台向左手柄压SQ2，接通接触器KM4线圈，即按选择方向作进给运动。

万能铣床升降台的向前、向下运动原理如下：工作台向前、向下手柄压SQ3及工作台向右手柄压SQ1，接通接触器KM3线圈，即按选择方向作进给运动。

万能铣床升降台的进给运动原理如下：只有在主轴启动以后，进给运动才能动作；未启动主轴时，可进行工作台快速运动，即将操纵手柄选择到所需位置，然后按下快速按钮即可进行快速运动。

变换进给速度时，当蘑菇形手柄向前拉至极端位置且在反向推回之前借助孔盘推动行程开关SQ6，瞬时接通接触器KM3，则进给电动机作瞬时转动，使齿轮容易啮合。

3. 快速行程控制

主轴启动后，将进给操纵手柄扳到所需要的位置，工作台就开始按手柄所指的方向以选定的速度运动，此时如将快速按钮SB5或SB6按下，接通接触器KM2线圈电源，接通YC3快速离合器，并切断YC2进给离合器，工作台按原运动方向作快速移动，放开快速按钮时，快速移动立即停止，仍以原进给速度继续运动。

4. 主轴上刀制动

万能铣床工作台主轴上刀制动的控制原理是：当主轴上刀、

换刀时，先将转换开关 SA2 扳到断开位置确保主轴不能旋转，然后再上刀、换刀。上刀完毕，再次转换开关扳到断开位置，主轴方可启动，否则主轴启动不了。

（5）冷却泵与机床照明：万能铣床工作台冷却泵、照明控制原理如下：将转换开关 SA4 扳到接通位置，冷却泵电动机启动；机床照明由照明变压器供给，照明灯本身由开关控制。

第四节　磨床控制电路

一、M7120 型磨床控制电路

1. 对电气电路的主要要求

（1）砂轮电动机、液压泵电动机和冷却液泵电动机只要求单向运转，而砂轮升降电动机应有电气联锁装置；当电磁吸盘不工作或发生故障时，所有电动机均不能启动。

（2）冷却液泵电动机只有在砂轮电动机工作时才能够启动。

（3）电磁吸盘要求有充磁和退磁功能。

（4）指示电路应能正确反映四台电动机和电磁吸盘的工作情况。

2. 控制电路原理分析

M7120 型磨床的电气原理如图 4－4－1 所示。从 M7120 型磨床的电路图可以看出：该机床电气控制电路由主电路、控制电路、电磁工作台控制电路及照明与指示电路四部分组成。

（1）液压泵电动机 M1 的控制：合上电源开关 Q1，如果整流电源输出直流电压正常，则在图 4－4－1 中图区 17 上的电压继电器 KA 线圈通电吸合，并使图区 7 上的常开触点闭合，为启动液压电动机 M1 和砂轮电动机 M2 作好准备。按下 SB3，接触器 KM1 线圈通电吸合，液压泵电动机 M1 启动运转。按下停止按钮 SB2，M1 停转。

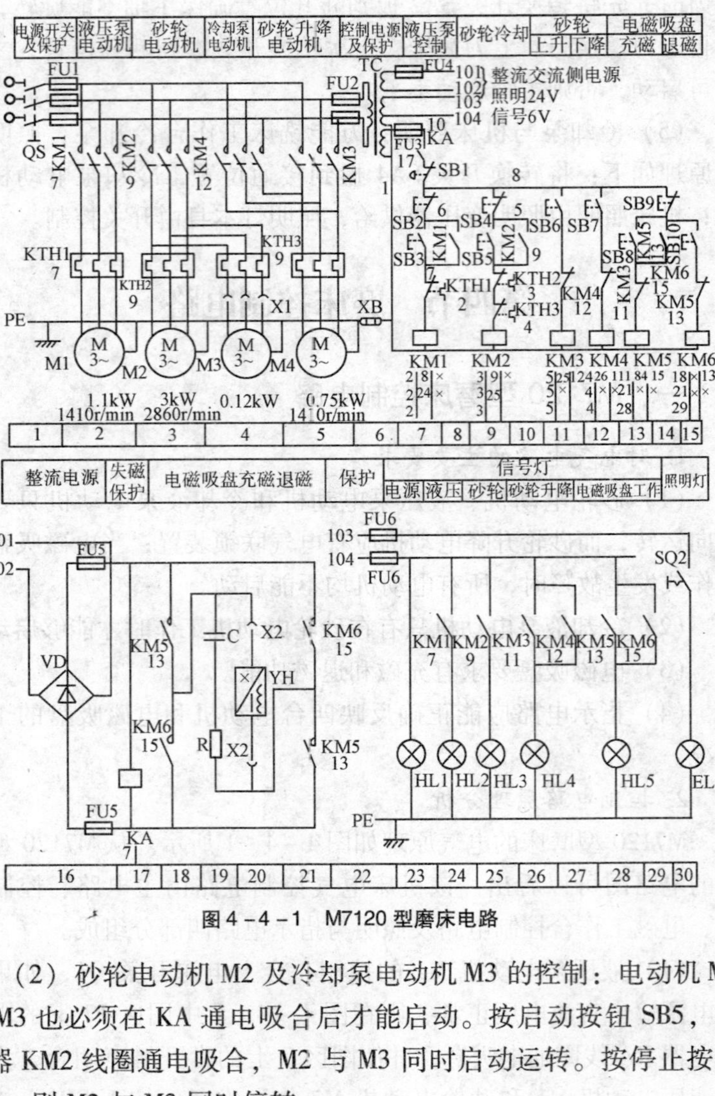

图 4-4-1 M7120 型磨床电路

（2）砂轮电动机 M2 及冷却泵电动机 M3 的控制：电动机 M2 及 M3 也必须在 KA 通电吸合后才能启动。按启动按钮 SB5，接触器 KM2 线圈通电吸合，M2 与 M3 同时启动运转。按停止按钮 SB4，则 M2 与 M3 同时停转。

（3）砂轮升降电动机 M4 的控制：采用接触器联锁的点动正反转控制，分别通过按下按钮 SB6 或 SB7，来实现正反转控制，放开按钮，电动机 M4 停转，砂轮停止上升或下降。

（4）电磁工作台的控制：电磁工作台又称电磁吸盘，它是固定加工工件的一种夹具。当电磁工作台上放上铁磁材料的工件后，按下充磁按钮 SB8，KM5 通电吸合，电磁吸盘 YH 通入直流电流进行充磁将工件吸牢，加工完毕后，按下按钮 SB9，KM5 断电释放，电磁吸盘断电，但由于剩磁作用，要取下工件，必须再按下按钮 SB10 进行退磁；它通过接触器 KM6 的吸合，给 YH 通入反向直流电流来实现，但要注意按点动按钮 SB10 的时间不能过长，否则电磁吸盘将会被反向磁化而仍不能取下工件。

电路中电阻器 R 和电容器 C 是组成一个放电回路，当电磁吸盘在断电瞬间，由于电磁感应的作用，将会在 YH 两端产生一变很高的自感电动势，如果没有 RC 放电回路，电磁吸盘线圈及其他电器的绝缘将有被击穿的危险。

欠电压继电器并联在整流电源两端，当直流电压过低时，欠电压继电器立即释放，使液压泵电动机 M1 和砂轮电动机 M2 立即停转，从而避免由于电压过低使 YH 吸力不足而导致工件飞出造成事故。

二、M7130 型平面磨床控制电路

1. 电力拖动的特点及控制要求

（1）砂轮的旋转运动：砂轮电动机 M1 装在砂轮箱内，带动砂轮旋转，对工件进行磨削加工。由于砂轮的旋转一般不需要调速，所以用一台三相异步电动机拖动即可。为了使磨床体积小，结构简单和提高其加工精度，采用了装入式电动机，将砂轮直接装在电动机轴上。

（2）工作台的往复运动：装在床身水平纵向导轨上的矩形工作台的往复运动，是由液压传动完成的，因液压传动换向平稳，易于实现无级调速。液压泵电动机 M3 拖动液压泵，工作台在液压作用下作纵向往复运动。当装在工作台前侧的换向挡铁碰

撞床身上的液压换向开关时，工作台就自动改变了方向。

(3) 砂轮架的横向进给：砂轮架的上部有燕尾型导轨，可沿着滑座上的水平导轨作横向（前后）移动。在磨削的过程中，工作台换向时，砂轮架就横向进给一次。在修正砂轮或调整砂轮的前后位置时，可连续横向移动。砂轮架的横向进给运动可由液压传动，也可用手轮来操作。

(4) 砂轮架的升降运动：滑座可沿着立柱的导轨垂直上下移动，以调整砂轮架的上下位置，或使砂轮磨入工件，以控制磨削平面时工件的尺寸。这一垂直进给运动是通过操作手轮控制机械传动装置实现的。

(5) 切削液的供给：冷却泵电动机 M2 拖动切削泵旋转，供给砂轮和工件切削液，同时切削液带走磨下的铁屑。要求砂轮电动机 M1 与冷却泵电动机 M2 是顺序控制。

(6) 电磁吸盘的控制：根据加工工件的尺寸大小和结构形状，可以把工件用螺钉和压板直接固定在工作台上，也可以在工作台上装电磁吸盘，将工件吸附在电磁吸盘上。为此，要有充磁和退磁控制环节。为保证安全，电磁吸盘与电动机 M1、M2、M3 三台电动机之间有电气联锁装置，即电磁吸盘吸合后，电动机才能启动。电磁吸盘不工作或发生故障时，三台电动机均不能启动。

M7130 型平面磨床的电路如图 4-4-2 所示。该电路分为主电路、控制电路、电磁吸盘电路和照明电路四部分。

2. 主电路分析

QS1 为电源开关。主电路中有三台电动机，M1 为砂轮电动机，M2 为冷却泵电动机，M3 为液压泵电动机，它们共用一组熔断器 FU1 作为短路保护。砂轮电动机 M1 用接触器 KM1 控制，用热继电器 KTH1 进行过载保护。由于冷却泵箱和床身是分装的，所以冷却泵电动机 M2 通过接插器 X1 和砂轮电动机 M1 的电源线相连，并和 M1 在主电路实现顺序控制。冷却泵电动机的容

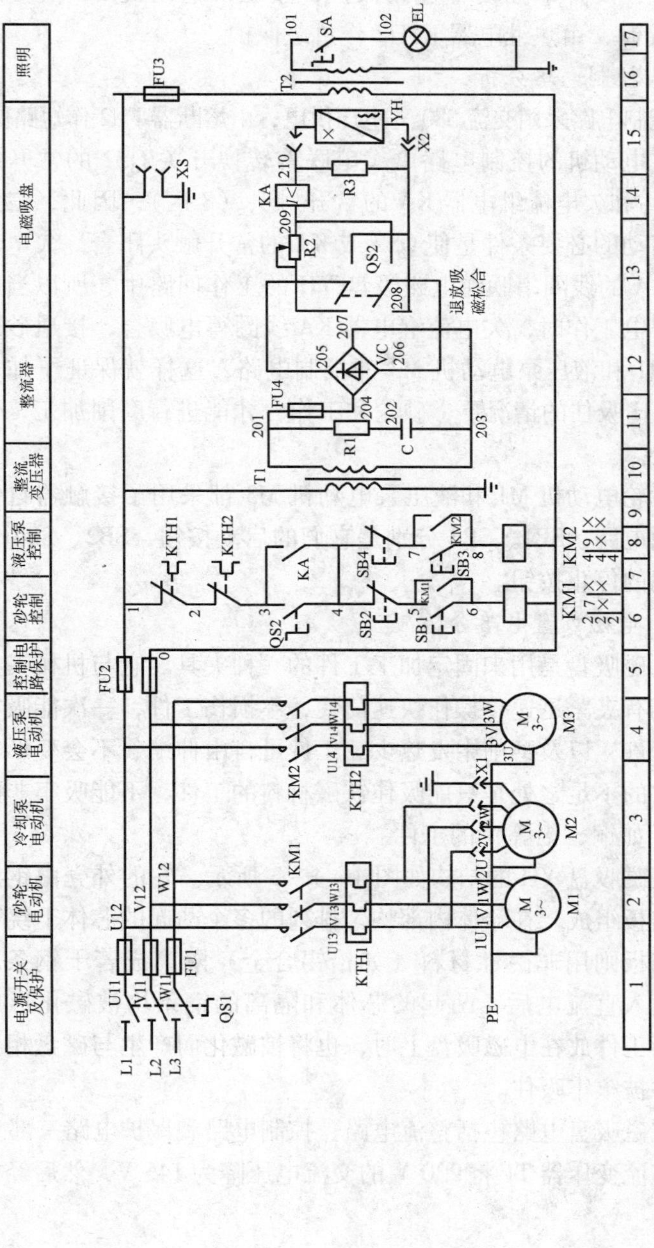

图4-4-2　M7130型平面磨床电路

量较小，没有单独设置过载保护；液压泵电动机 M3 由接触器 KM2 控制，由热继电器 KTH2 作过载保护。

3. 控制电路分析

控制电路采用交流 380 V 电压供电，由熔断器 FU2 作短路保护。

在电动机的控制电路中，串联着转换开关 QS2 的常开触头（6 区）和欠电流继电器 KA 的常开触头（8 区），因此，三台电动机启动的必要条件是使 QS2 或 KA 的常开触头闭合。欠电流继电器 KA 的线圈串联在电磁吸盘 YH 的工作回路中，所以当电磁吸盘得电工作时，欠电流继电器 KA 线圈得电吸合，接通砂轮电动机 M1 和液压泵电动机 M3 的控制电路，这样就保证了加工工件被 YH 吸住的情况下，砂轮和工作台才能进行磨削加工，保证了安全。

砂轮电动机 M1 和液压泵电动机 M3 都采用了接触器自锁正转控制电路，SB1、SB3 分别是它们的启动按钮，SB2、SB4 分别是它们的停止按钮。

4. 电磁吸盘电路分析

电磁吸盘是用来固定加工工件的一种夹具。它与机械夹具比较，具有夹紧迅速，操作快速简便，不损伤工件，一次能吸牢多个小工件，以及磨削中发热少、工件可自由伸缩、不会变形等优点。它的不足之处是只能吸住铁磁材料的工件，不能吸牢非磁性材料（如铜、铝等）的工件。

电磁吸盘 YH 的结构如图 4－4－3 所示。它的外壳由钢制箱体和盖板组成。在箱体内部均匀排列的多个凸起的芯体上绕有线圈，盖板则用非磁性材料（如铅锡合金）隔离成若干钢条。当线圈通入直流电后，凸起的芯体和隔离的钢条均被磁化形成磁极。当工件放在电磁吸盘上时，也将被磁化而产生与磁盘相异的磁极并被牢牢吸住。

电磁吸盘电路包括整流电路、控制电路和保护电路三部分。

整流变压器 T1 将 220 V 的交流电压降为 145 V，然后经桥式整流器 VC 后输出 110 V 直流电压。

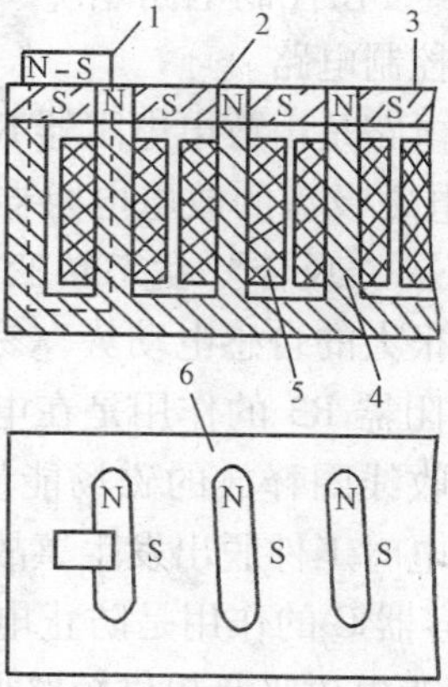

图 4-4-3 电磁吸盘结构示意

1. 工件 2. 非磁性材料 3. 工作台
4. 芯体 5. 线圈 6. 盖板

QS2 是电磁吸盘 YH 的转换控制开关（又叫退磁开关），有"吸合"、"放松"和"退磁"三个位置。当 QS2 扳至"吸合"位置时，触头（205-208）和（206-209）闭合，110 V 直流电压接入电磁吸盘 YH，工件被牢牢吸住。此时，欠电流继电器 KA 线圈得电吸合，KA 的常开触头闭合，接通砂轮和液压泵电动机的控制电路。待工件加工完毕，先把 QS2 扳至"放松"位置，切断电磁吸盘 YH 的直流电源。此时由于工件具有剩磁而不能取下，因此必须进行退磁。将 QS2 扳至"退磁"位置，这时，触头（205-207）和（206-208）闭合，电磁吸盘 YH 通入较小的（因串入了退磁电阻 R2）反向电流进行退磁。退磁结束，将 QS2 扳回至"放松"位置，即可将工件取下。

如果有些工件不易退磁时，可将附件退磁器的插头插入插座 XS，使工件在交变磁场的作用下进行退磁。

若将工件夹在工作台上，而不需要电磁吸盘时，则应将电磁吸盘 YH 的 X2 插头从插座上拔下，同时将转换开关 QS2 扳至“退磁”位置，这时，接在控制电路中 QS2 的常开触头（3－4）闭合，接通电动机的控制电路。

电磁吸盘的保护电路是由放电电阻器 R3 和欠电流继电器 KA 组成。电阻器 R3 是电磁吸盘的放电电阻器。因为电磁吸盘的电感很大，当电磁吸盘从“吸合”状态转变为“放松”状态的瞬间，线圈两端将产生很大的自感电动势，易使线圈或其他电器由于过电压而损坏。电阻器 R3 的作用是在电磁吸盘断电瞬间给线圈提供放电通路，吸收线圈释放的磁场能量。欠电流继电器 KA 用以防止电磁吸盘断电时工件脱出发生事故。

电阻器 R1 与电容器 C 的作用是防止电磁吸盘回路交流侧的过电压。熔断器 FU4 为电磁吸盘提供短路保护。

5. 照明电路分析

照明变压器 T2 将 380 V 的交流电压降为 36 V 的安全电压供给照明电路。EL 为照明灯，一端接地，另一端由开关 SA 控制。熔断器 FU3 作照明电路的短路保护。

第五节　T68 型镗床控制电路

T68 型镗床的主体运动及各种常速进给运动都是由主轴电动机来驱动，但机床各部分的快速进给运动是由快速进给电动机来驱动。T68 型镗床电气原理如图 4－5－1 所示。

1. 主轴启动及点动电气控制电路原理分析

（1）主轴电动机点动控制：主轴电动机 M1 由热继电器 KTH 作过载保护，熔断器 FU1 作短路保护，接触器 KM4 控制并兼作失压和欠压保护。控制电路的电源由控制变压器 TC 二次侧提供 110 V 电压。

主轴电动机正向点动控制是由正向点动按钮 SB4，接触器 KM1 和 KM4（使 M1 形成三角形，低速运转）实现的；主轴电

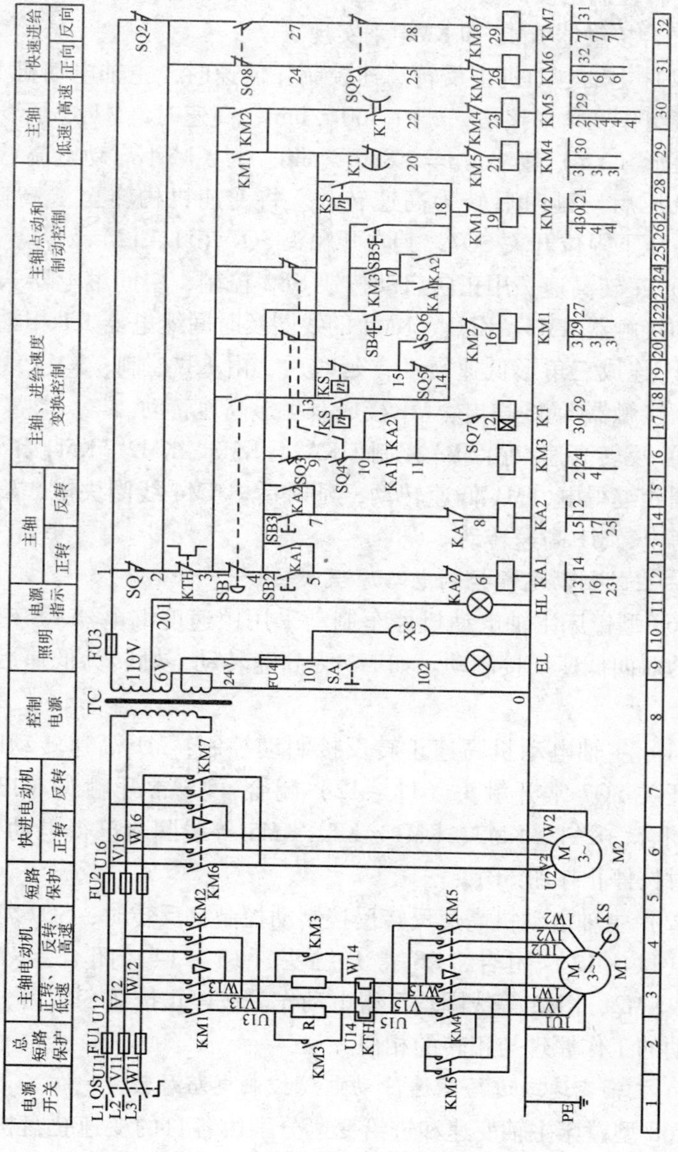

图4-5-1　T68型镗床电气原理

动机反转控制由反向按钮 SB3 控制，以中间继电器 KA2、接触器 KM2 配合接触器 KM3 和 KM4 来实现。

（2）主轴电动机正反转高速控制：低速时，主轴电动机 M1 定子绕组作三角形接法，$n=1\ 460$ r/min；高速时，M1 定子线组为双星形（YY）接法，$n=2\ 880$ r/min。为了减小启动电流，先低速全压启动延时后转为高速转动。将变速机构转至“高速”位置，压下限位开关 SQ7，其常开触头 SQ7（11－12）闭合。

1）正转高速：用正向启动按钮 SB2 控制，中间继电器 KA1 线圈和接触器 KM3、KM1、KM4 的线圈及时间继电器 KT 相继得电，M1 连成三角形低速转动，延时后，由 KT 控制，KM4 线圈失电，接触器 KM5 得电，M1 接成双星形高速转动。

2）反转高速：由 SB3 控制，KA2、KM3、KM2、KM4 和 KT 等线圈相继得电，M1 低速转动，延时后，KM4 线圈失电，KM5 线圈得电，M1 高速转动。

2. 主轴制动电气控制电路原理

T68 型镗床主轴电动机停车制动采用由速度继电器 KS 串联电阻的双向低速反接制动。如 M1 为高速转动，则转为低速后再制动。

（1）主轴电动机高速正转反接制动控制：M1 高速转动时，位置开关 SQ7 常开触头（11－12）闭合，KS 常开触头（13－18）闭合，KA1、KM3、KM1、KT、KM5 等线圈均已得电动作，停车时按停止按钮 SB1。

（2）主轴电动机高速反转反接制动控制：反转时，SQ7 常开触头（11－12）闭合，KS 常开触头（13－14）闭合，KA2、KM3、KM2、KM5 等线圈均已得电动作。按停止按钮 SB1 后，反接制动的工作原理与正转的相似。

3. 主轴变速或进给变速冲动电气控制电路原理

T68 型镗床主轴变速和进给变速分别由各自的变速孔盘机构进行调速。调速既可在主轴电动机 M1 停车时进行，也可在 M1

转动时进行（先自动使 M1 停车调速，再自动使 M1 转动）。调速时，使 M1 冲动以方便齿轮顺利啮合。

4. T68 型镗床刀架升降电路原理

工作时先将有关手柄扳动，接通有关离合器，挂上有关方向的丝杆，然后由快速操纵手柄压动位置开关 SQ8 或 SQ9，控制接触器 KM6 或 KM7 线圈动作，使快速移动电动机 M2 正转或反转，拖动有关部件快速移动。

将快速移动手柄扳到“正向”位置，压动 SQ9，SQ9 常开触头（24－25）闭合，KM6 线圈经（1→2→24→25→26→0）得电动作，M2 正向转动。将手柄扳到中间位置，SQ9 复位，KM6 线圈失电释放，M2 停转。将快速手柄扳到“反向”位置，压动 SQ8，KM7 线圈得电动作，M2 反向转动。

5. 主轴箱、工作台和主轴机动进给联锁

为防止工作台、主轴箱与主轴同时机动进给，损坏机床或刀具，在电气线路上采取了相互联锁措施。联锁是通过两个并联的限位开关 SQ1 和 SQ2 来实现的。

当工作台或主轴箱的操作手柄在机动进给时，压动 SQ1，SQ1 常闭触头（1－2）分断；此时如果将主轴或花盘刀架操作手柄扳到机动进给时，压动 SQ2，SQ2 常闭触头（1－2）分断。两个限位开关的常闭触头都分断，切断了整个控制电路的电源，于是 M1 和 M2 都不能运转。

6. 辅助线路（照明、指示电路）

控制变压器 TC 的二次侧分别输出 24 V 和 6 V 电压（照明、指示电路见图 4－5－1 中 9 区、10 区、11 区），作为机床照明灯和指示灯的电源。EL 为机床的低压照明灯，由开关 SA 控制，FU4 作短路保护；HL 为电源指示灯，当机床电源接通后，指示灯 HL 亮，表示机床可以工作。

第五章　稳压电路及充电电路

第一节　稳压电路

一、采用分立元器件组成的简易稳压电源

采用分立元器件组成的简易稳压电源（3～12 V 可调）的电路原理如图 5－1－1 所示。

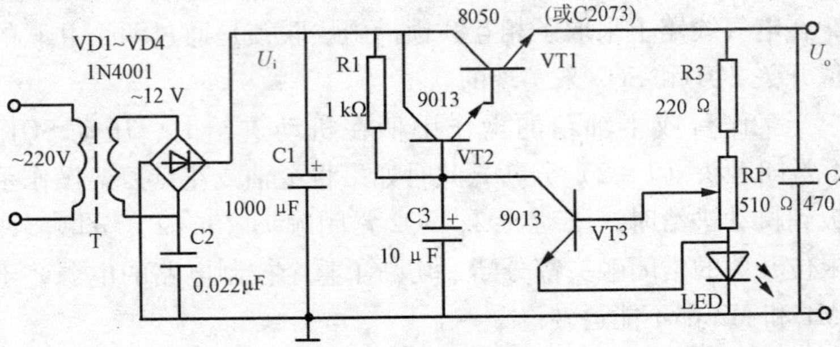

图 5－1－1　采用分立元器件组成的简易稳压电源电路原理

220 V 交流电经降压变压器 T 变换为 12 V 低压交流电，经 VD1～VD4 桥式整流、C1 滤波后得到约 16 V（12 V×$\sqrt{2}$）的直流电压，这个电压是不稳定的，它会随输入交流电压和负载电流的大小而变化。

晶体三极管 VT1、VT2 组成复合调整管，VT3 为比较放大器，R3、RP 既作为 LED 的限流电阻器，同时又与 LED 共同组

成取样及基准电压电路。

约 16 V 的直流电压 U_i 加在调整管的输入端，R1 是复合调整管的基极偏置电阻器，为调整管提供导通电压。VT1 导通后发射极有电压 U_o 输出，输出电压 U_o 由取样电路取出后送往比较放大管 VT3 的基极，经与基准电压比较后，从集电极输出误差控制电压，控制调整管的导通深度，使调整管 VT1 发射极输出的电压 U_o 稳定在规定值的范围内。若由于某种原因使 U_i 升高而导致输出电压 U_o 升高时，其稳压过程表示为：

$$U_o\uparrow \rightarrow U_{b3}\uparrow \rightarrow U_{c3}\downarrow \rightarrow U_{b2}\downarrow \rightarrow U_{e2}\downarrow \rightarrow U_{b1}\downarrow \rightarrow U_{e1}\downarrow$$

该稳压电源巧妙地利用 LED 的正向导通电压（1.8～2 V）来代替低稳压值的稳压管，另一方面又能起到电源指示作用。

电容器 C2 主要是用于为收音机供电时消除调制交流声，若在调试时收音机仍出现调制交流声，只要将电源变压器次级对调后接入电路即可。

变压器 T 选用功率在 15 W 以上，以保证有较大电流的输出。当负载电流≥300 mA 时，VT1 应选用 C2073 等中功率管，且加装适当的散热片。

电解电容器额定工作电压选用 25 V，其他元器件无特殊要求。当要求输出最大电流为 500 mA 时，则将 8050 换为 C2073，若有条件最好加上散热片，其余元件无特殊要求，按照图 5－1－1 中所示参数安装即可。

二、采用三端可调式集成稳压器 LM317 组成的稳压电源

三端可调式集成稳压器内部电路如图 5－1－2 所示。图中 U_i、U_o、ADJ 分别为稳压器的输入、输出和调整端。整个稳压器由启动电路、基准恒流源、误差放大器、调整管及保护电路组成。由图5－1－2 可以看出，该稳压器不像传统的稳压器那样具有接地

端，而是整个集成块跨接在输入端和输出端之间，因此工作时整个器件相当于处在悬浮状态，这就使采用该器件组成高电压输出稳压电源成为可能。

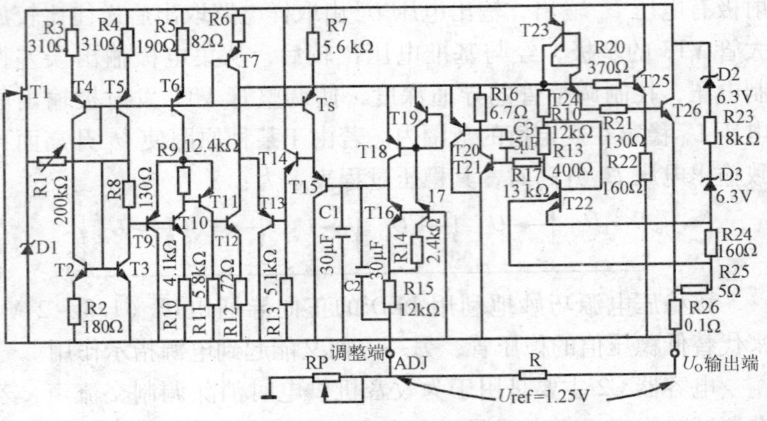

图 5-1-2 三端可调式集成稳压器内部电路

T1、D1、R1 组成启动电路（由于图纸的空间所限，内部电路中所有二极管和三极管，均以 D 和 T 表示），结型场效应管 T1 接成恒流源形式。在输入端加上电压时，启动电路即向基准恒流源提供启动电流，同时 T1 漏、源极间很大的动态电阻有效地“阻断”了输入端噪声和纹波电压对基准恒流源的干扰。

T2、T3、R2、R3 组成基准恒流源，各个恒流管的恒流值决定于 T2、T3 组成的“小电流恒流源”的恒流值，并与它的发射极回路的电阻器阻值成反比。基准恒流源的作用是提供各部分电路所需的恒定电流，并充当误差放大器等的恒流源负载。这种基准恒流源电路，只要输入、输出电压差在规定的范围内变化，都能保证输出不变的电流，它是稳压器能具有很好稳压性能的关键电路。

误差放大电路包括 T13 ~ T15 三级射极跟随器、T16、T17 的“小电流恒流源”及 T18、T19 的“镜像恒流源”。如果忽略 T18 的基极电流，那么应有 $I_{C18}=I_{C19}=I_{C17}$，所以“小电流恒流源” T16、T17 的集电极电流之差，反映为 T16、T18 的集电极电流之差，这个差值正好提供给 T15 管基极作为偏置。

通过计算可以证明，在 U_o、ADJ 两端压降为 1.25 V 时，稳压器达到动态平衡。当输出电压有微量的波动时，这波动的电压将通过外接在 U_o 与 ADJ 之间的取样电阻值加至 T16、T17 的 be 结，从而引起 T16、T17 电流差值的变化，即 T16、T18 的电流差值变化，再由 T15、T14、T13 放大后去改变调整管（T25、T26）的基极电流，使输出电压重新稳定。

T23、T24 管子的设置，使大电流输出时前级恒流管 T7 的负担减轻。$U_{be24}+U_{R21}-U_{R20}+U_{be25}$，当负载电流增大时，$U_{R20}$ 增加，造成 I_{C24} 增加。由于 T23 是一个“可控 β 横向 PNP 型管”，所以 I_{C23} 随 I_{C24} 的增加而成比例地增加，此时调整管基极所需的大部分电流由 T23 提供，这种电路实质上是一种“动态偏置”电路，C1 ~ C3 为三个消振电容器。

余下的元件担任过流、过功耗和过热等保护。T20 ~ T22、R16 ~ R19、R26 作过流保护。T22 基极通过 R19 获得偏压，正常工作时为深度饱和状态，U_{C22} 低于 T21 的导通电压，T21、T20 截止。一旦负载短路，就有下面的限流过程：

$I_L\uparrow\rightarrow U_{R26}\uparrow\rightarrow U_{C22}\uparrow\rightarrow U_{C22}\uparrow\rightarrow$T21 导通$\rightarrow U_{C21}\uparrow\rightarrow$T20 导通$\rightarrow I_{b25}$、$I_{b26}\downarrow$

过功耗保护电路在过流保护电路的基础上，再加上 D2、D3 和 R23 ~ R25 组成。当 $U_i-U_o>2U_D=12.6$ V 时，稳压管击穿，R23 ~ R25 支路中有附加电流流过，在 R24、R25 上产生的压降 U_{R24}、U_{R25} 叠加到 U_{C22} 上，使 T22 在还未输出到额定电流时，已经引起 U_{C22} 升高，致使 T21、T20 导通分流，保证稳压器的功耗不超过最大值。

实测结果为 $U_i—U_o\leqslant 15$ V 时，I_o 短路 = 2.2 A；$U_i—U_o=40$ V时，I_o 短路 = 0.4 A。

T9 ~ T12、R9 ~ R12 承担过热保护的任务。恒流源 T6、T7 通过 T9 ~ T11 组成的全反馈环路、T12 及 R11、R12 使 T12 的 b、e 两极的电位十分稳定。T12 为热检测元件，且 be 结有大约 -2

mV/℃的负温度系数，在散热不良的情况下，T12 加深导通，I_{C12} 变大，对调整管减流。

如图 5－1－2 中所示，在 U_o、ADJ 和地之间外接电阻器 R 和电位器 RP，就组成了基本的可调输出稳压电源，R 两端得到基准电压 U_{ref}（1.25 V）。因此可调输出电压的表达式为：

$U_o=U_{ref}(1+R_w/R+I_{ADJ}R_w)$，$I_{ADJ}$ 在等式中是代表一个误差项，所以稳压器设计成流过调整端的电流小于 100 μA。如忽略误差项，则 $U_o=1.25(1+R_w/R)$，即在 R 的数值确定之后，U_o 的大小就取决于电位器 RP 的阻值。

另外我们只要将电阻器 R 和电位器 RP 的位置对调，并把 R 看作负载，那么电路就会变成可调输出电流源，其输出电流 $I_o=1.25\ V/R_w$（$0.8\ \Omega\leqslant R_w\leqslant 125\ \Omega$）。

我们可以根据上述原理，设计出电路简单、性能优良的可调输出稳压电源，其电路原理如图 5－1－3 所示。

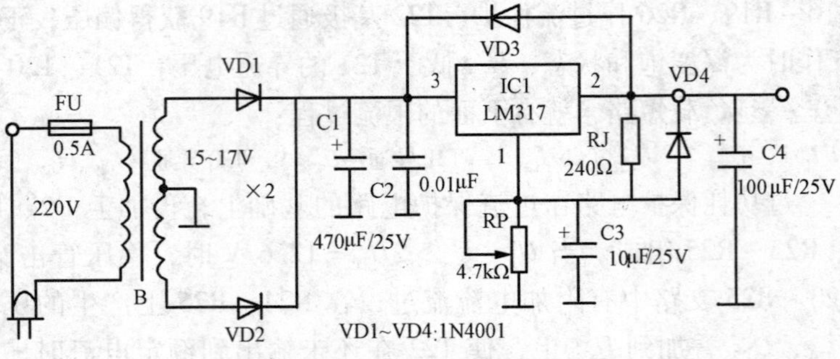

图 5－1－3 LM317 组成的稳压电源

220 V 交流电压经变压器降压后，次级输出 15 V×2 的低压交流电，经二极管 VD1、VD2，电容器 C1、C2 进行全波整流和电容滤波。

LM317 为三端可调式正电压输出集成稳压器，其输出端 2 与调整端 1 之间为固定不可变的基准电压 1.25 V（在 LM317 内部）。输出电压 U_o 由电阻器 R1 和 RP 的数值决定，$U_o=1.25$

(1+RP/R1)，改变 RP 的数值，可以调节输出电压的大小。C2 用来抑制高频干扰。C3 用来克服 LM317 在深度负反馈工作下可能产生的自激振荡，同时改善稳压电源的纹波抑制特性，进一步减小输出电压中的纹波分量，并使输出电压的波动直接反馈至稳压器调整端。C4 用来提高稳压器纹波抑制比，兼有防止自激振荡的作用。VD3、VD4 是保护二极管，在正常工作时，保护二极管 VD3、VD4 都处于截止状态。

一旦输入端对地短路，则输出电容器 C4 两端的电压将作为集成电路的反向电压加于 U_o 与 U_i 端之间。从内电路分析我们知道，当这个反向电压大于0.7 V 时就会损坏稳压器，有了 VD3 就可以在输入端电压低于输出端时，使 $U_o - U_i$ 钳位在 0.7 V。VD4 可防止在输出或输入端短路时，C3 通过 ADJ 端对集成稳压块放电。

电源变压器应大于 15 W，RP 最好选用多圈精密电位器，其他元器件无特殊要求。

三、步进式可调稳压电源

该稳压电源分六挡输出，分别为 3 V、4.5 V、6 V、7.5 V、9 V、12 V，电路原理如图 5-1-4 所示。

电压切换开关和电阻器接在了 LM317 的输出与调整端之间，而调整端与地之间换成固定电阻器（RP 是为了精确调整输出电压用的，可以用 100 Ω 左右的固定电阻器代替），同时将切换电阻器接为并联形式。这样，当电压切换开关在电压转换时出现触点瞬间开路，电源输出的是最低挡电压值，这样就不会损坏用电器，最多使用电器不能正确工作（在转换电压时最好将用电器和电源脱离）。

由于各厂生产的 LM317 电路调整端与输出端之间 1.25 V 的稳定电压是略有差异的（为 1.2～1.3 V）。因此本电路采用了 RP 与 R7 串联的方法以便精确调整。考虑到可靠性的因素，最好在调整好后用相同阻值的电阻器替换 RP。

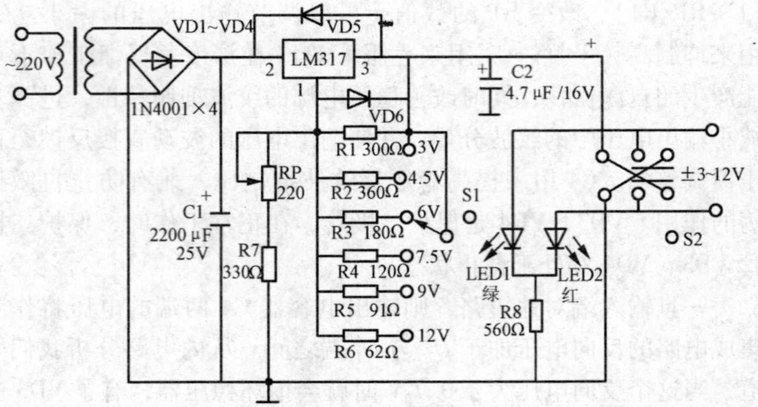

图 5－1－4　步进式可调稳压电源

调整输出电压时应先调中间挡位，如 6 V 挡，这样可兼顾高低两端。如果希望每一挡均较准确，可以由低至高逐挡细调。如选用误差 5% 以下的电阻器，不用逐挡细调，输出电压误差不会超过 ±0. 3 V，完全能满足一般的使用。

由于 LM317 电路最大输出电流为 1. 5 A，最高输出电压可达 30 V，因此可适应不同等级的稳压电源需要，但变压器、滤波电容器与整流二极管需选择相应的元件值。另外 LM317 所用散热器不能忽视，应安装合适的散热器，通常选用市售的小型铝合金多片式散热器即可。

图 5－1－4 中，VD5、VD6 是对 LM317 起保护作用的二极管，不可省略。C2 应选用高频特性良好的钽电容器，不要用普通电解电容器。S2 是电源极性转换开关，使电源输出插头的电压极性转换，同时使发光二极管指示灯的颜色也同时转换，适应不同用电器的要求。提示电源极性的变化，此发光二极管应选用红、绿双色发光二极管，若找不到也可用普通红、绿单色发光二极管替代。

四、具有恒压恒流、充电功能的稳压电源

本电路由稳压和充电两部分电路组成，稳压电路输出 3 V、

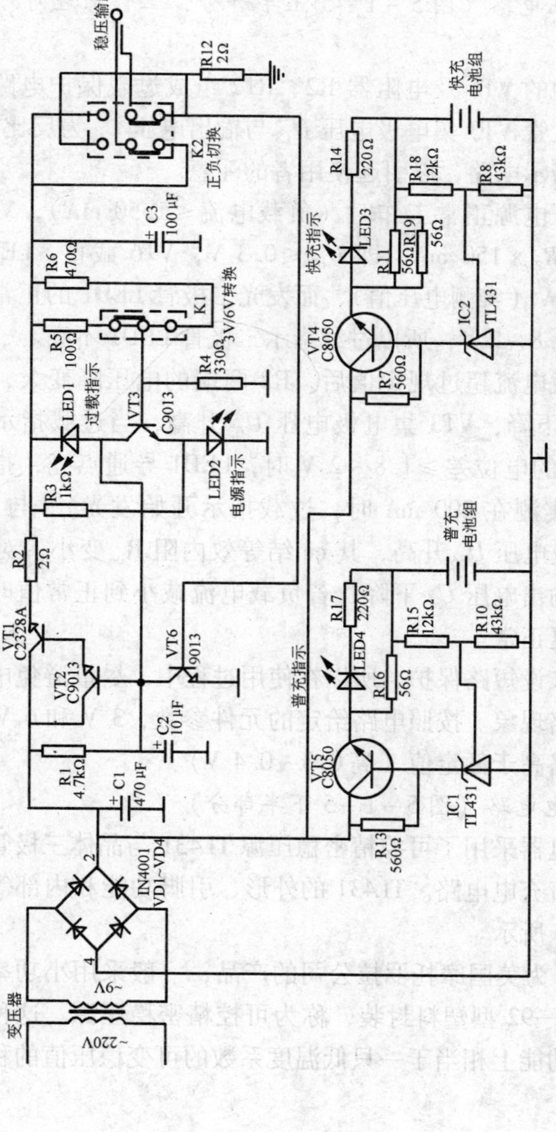

图5-1-5　恒压、恒流充电及稳压电源电路

6 V直流电压，可作为小型用电器或电路实验用的外接电源，充电器可对5号或7号可充电电池进行恒流恒压充电，且充满自停，电路原理如图5－1－5所示。

1. 稳压电路（图5－1－5上半部分，工作原理可参考前文所述）

电路中的VT6及电阻器R2、R12组成过载保护电路，并利用比较放大管VT3集电极电压U_{C3}与输出电压U_o为反比的关系，增设过载指示电路，以引起使用者的注意。

在稳压电源正常工作时（负载电流≤1.50 mA），VT6基极电压$U_{b6} \leq R_2 \times 150$ mA，即$U_{b6} \leq 0.3$ V，VT6截止，LED1两端电压≤1.5 V（实测电压值），而发光二极管LED1的正常导通电压通常为1.8～2 V，所以过载指示二极管LED1不亮。

当负载电流超过规定值后，R2两端的电压降变大，导致输出电压U_o下降，VT3集电极电压U_{C3}升高，当过载指示二极管LED1两端的电位差≥1.8～2 V时，LED1导通点亮，指示电源已过载（实测在200 mA时，过载指示开始发光）。与此同时，VT6的基极电压U_{b6}升高，其ce结等效内阻R_{ce}变小，对VT2基极分压，输出电压U_o下降，若负载电流减小到正常值时，电路则自动恢复正常。

由于未设短路保护，所以在使用过程中，尽量避免电源输出端出现短路现象。按照电路给定的元件参数，3 V和6 V实际输出电压均略高于额定值（高0.3～0.4 V）。

2. 充电电路（图5－1－5下半部分）

该充电器采用了可控精密稳压源TL431与晶体三极管组成的恒压、恒流充电电路。TL431的外形、引脚功能和内部等效图如图5－1－6所示。

TL431为美国摩托罗拉公司的产品，一般采用小功率晶体管通用的TO—92型塑料封装，称为可控精密稳压源。这种三端集成电路在功能上相当于一只低温度系数的可变稳压值的稳压二极

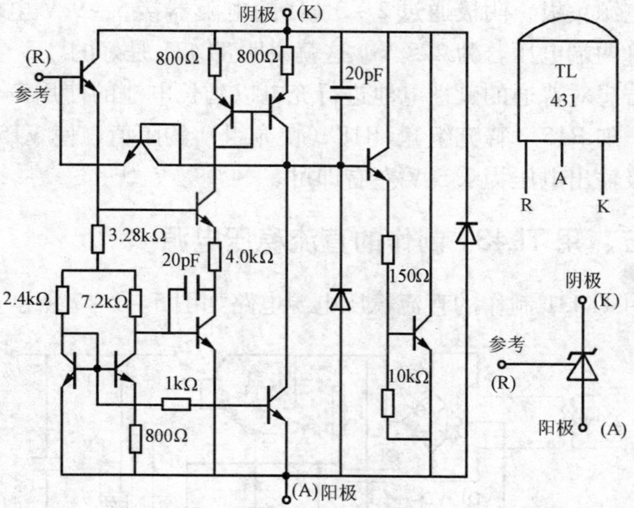

图 5-1-6　TL431 的外形、引脚功能和内部等效图

管。由于其内部有一个 2.5 V 的精密参考电压源，借助两只外接电阻器，其稳压值又可在 2.5～36 V 连续可调且输出电流较大，这使得它在许多电路中得到了广泛的应用。其主要特点如下：

（1）稳压值从 2.5～36 V 连续可调。

（2）参考电压源误差为 ±1%。

（3）低动态输出电阻器，典型值为 0.22 Ω。

（4）输出电流 1～100 mA。

（5）全温度范围内温度特性平坦，典型值为 50×10^{-6}/℃。

（6）低输出噪声电压。

从内部电路结构来看，TL431 的阳极 A 和阴极 K 相当于一个 PN 结，而 R 和 K 也相当于一个 PN 结，R 与 A 也可以当做 PN 结来测量，只是 R-A 的反向电阻器要比正常的硅材料二极管小得多，我们可以以此为测量依据，来判断 TL431 的三个引脚，粗略估测它的好坏。然后把 TL431 的左右两脚（R 和 K）连在一起当作稳压二极管的阴极（负极），中间一脚当作阳极（正极），阳极接电源负极，阴极通过 2 ~ 3 kΩ 的电阻器接 5 ~ 9 V 电源。测稳压管两端电压若为 2.5 V，这就说明 TL431 是好的。

若想对普通的碱性电池进行充电以延长电池的使用寿命，可适当增加 R15（普充组）、R18（快充组）的阻值，使 VT5、VT4 发射极输出电压为 3.5 V 左右即可。

五、用 TL431 制作的直流稳压电源

用 TL431 制作的直流稳压电源电路如图 5－1－7 所示。

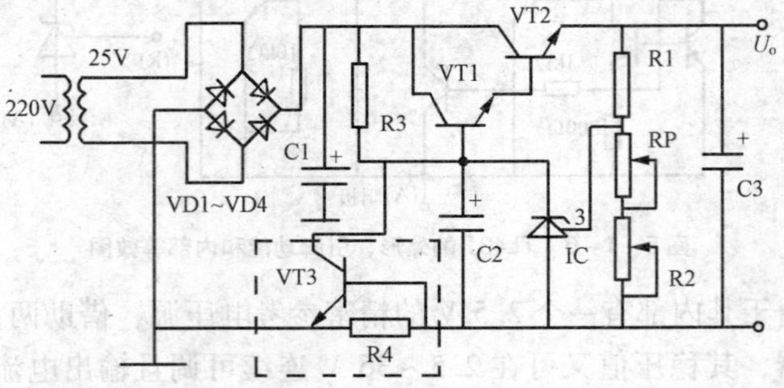

图 5－1－7 用 TL431 制作的直流稳压电源

VT1、VT2 组成复合调整管，构成典型的射极输出电路，因其输出阻抗低，能提供较大的射极输出电流，为稳压电源的带载能力提供了有力的保证。R3 为 VT1 的偏置电阻器，给 VT1 提供基极电流。

输出电压经 R1、RP、R2 分压后送到 TL431 的取样端 1 脚，经内部比较后从 3 脚输出反向误差电压来控制复合管 VT1 的基极电位，当某种原因导致输出电压 U_o 升高时，TL431 的 1 脚电压升高，3 脚电压降低，VT2 射极输出电压下降，使输出电压 U_o 稳定在设定值。当某种原因导致输出电压降低时，其稳压过程和上述过程相反。

元件参数：变压器可选 100 W 左右，整流二极管 VD1 ~ VD4 选用 3 A 以上的，C1 可用两只 3 300 μF/50 V 的电解电容并联，

C2 可选用 10 μF/35 V，C3 可选用 1 000 μF/35 V，VT1 选用 C2383（I_{CM}为1 A、P_{CM}为0.9 W），VT2 选用C5198（I_{CM}为10 A、P_{CM}为100 W），虚线框内为过电流保护电路（也可不加或采用单向晶闸管作为短路保护器件），VT3 选用8050，R4 可根据保护电流的大小选取其阻值，IC 选用 TL431，R1 为 1 kΩ，R2 先用 500 Ω 的电位器代替，R3 为 12 kΩ，VT2 需加装足够大的散热片并涂上适量的导热硅脂。

按上述要求的元器件参数，安装检查无误后，先将 RP 调至最小值后通电调试。调 R2 使电压输出为 24 V，然后用一与 R2 此时阻值相同的固定电阻器替代。RP 的最大阻值决定稳压输出的最小电压值，因电路简单，可自行设计印制电路板，在设计印制电路板时，要注意大电流通路的布线要足够宽。

该电路稳压性能极好，输出空载电压为 12 V，在负载电流为 2 A 时，输出电压用数字表测量，仅下降 0.04 V（未加过流保护电路）。

六、用固定稳压 IC 组成的可调稳压电源

用固定稳压 IC 组成的可调稳压电源电路如图 5－1－8 所示。

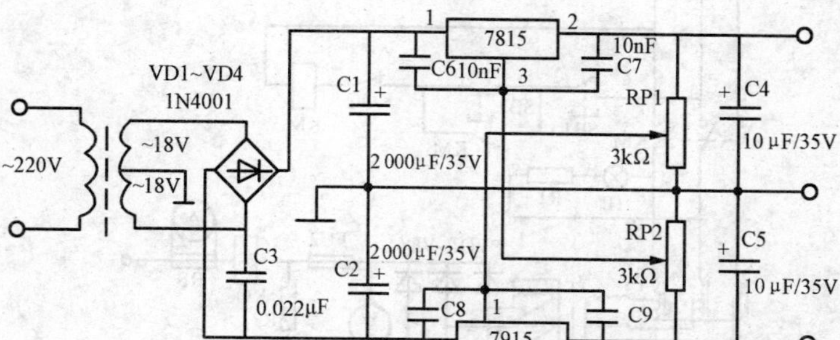

图 5－1－8　固定稳压 IC 组成的可调稳压电源

若使用正电压输出时，先将电位器 RP1 旋至最下端，即电源接地端 0 点。这时 B 点对 0 点为 －15 V，所以电位器 RP2 的中心端对 0 点的电压为 －15 ~ 0 V，也就是说 7815 的 3 脚对 0 点的

电压在随着电位器 RP2 中心端子位置的不同，其电压在 -15 ~ 0 V变化。当 7815 的 3 脚电压为 0 V 时，2 输出 15 V 电压，而当 3 脚电压为 -15 V 时，2 输出电压为 0 V，这样调整 RP2 就能使 7815 的输出电压在 0 ~ 15 V 变化。

同理，若使用正电压输出时，调整 RP1 就能使 7915 输出的负极性电压在 0 ~ 15 V 变化。一般选用 10 nF 的瓷片电容即可，电源变压器功率可根据负载电流而定。

第二节 充电电路

一、GCA 系列硅整流充电机电路

GCA 系列硅整流充电机分单相和三相两种，图 5 - 2 - 1 为 GCA—60/0—36 型硅整流充电机电路，采用三相桥式整流，可输出 60 A、0 ~ 36 V 直流。图中 KOC 为过电流继电器。

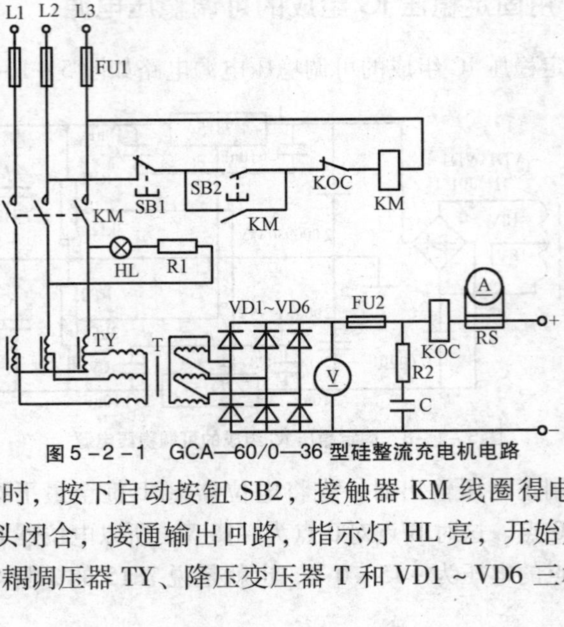

图 5 - 2 - 1 GCA—60/0—36 型硅整流充电机电路

工作时，按下启动按钮 SB2，接触器 KM 线圈得电、自锁，KM 主触头闭合，接通输出回路，指示灯 HL 亮，开始充电。充电机经自耦调压器 TY、降压变压器 T 和 VD1 ~ VD6 三相桥式整

流后输出直流，通过调节自耦调压器以调节直流电压。充电电流经分流器 RS，通过电流表 A 显示。当充电电流超过设定值时，过电流继电器 KOC 的常闭触头断开，接触器 KM 线圈失电、触头复位，切断电源，起到保护作用。

二、晶闸管自动充电机电路

晶闸管自动充电机电路如图 5－2－2 所示。该电路具有电流自动调整装置。蓄电池采用该电路充电时分两个阶段进行：第一个阶段用大电流，第二个阶段用小电流（通常减小一半）。当蓄电池电压升到最大值（6 V 蓄电池升到 7.5 V 左右，12 V 蓄电池升到 15 V 左右）时，第一阶段充电结束，这时若继续用大电流充电，就有可能损坏极板，所以要减小充电电流。图中，由单结晶体管 VU 等组成的弛张振荡器，作为晶闸管 VTH1 的触发电路，组成整流电源部分，通过电位器 RP1 改变弛张振荡器的振荡频率，其输出在电阻器 R4 两端产生脉冲信号，触发晶闸管 VTH1，达到调压的目的。由晶闸管 VTH2、VTH3 等组成充电自动控制部分。

220 V 市电经变压器 T 降压、VC1 整流后的直流电，经 VTH1 调压，通过电阻器 R7、二极管 VD，触发 VTH2，使其导通。蓄电池处于第一阶段的大电流充电状态，随着充电时间的增加，蓄电池电压不断上升直到最大值。由电阻器 R5 和电位器 RP2 组成分压器，其分压值增高到促使稳压管 VS2 击穿，VTH3 门极得到触发电流而导通，从而使二极管 VD 正极电压接近零，VTH2 门极得不到触发电流而截止，停止对蓄电池充电。根据需要调整电位器 RP2，改变停止第一阶段的大电流充电的鉴别阈值。

随后，蓄电池电压会自动下降（由蓄电池本身性质决定）。当蓄电池电压低于最大值时，VS2 截止，VTH3 截止，蓄电池重新充电。这样充→停→充反复进行，将恒充电变成间歇充电，在相同时间内充电量约减小一半，即蓄电池进入第二阶段的小电流充电状态。随着蓄电池电量的增加，充电时间相对缩短，而停充电时间相对延长，电流表 A 指示逐渐趋向零。

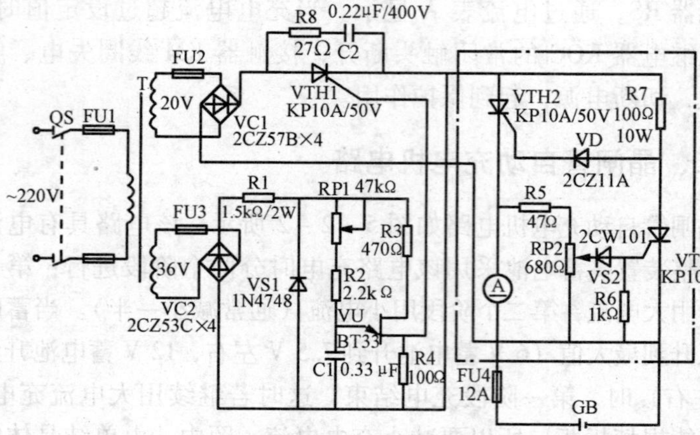

图 5－2－2　GCA 系列硅整流充电机电路

三、12 V 电池充电机电路

12 V 电池充电机电路如图 5－2－3 所示，适合于 12 V 凝胶电解质铅酸电池充电。LM305 是正输出三端可调集成稳压器，可提供 1. 25 ~33 V、3 A 的直流输出。当开关 S 合上时，充电器的输出电压为 14. 5 V，此时充电电流限制在 2 A。随着电池电压的升高，充电电流逐渐小到 15 mA 时，充电器转换到较低的浮动充电电压，以防止过充电。随着向电池的满量程充电，充电电流继续减小，而输出电压则从 14. 5 V 降到 12. 5 V 左右，此时将终止充电，同时晶体管 VT 导通，驱动发光二极管 LED 点亮，表示电池已充足电。运算放大器 LM301A 可用 SG301 代替。

四、铅酸蓄电池充电机电路

该电路是一款脉冲式铅酸蓄电池充电机，它具有充电电流可调、充满电后能自动断电功能，可避免过充电，还能削弱蓄电池极板的极化现象，可用于汽车、摩托车、电动自行车上蓄电池的

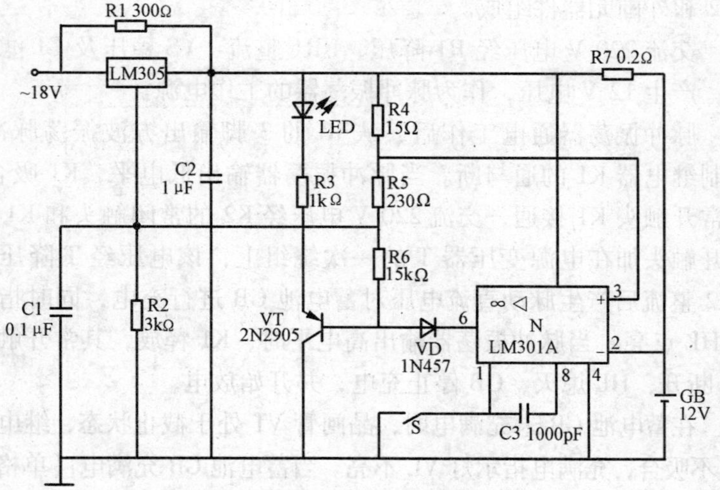

图 5－2－3　12 V 电池充电机电路

充电。该铅酸蓄电池充电机电路由电源电路、脉冲振荡器、充满电自动停充控制电路组成，如图 5－2－4 所示。

电源电路由电源变压器 T，继电器 K2 的常闭触头，继电器 K1 的常开触头，整流桥堆 UR1、UR2，稳压二极管 VS，电容器 C0、C1，电阻器 R0、R1，熔断器 FU1，指示灯 HL 和电流表等组成。

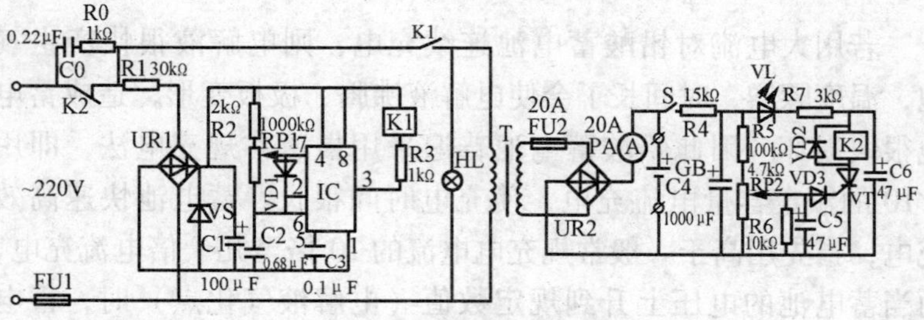

图 5－2－4　铅酸蓄电池充电机电路

脉冲振荡器由时基集成电路 IC、电位器 RP1 和有关外围元器件组成。

充满电自动停充控制电路由晶闸管 VT、继电器 K2、电位器

RP2 和外围元器件组成。

交流 220 V 电压经 R1 降压、UR1 整流、VS 稳压及 C1 滤波后，产生 12 V 电压，作为脉冲振荡器的工作电源。

脉冲振荡器通电工作后，从 IC 的 3 脚输出方波振荡脉冲，控制继电器 K1 的通与断。当脉冲振荡器输出低电平，K1 吸合，其常开触头 K1 接通，交流 220 V 电压经 K2 的常闭触头和 K1 的常开触头加在电源变压器 T 的一次绕组上，该电压经 T 降压及 UR2 整流后产生脉动直流电压对蓄电池 GB 进行充电，同时指示灯 HL 点亮。当脉冲振荡器输出高电平时，K1 释放，其常开触头 K1 断开，HL 熄灭，GB 停止充电，并开始放电。

在蓄电池 GB 未充满电时，晶闸管 VT 处于截止状态，继电器 K2 不吸合，充满电指示灯 VL 不亮。当蓄电池 GB 充满电（单格电压达到 2.7 V）时，VT 导通，K2 吸合，其常闭触头断开，将主电源切断，充电机停止充电。同时 VL 点亮，指示蓄电池充电完毕。

调整 RP1 的阻值，可以改变脉冲振荡器输出信号的占空比，从而改变脉冲电流的大小。调整 RP2 的阻值，使 GB 充满电后 VL 刚好点亮即可。

五、蓄电池快速充电机电路

若用大电流对铅酸蓄电池连续充电，则电解液很快产生气泡，温度骤增，时间长了会使电解液沸腾、极板变形，造成蓄电池很快损坏。因此铅酸蓄电池普遍采用慢速常规充电法，即用 1/10 的额定容量电流充电，使充电时间很长。蓄电池快速高效充电，指先用高于一般常规充电电流的 10 倍至几十倍电流充电，而当蓄电池的电压上升到规定数值（电解液气化点）时，蓄电池的极化现象已较严重，则立刻停止充电。然后让蓄电池瞬时大电流放电，蓄电池的电压迅速下降，极化现象迅速消失，再用大电流继续充电。如此反复循环，充电速度快，能提高蓄电池的使用寿命，且节电 20% ~25%，快速高效充电机电路如图 5 -2 -5

所示，它可用于对 12 V 蓄电池的充电。

当 555 时基集成电路 IC 的 3 脚输出低电平时，晶体管 VT 截止，继电器 KA 释放。由二极管 VD2、VD4 全波整流后的电压经晶闸管 VTH1 给蓄电池充电。同时，经二极管 VD1、VD3 整流后的电压给 C2、C3 充电，这时充电指示灯 HL1 亮。当 IC 的 3 脚输出高电平时，晶体管 VT 导通，继电器 KA 得电吸合，其触头切换，蓄电池通过 C2、C3 放电，此时放电指示灯 HL2 亮。当蓄电池充足后，其电压通过 R4、RP2 分压，使稳压管 VS 击穿，晶闸管 VTH2 被触发导通，旁路了 VTH1 的触发电流，VTH1 关断，停止充电。

在图示参数下，放电时间约 0.5 s，充电时间为 1.75 ~ 210 s。由此可见，蓄电池放电时间比充电时间少得多。调整电位器 RP1，能改变充放电时间间隔。测试时，注意充放电时间间隔要调到与蓄电池中的电化学反应速度相适应。蓄电池的电压低时电化学反应快，时间间隔要短一些；蓄电池接近充足时，时间间隔应长一些。

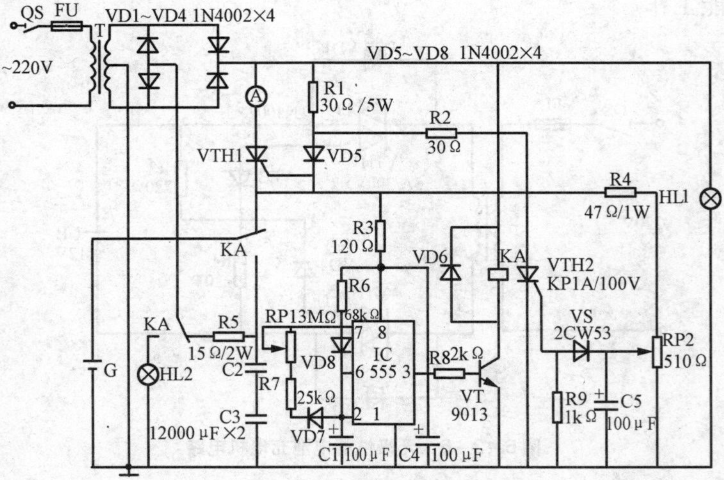

图 5－2－5　快速充电机电路

六、无极性蓄电池充电机电路

充电机在使用时，常常因为不慎将蓄电池极性接反造成损坏。无极性蓄电池充电机电路可不考虑蓄电池的极性，只要把蓄电池接入充电机的两个端子上就能充电。其电路如图 5－2－6 所示，它采用半波整流充电。

当蓄电池按图上正下负连接时，电流由蓄电池的正极经双向晶闸管 VTH1 的 T1 极至门极 G，再经二极管 VD3、电阻器 R1 到蓄电池负极。这样，当交流电正半周时，VTH1 导通，电源通过 VTH1 和二极管 VD2 给蓄电池充电。当蓄电池接成上负下正时，电流由蓄电池的正极经双向晶闸管 VTH2 的 T1 极至门极 G，再经二极管 VD4、电阻器 R2 到蓄电池负极。当交流电负半周时，VTH2 导通，电源经 VTH2 和二极管 VD1 给蓄电池充电。这样，不论蓄电池如何连接，充电机都能正常工作。但是要注意，电源变压器的二次侧有直流电流成分，磁化电流增大，因此变压器的容量要大；同时电路中应采用双向晶闸管，若使用单向晶闸管就不能工作。

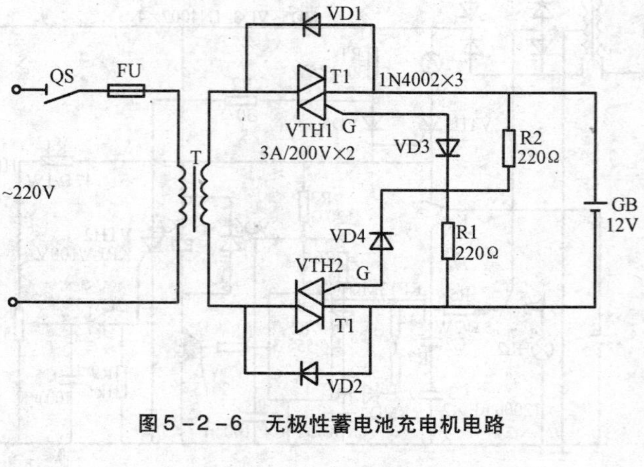

图 5－2－6　无极性蓄电池充电机电路

七、全自动6 V蓄电池充电机电路

全自动6 V蓄电池充电机电路如图5－2－7所示，它能对6 V蓄电池充电，有充电显示、充满电自动停止充电及停电应急照明等功能。

接通电源后，由VD1、C整流滤波输出的电压使继电器KA吸合，其触头2、3接通。经变压器T降压后的交流电经VD2、VD3全波整流后加于晶闸管VTH1的阳极，同时VTH1从R1、VD4、R2、R3获得门极触发电压而导通。当整流电压降至零时，VTH1关断。所以VTH1随整流电压的脉动周期性工作再导通→截止→导通……给充电电池提供脉动充电电流，同时充电指示灯VL亮，在蓄电池端电压不断上升的过程中，充电电流逐渐减小。当其电压升至设定的电压值时，稳压二极管VS击穿，VTH2从R4、VS、R5获得触发电压而导通，充电指示灯VL熄灭，同时使VTH1的门极电位大大低于其阴极电位，VTH1截止，切断充电电流通路，6 V灯HL作220 V停电时应急照明用。

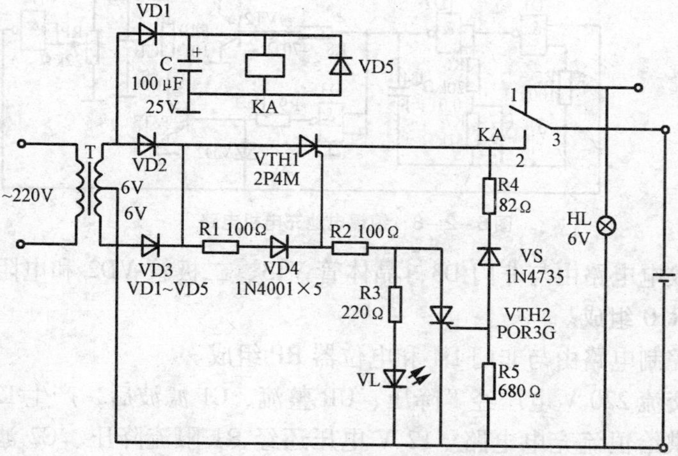

图5－2－7　全自动6 V蓄电池充电机电路

八、镍镉电池充电机电路

该电路为一款脉冲式快速充电机，它可对四节镍镉电池进行大电流脉冲式充、放电（充、放电比为7:2），当电池充满电后能自动停充。该充电机电路简单，实用性强。该镍镉电池充电机电路由电源电路、脉冲振荡器、恒流充电电路、放电电路和控制电路组成，如图5－2－8所示。

电源电路由电源变压器T，VT1、VT2，电阻器R2～R4、R8，稳压二极管VS2，充电指示发光二极管VL和二极管VD1等组成。

脉冲振荡器由四与非门集成电路IC内部的与非门电路D1、D2，电阻器R5～R7，二极管VD3，电容器C4组成。

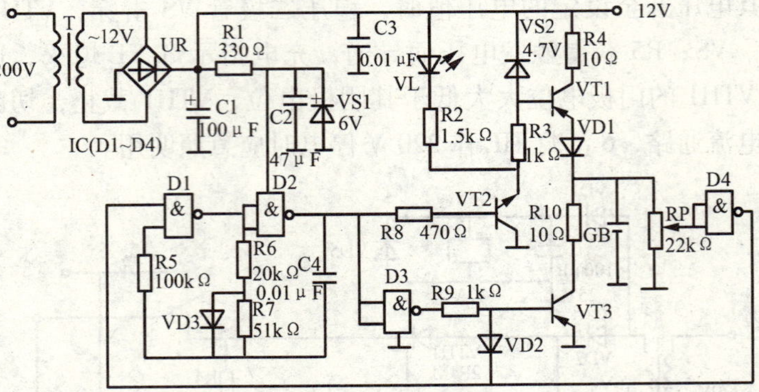

图5－2－8 镍镉电池充电机电路

放电电路由与非门D3，晶体管VT3、二极管VD2和电阻器R9、R10组成。

控制电路由与非门D4和电位器RP组成。

交流220 V电压经T降压、UR整流、C1滤波后，产生12 V电压供给恒流充电电路。12 V电压还经R1限流降压、C2滤波及VTH1稳压为6 V，作为IC的工作电压。

脉冲振荡器振荡工作后，从与非门D2的输出端输出频率为

1 kHz 的脉冲信号。在脉冲振荡器输出高电平时，晶体管 VT1 和 VT2 导通，VT3 截止，VL 点亮，12 V 电压经 R4、VT1 和 VD1 对电池 GB 充电，充电电流约为400 mA。当脉冲振荡器输出低电平脉冲时，VT1 和 VT2 截止，与非门 D3 的输出端变为高电平，使 VT3 导通，GB 通过 R10 和 VT3 放电。

在电池 GB 未充满电时，与非门 D4 的输出端为高电平，不影响脉冲振荡器的工作，充、放电电路对 GB 进行充、放电。当 GB 充满电时，D4 的输出端达到设定电压时，其输出端变为低电平，使脉冲振荡器停振，充、放电电路均停止工作。

九、小型镍镉电池自动充电机电路

小型镍镉电池自动充电机的电路如图 5－2－9 所示，它适合对6 V 或9 V 的小型镍镉电池充电。图中555 时基集成电路 IC 作为窗口比较器，通过监测电池电压实现自动充电。

IC 基准电压由稳压管 VS 设定到 4.7 V。如果其 2 脚电位低于基准电压的一半（4.7 V/2 =2.35 V），则 3 脚输出高电平。IC 通过晶体管 VT 组成的监测电路监测电池电压。电池电流流过 VT 的基、射极，在电阻器 R4，电位器 RP1、RP2，电阻器 R5 上产生分压。RP1 调定窗口的上限值，RP2 调定窗口的下限值，加到 IC 的 6 脚。当电池电压过低时，2 脚的分压低于窗口下限值，3 脚输出高电平，并经电阻器 R6、二极管 VD1 向电池充电。当电池电充足时，6 脚电压上升到 RP1 的上限值，IC 翻转，3 脚输出低电平，停止充电。当电池电压由于内部自放电而降低到 RP2 调定的下限值时，IC 又翻转，使电池再次充电。这样就可让电池长期留在充电机里，使用时取出来的电池总是充满的，既不会过充电也不会过放电。充电机的工作状态通过双色发光二极管 VL 指示，充电时红色发光二极管亮，静态时绿色发光二极管亮。

按图示参数，充电机给 6 节或 7 节 200 mA · h 共 9 V 的镍镉电池充电时，充电电流为 20 mA。此时应调节 RP1，使充电机在充电 14 h 后断开，然后再调节 RP2，使窗口下限值约低于上限值 1 V。给 4 节或 5 节 500 mA · h 共 6 V 的镍镉电池充电时，充电电流为 55 mA。同样调节 RP1，使充电机在充电 14 h 后断开，然后再调节 RP2，使窗口下限值约低于上限值 0.8 V。

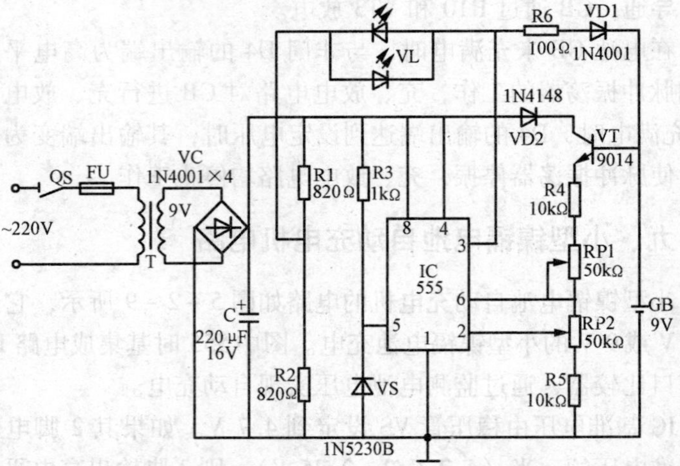

图 5-2-9　小型镍镉电池自动充电机电路

十、纽扣电池充电机电路

图 5-2-10 是一种简单的纽扣电池充电机电路。将两节 1 号电池串联，再串联一只数千欧的电位器和一只万用表。万用表量程拨到电流 50 mA 挡。当充电开始时，调节电位器，将充电电流调到 25 mA。当充电电流降至几毫安时，充电完毕。电池需放置一天后，电池不漏液、不变形即可继续使用。

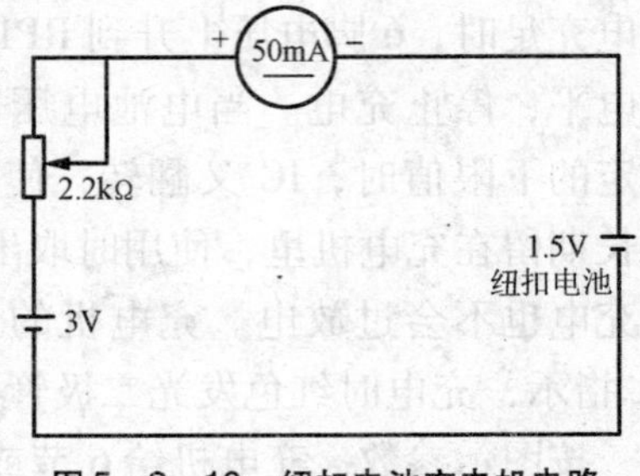

图 5-2-10　纽扣电池充电机电路

第六章　电气测量电路

第一节　功率测量电路

一、直流电路功率的测量

直流电路功率的测量有使用电压表电流表法和使用功率表（瓦特表）法两种。前者功率 P 等于电压表和电流表读数的乘积，即 $P=UI$。为减少测量误差，在负载电阻器 RL、电压表内阻 RV 和电流表内阻 RA 相对值不同时，采用的接线方法如图6－1－1a、b 所示。图 6－1－1c 接线方法，功率表的读数就是被测负载的功率，电流必须同时从电流、电压端（标有＊）流进。

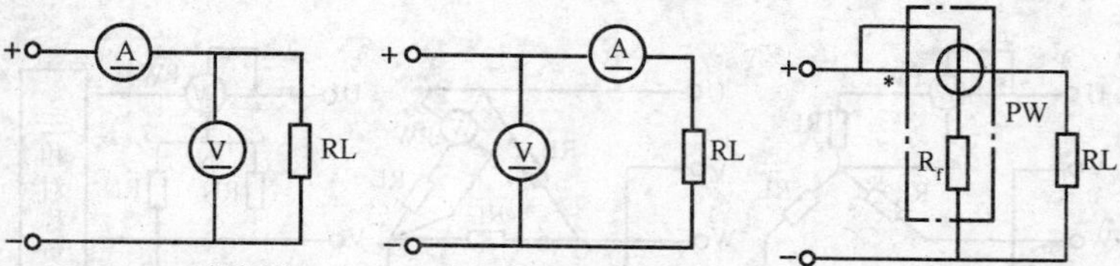

a. RV≥RL时接线　　b. RV≤RL时接线　　c. 用功率表测量功率接线

图 6－1－1　直流电路功率的测量

二、单相功率表测量单相功率电路

功率表的接线方式有两种：电压线圈前接和电压线圈后接，如图 6－1－2 所示。电压线圈前接方式适用于负载电阻值比功率表电流线圈电阻值大得多的情况，而电压线圈后接方式适用于负载电阻值比功率表电压线圈支路电阻值小得多的情况。另外，为了保证功率表安全可靠地运行，常将功率表与电流表、电压表联合使用，其接线方式如图 6－1－2c 所示。

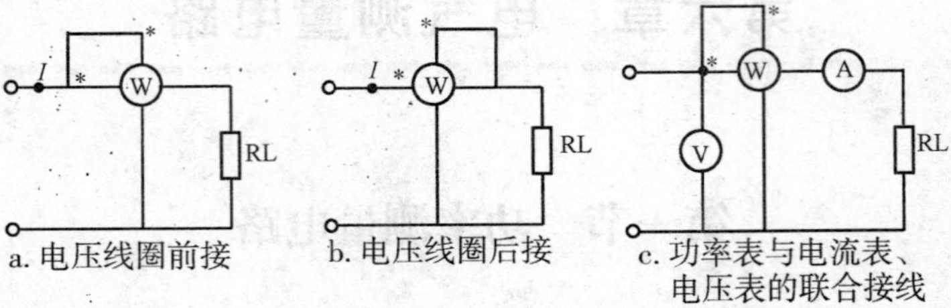

图 6－1－2 功率表接线

三、三相有功功率测量

1. 一表法测量三相四线制对称负载功率

在三相四线制电路中若负载对称，可用一只单相功率表测量其中一相负载的功率，然后将该表读数乘以 3 即三相对称负载的总功率。一表法测量三相对称负载功率电路如图 6－1－3 所示。

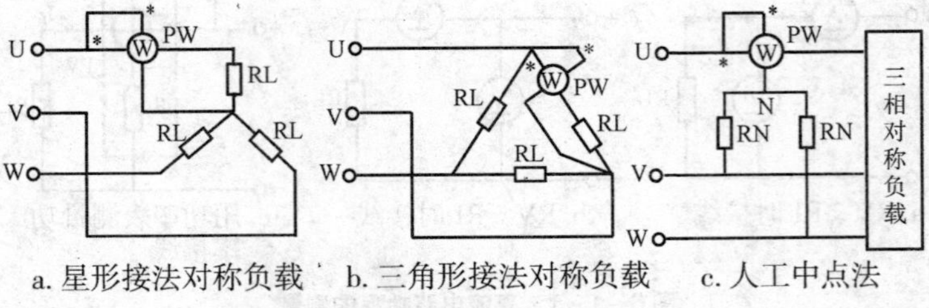

图 6－1－3 一表法测量三相对称负载功率

2. 三表法测量三相四线制有功功率电路

三表法测量三相四线制有功功率电路如图 6－1－4 所示，用三只单相功率表分别测出每一相的功率，则三相总功率等于每一相的功率之和。

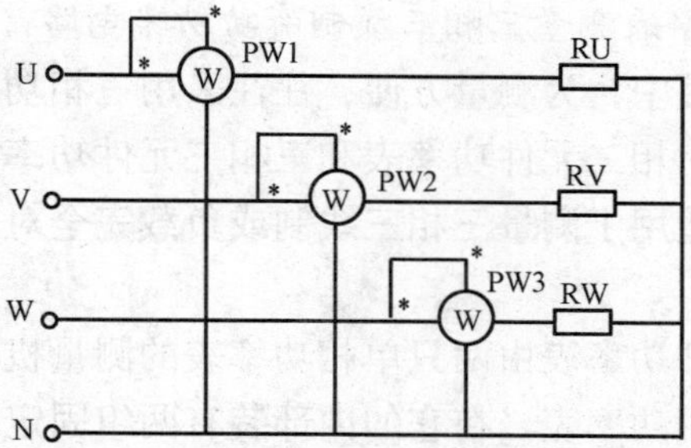

图6－1－4　三表法测量三相四线制有功功率电路

3. 两表法测量三相三线制有功功率电路

用两只单相功率表测量三相三线制有功功率的方法称为两表法，两表法测量三相三线制有功功率电路如图6－1－5所示。这是用单相功率表测量三相三线制电路功率的最常用方法，而且不管三相负载是否对称。图中功率表PW1、PW2的电流线圈串联入任意两相相线中，两只表的电压支路正端必须接至电流线圈所接的相线上，而另外一端必须接到未接功率表电流线圈的第三条线上，使电压支路通过的是线电压。

在三相三线制电路中，由于三相电流的矢量和等于零，因此，两只功率表测得的瞬时功率之和等于三相瞬时总功率，即两表所测得的瞬时功率之和在一个周期内的平均值等于三相瞬时功率在一个周期内的平均值，所以有功功率就是两只功率表的代数和。

在三相四线制不对称负载电路中，因三相电流瞬时值之和不等于0，所以此种测量方法只适用于三相三线制电路，而不适用于三相四线制电路。

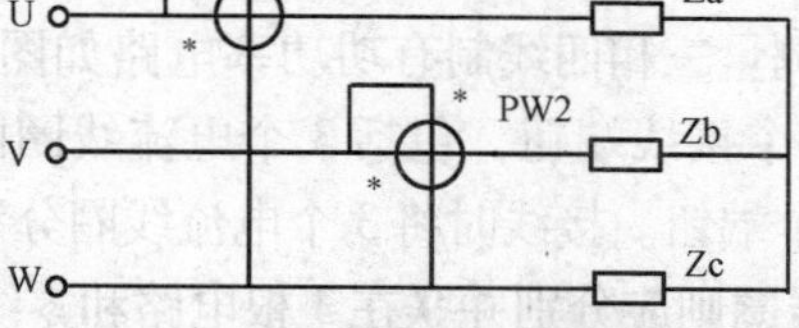

图6－1－5　两表法测量三相三线制有功功率电路

4. 三相功率表测量三相三线制有功功率电路

在实际应用中，为测量方便，往往采用三相功率表，常用的三相功率表有三相二元件功率表和三相三元件功率表两种。三相二元件功率表适用于测量三相三线制或负载完全对称的三相四线制电路。

三相二元件功率表由两只单相功率表的测量机构组成，故又称为两元件三相功率表。在它的内部装有两组固定线圈及固定在同一转轴上的两个可动线圈，因此仪表的总转矩等于两个可动线圈所受转矩的代数和，能直接反映出三相功率的大小。这种功率表的接线方式与两表法测量三相三线制有功率电路中的接线方式也完全一样。三相功率表测量三相三线制有功功率电路如图 6－1－6 所示。

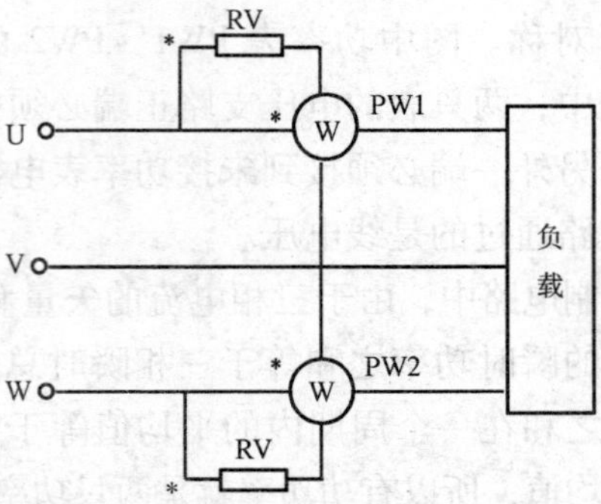

图 6－1－6　三相功率表测量三相三线制有功功率电路

5. 三相功率表测量三相四线制有功功率电路

三相三元件功率表适用于测量一般三相四线制电路的功率。三相三元件功率表包含有 3 个独立单元，用来测量三相四线电路功率，三相功率表测量三相四线制有功功率电路如图 6－1－7 所示。仪表外壳上有 10 个接线端钮，包括 3 个电流线圈的 6 个端钮和 3 个电压线圈的 4 个端钮。接线时将 3 个电流线圈分别串联在三相电路中，3 个电压线圈则应分别并联在 3 根电路和零线上。

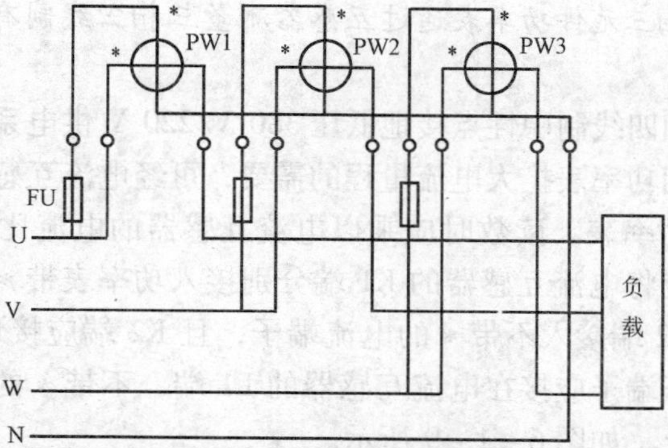

图 6-1-7　三相功率表测量三相四线制有功功率电路

6. 三相二元件功率表通过互感器测量三相三线制有功功率电路

在测量高电压或负荷电流很大的功率时，要通过电压或电流互感器与功率表相接。若电压高，则接入电压互感器；若负载电流很大，则接入电流互感器。接线时除功率表电流和电压量程应满足互感器二次额定电流和电压（电流互感器二次额定电流为 5 A，电压互感器二次额定电压为 100 V）外，还应注意功率表的极性不能接反，并应根据电压和电流互感器的电压比和电流比计算出功率表的倍率。配用互感器的三相功率表的表盘刻度实际上是按扩大量程后的数值刻度的。

三相二元件功率表经互感器接入电路，测量三相三线电路的三相有功功率，如图 6-1-8 所示。

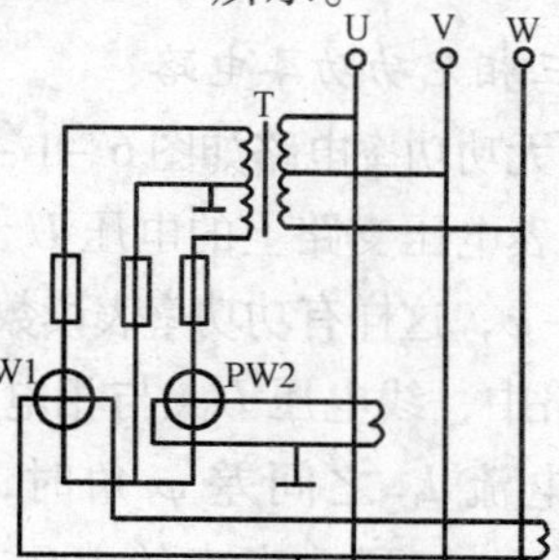

图 6-1-8　三相二元件功率表通过互感器测量三相三线制有功功率电路

7. 三相三元件功率表通过互感器测量三相三线制有功功率电路

在三相四线制中性点接地低压 380 V/220 V 供电系统中，为了满足三相功率表扩大电流量程的需要，可经电流互感器接入三相三元件功率表。读数时应乘以电流互感器的电流比（倍率）。接线时，应将电流互感器的 K1 端分别接入功率表带 * 的电流接线端子，K2 端接入不带 * 的电流端子，且 K2 端应接地或接零。带 * 的电压端子应接在电流互感器的 L1 端，不带 * 的电压端子接在零线上，如图 6－1－9 所示。

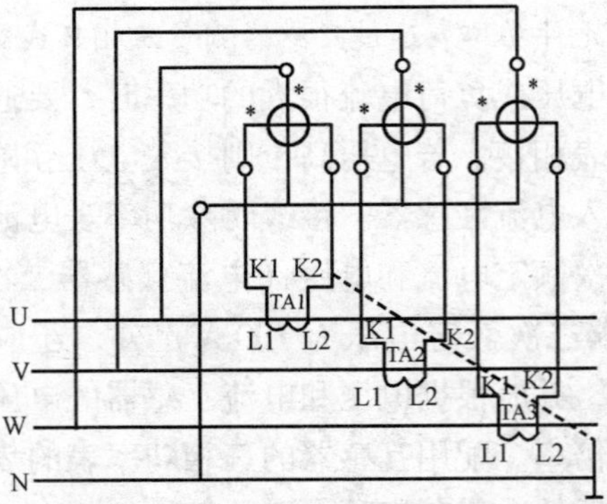

图 6－1－9　三相三元件功率表通过互感器测量三相三线制有功功率电路

四、三相无功功率测量

1. 一表法测量三相无功功率电路

一表法测量三相无功功率电路如图 6－1－10 所示。如果改变接线方式，设法使功率表电压支路上的电压 U 与电流线圈上的电流 i 之间的相位差为 $90°-\varphi$，这样有功功率表读数就是无功功率了。

在对称三相电路中，线电压 U_{VW} 与相电压 U_U 之间有相位差，也就是当 U_{VW} 和相电流 I_U 之间差 φ 角时，U_{VW} 和 I_U 之间相差 $90°-\varphi$ 相位角。把 U_{VW} 加到功率表的电压支路上，电流线圈仍然接在 U 相，这时功率表的读数为 $Q'=U_{VW}I_U\cos(90°-\varphi)$。而对称三相电路中的无功功率因数为 $Q=U_L I_L \sin\varphi$（U_L、I_L 为线电压与线电流）。

比较上面两个式子可知，只要把上述有功功率表读数 Q' 乘以$\sqrt{3}$，就可得到对称三相电路的总无功功率。

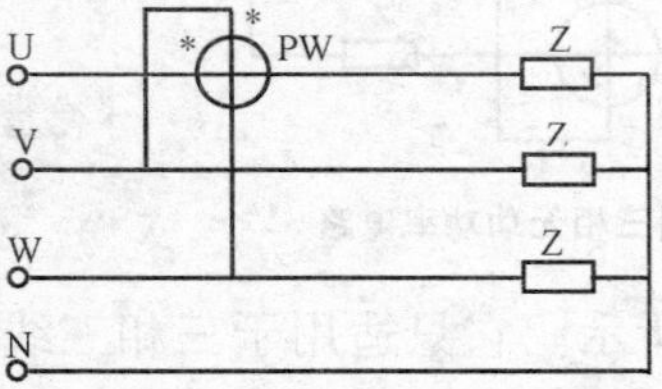

图 6-1-10 一表法测量三相无功功率电路

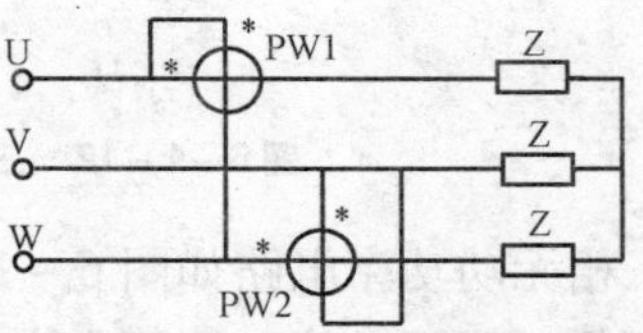

图 6-1-11 两表法测量三相无功功率电路

2. 两表法测量三相无功功率电路

用两只功率表或三相二元件功率表测三相电路无功功率如图 6-1-11 所示，得到的三相电路无功功率 $Q=\frac{\sqrt{3}}{2}(Q_1+Q_2)$。当电源电压不完全对称时，两表跨相法比一表跨相法误差小，因此实际中常用两表跨相法测量三相电路的无功功率。

3. 三表法测量三相无功功率电路

三表法测量三相无功功率电路如图 6-1-12 所示。采用三只单相功率表，每只表都按一表跨相法的原则接线，得到的三相电路无功功率 $Q=\frac{1}{\sqrt{3}}(Q_1+Q_2+Q_3)$，即三相电路总的无功功率等于三只单相功率表的读数之和除以$\sqrt{3}$。

4. 三相无功功率表测量三相无功功率电路

安装式三相无功功率表都采用铁磁电动系测量机构，并按两表跨相法（或两表人工中点法）的原理制成。仪表的基本结构与铁磁电动系两元件三相有功功率表相同，即把两只单相功率表的测量机构组合在一起，仪表的总转矩为两个元件转矩的代数和。为读数方便，标度尺直接按三相无功功率进行刻度。

按两表跨相法原理制成的 1D5—VAR 型三相无功功率表测量

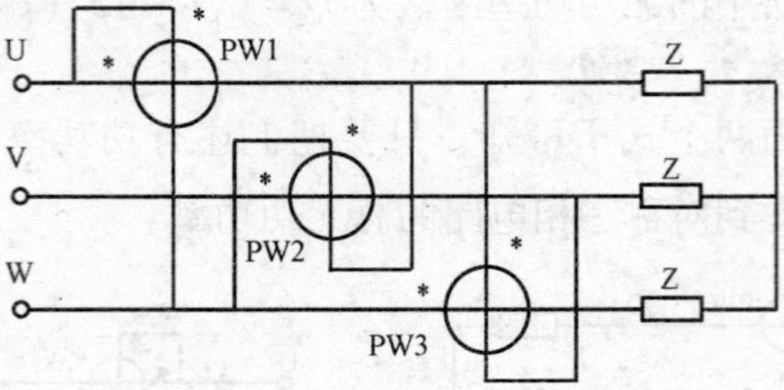

图 6-1-12　三表法测量三相无功功率电路

三相无功功率电路如图 6-1-13 所示。它只适用于三相三线制负载对称的电路。按两表人工中点法原理制成的 1D1—VAR 型三相无功功率表的接线如图 6-1-14 所示，它适用于三相三线制负载对称或不对称的电路。

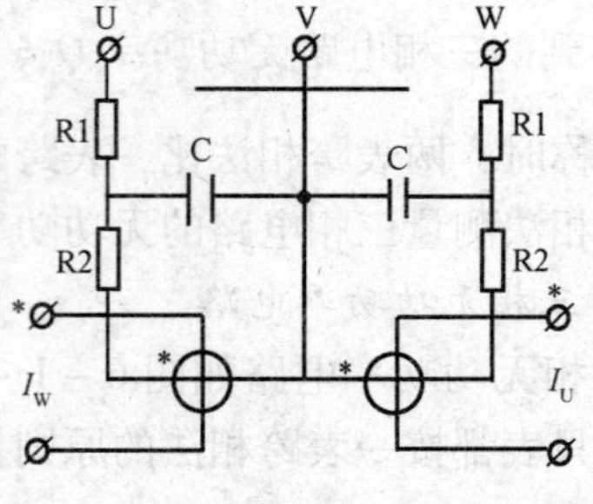

图 6-1-13　1D5—VAR 型三相无功功率表

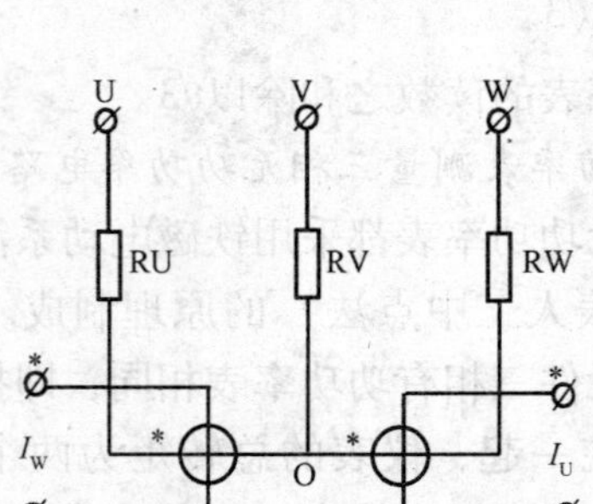

图 6-1-14　1D1—VAR 型三相无功功率表

第二节　电能测量电路

一、单相电能测量电路

1. 单相电能表直入式测量电路

单相电能表（电度表）的接线方式主要有直接接入式（直入式）和经电流互感器接入式（带电流互感器）两种。直入式按照表内接线方式不同，又可分跳入式和顺入式两种。

国产单相电能表绝大多数是跳入式，如图 6－2－1a 所示，其端子 1、2 为电流线圈，串联在相线中；端子 3、4 在表内短接后与电压线圈尾端相连，表外则与零线相接，端子 1、4 或 1、3 为电压线圈与电路并联。

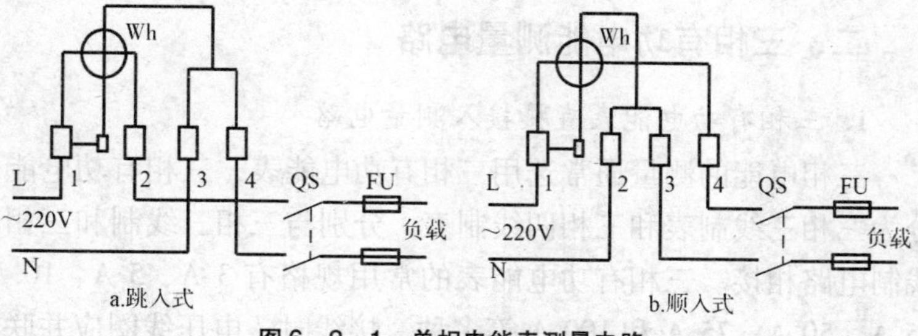

图 6－2－1　单相电能表测量电路

顺入式单相电能表接线如图 6－2－1b 所示，其端子 1、4 为电流线圈，1、2 或1、3 为电压线圈。实际接线如图 6－2－2 所示。

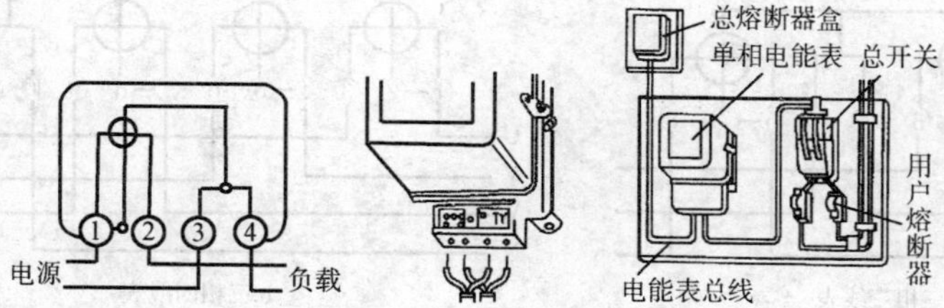

图 6－2－2　实际接线

2. 单相电能表带电流互感器测量电路

单相电能表带电流互感器测量电路如图 6－2－3 所示。由于电能表本身不能承受大电流通过，故测量大功率时，必须带电流互感器接入进行测量。

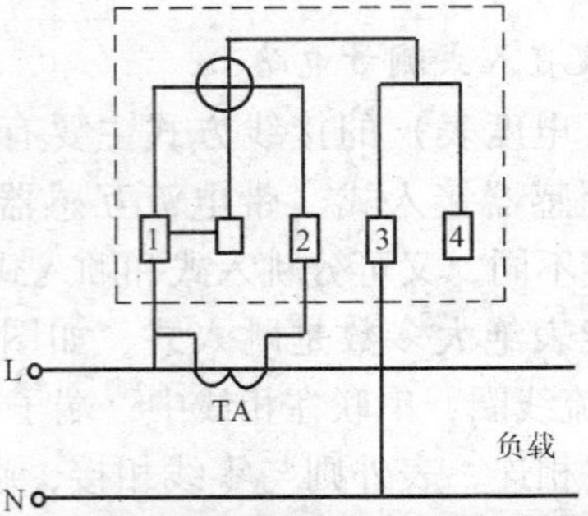

图6－2－3 单相电能表带电流互感器测量电能电路

二、三相有功电能测量电路

1. 三相有功电能表直接接入测量电路

三相电能的测量通常选用三相有功电能表，三相有功电能表分为三相三线制表和三相四线制表，分别与三相三线制和三相四线制电路相接。三相有功电能表的常用规格有 3 A、5 A、10 A、25 A、50 A、75 A 和 100 A 等多种。接线时，电压线圈应并联在电路中，电流线圈应串联在电路中。常见三相三线制和三相四线制有功电能表测量电路如图 6－2－4 所示。

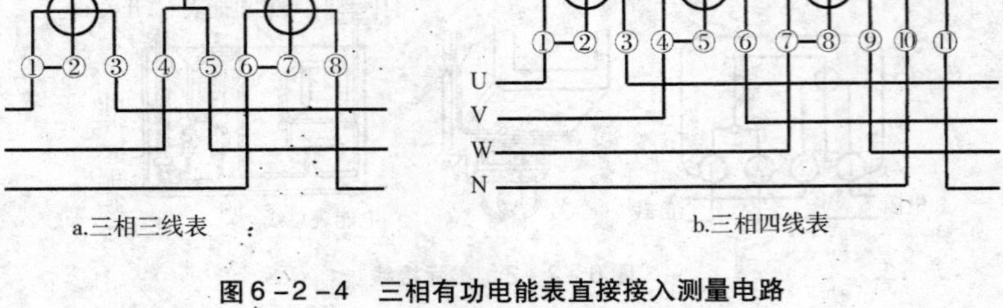

图6－2－4 三相有功电能表直接接入测量电路

2. 三相有功电能表经电流互感器接入的测量电路（一）

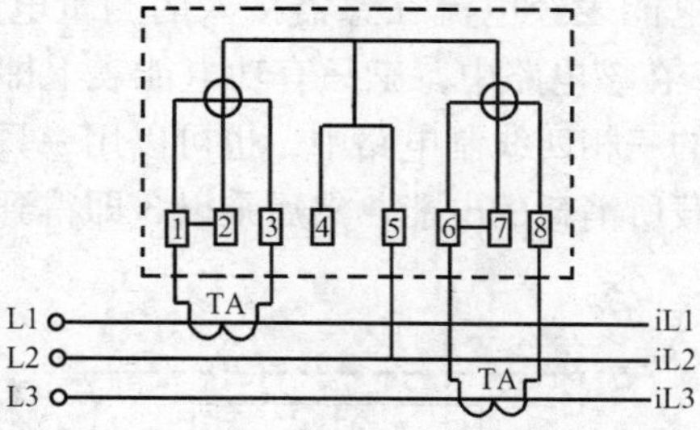

图6－2－5　三相有功电能表经电流互感器接入的测量电路（一）

三相有功电能表经电流互感器接入的测量电路（一）如图6－2－5所示。在实际应用中，三线三相制电路的测量大多采用三线三相制电能表，它的特点是有两组电磁元件分别作用在固定于同一转轴的铝盘上，铝盘带动计数器，从计数器上即能直接读出三相总电能。

3. 三相有功电能表经电流互感器接入的测量电路（二）

三相有功电能表经电流互感器接入的测量电路（二）如图6－2－6所示。三相三线制电路所用的电能表结构与单相的基本相同，只不过它具有两组电压线圈、电流线圈。本电路是采用两只单相电流互感器来测量三相三线制电路的电能，将两只电能表的读数相加即为三相总电能。

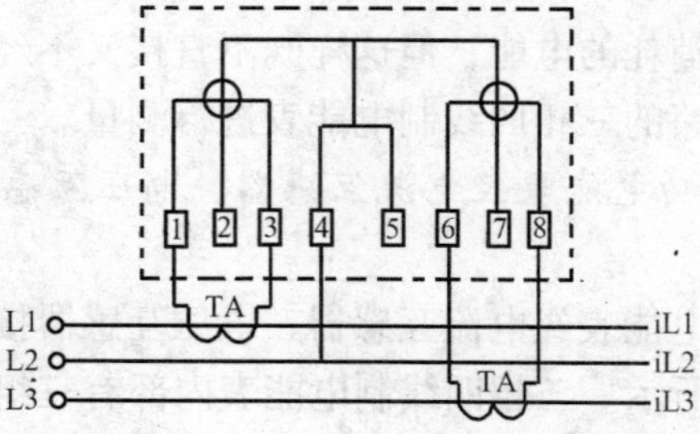

图6－2－6　三相有功电能表经电流互感器接入的测量电路（二）

4. 三相有功电能表经电流互感器接入的测量电路（三）

三相有功电能表经电流互感器接入的测量电路（三）如图6-2-7所示。在该电路中，三只有功电能表上即可读出各相的电能。在对称的三相四线制电路中，也可以用一只单相电能表测量任意一相负载所消耗的电能，然后乘以3即得到三相消耗的总电能。

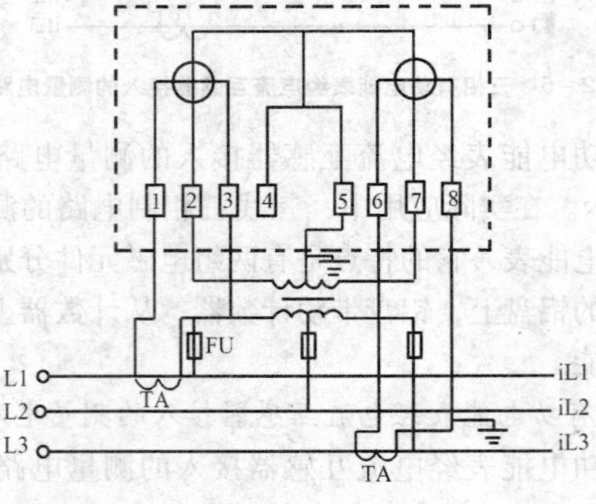

图6-2-7 三相有功电能表经电流互感器接入的测量电路（三）

5. 三相有功电能表经电流互感器接入的测量电路（四）

三相有功电能表经电流互感器接入的测量电路（四）如图6-2-8所示。在三相负载不对称时，就得用三只电能表分别测量三相负载所消耗的电能，但这样既不直接又不经济。实际应用中多采用本电路的三相四线制电能表进行测量。

6. 三相有功电能表经电流互感器、电压互感器接入的测量电路

三相有功电能表经电流互感器、电压互感器接入的测量电路如图6-2-9所示。三相四线制电能表内部有三组完全相同的电磁元件，所产生的磁场分别作用于装在同一转轴上的铝盘上。这样的结构就可使电能表的体积小、重量轻，而且可以直接读出三

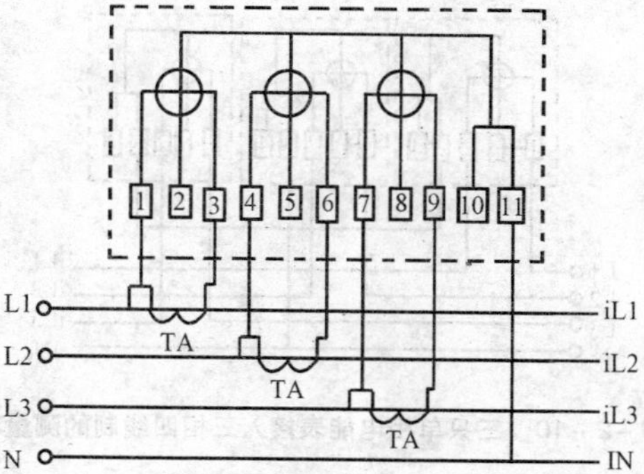

图6-2-8　三相有功电能表经电流互感器接入的测量电路（四）

相负载所消耗的总电能，接入电压互感器、电流互感器即可测量高电压、大电流的电能。

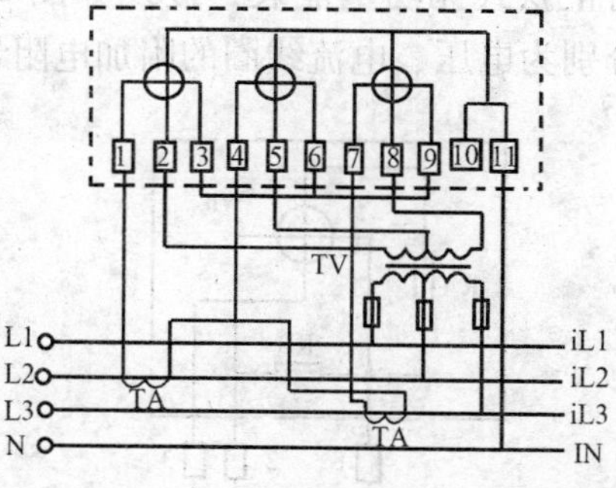

图6-2-9　三相有功电能表经电压互感器、电流互感器接入的测量电路

7. 三只单相电能表接入三相四线制的测量电路

三只单相电能表接入三相四线制的测量电路如图6-2-10所示。若用三只单相电能表也能组成测量三相四线制电能的测量电路。

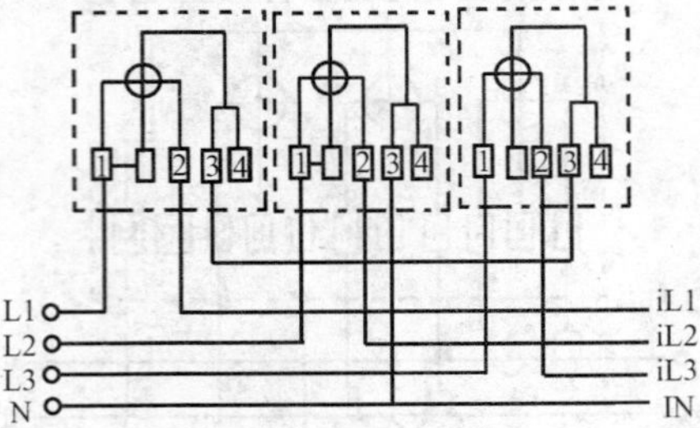

图 6-2-10 三只单相电能表接入三相四线制的测量电路

三、单相无功电能表测量电路

用电量较大而又需要进行功率因数补偿的用户，一般应安装无功电能表来测量无功功率的消耗量。单相电路中无功电能的测量，一般都使用正弦式无功电能表，接线如图 6-2-11 所示，图中 RA、RB 分别为电压、电流线圈的附加电阻器。

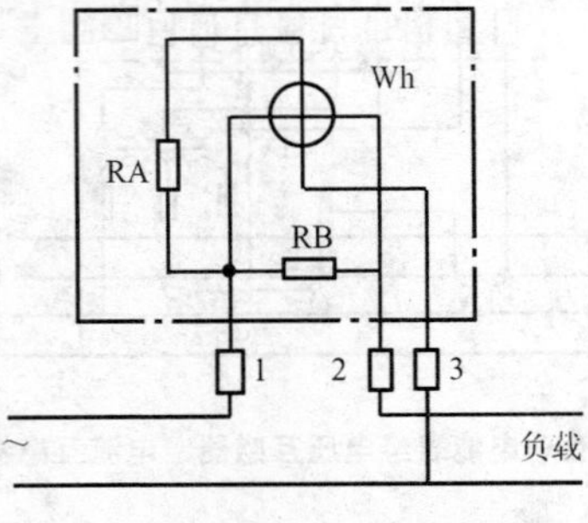

图 6-2-11 单相无功电能表测量电路

四、三相无功电能的测量电路

1. 用单相电能表测量三相无功电能的电路

用单相电能表测量三相无功电能的电路如图 6-2-12 所示。如无功电能的测量与有功电能的测量配合进行，即可算出用电的功率因数来。因此，通过无功电能的测量可使设备的利用率提高。

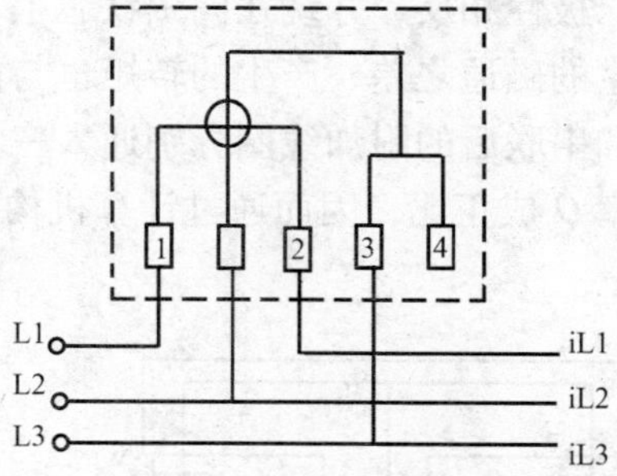

图6－2－12　用单相电能表测量三相无功电能的电路

2. 用两元件电能表测量三相无功电能的电路

用两元件电能表测量三相无功电能的电路如图6－2－13所示。本电路是利用两元件有功电能表经电流互感器TA去测量三相无功电能。

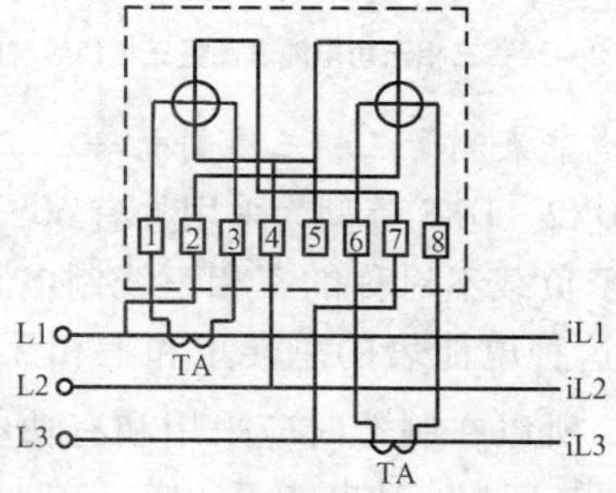

图6－2－13　用两元件电能表测量三相无功电能的电路

3. 三相无功电能表测量三相四线制电路

目前国产DX1、DX15、DX18等型（具有附加电流线圈）三相无功电能表适用于电源对称、负载不对称的三相三线制和三相四线制电路无功电能的测量，接线如图6－2－14所示。它由两组元件组成，其内部的基本结构和两元件有功电能表相似。不同的是，每个电流元件的铁芯除了基本线圈外还有附加线圈，两个线圈的匝数相等，极性相反，并绕在同一铁芯上，所以铁芯的总磁通为两者所产生的磁通之差，产生的转矩也与两线圈电流之差有关。基本线圈和串联后的附加线圈分别通入三相线电流，总转矩和三相无功功率 Q 成正比，因而通过计算机构，便可测出三相的无功电能。

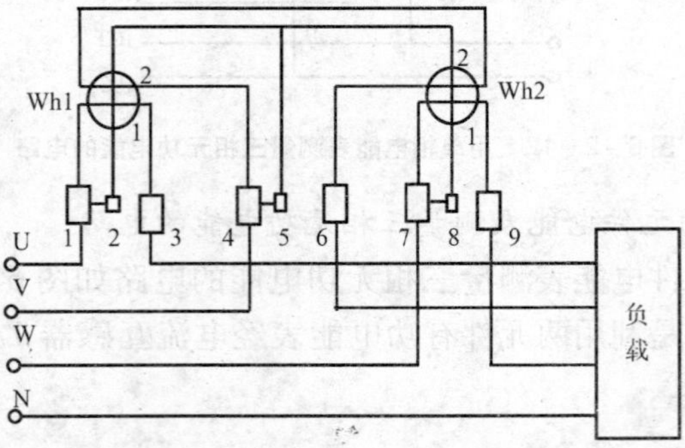

图 6-2-14 三相无功电能表测量三相四线制电路

4. 三相无功电能表测量三相三线制电路

目前生产的 DX2、DX8 等型为采用具有 60°相位差的三相无功电能表，可用于负载不对称的三相三线制电路中，接线如图 6-2-15 所示。这种电能表的总转矩和三相无功功率成正比，不存在$\sqrt{3}$的倍数，所以在制造时应采用和有功电能表相同的线圈。该表外部接线与三相有功电能表一样。这种电能表有两组元件组成，但两组电压元件的电路中分别串联了附加电阻器 R，这就使当负载功率因数 $\cos\varphi=1$ 时，电压工作磁通与电流磁通的相位差不是 90°，而是 60°相位差。

5. 三相无功电能表经互感器接入测量无功电能电路

用电量大且又需要进行功率因数补偿的用户，在安装无功电

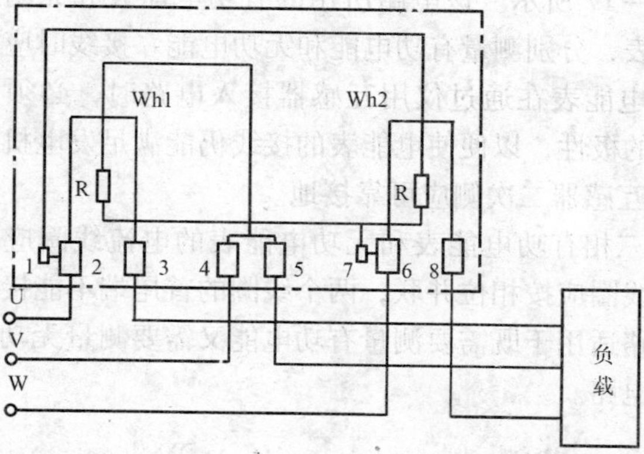

图 6-2-15 三相无功电能表测量三相三线制电路

能表来测量无功功率的消耗量时，可利用电流互感器来扩大三相无功电能表的量程。若无功电能表电压线圈的额定电压是 100 V，则应装电压互感器，将电源电压降低到 100 V 以下再接入无功电能表。电压互感器二次绕组的一个接线端子应可靠接地，以免一次绕组之间的绝缘击穿时烧毁电能表。三相无功电能表经互感器接入测量无功电能电路如图 6-2-16 所示。

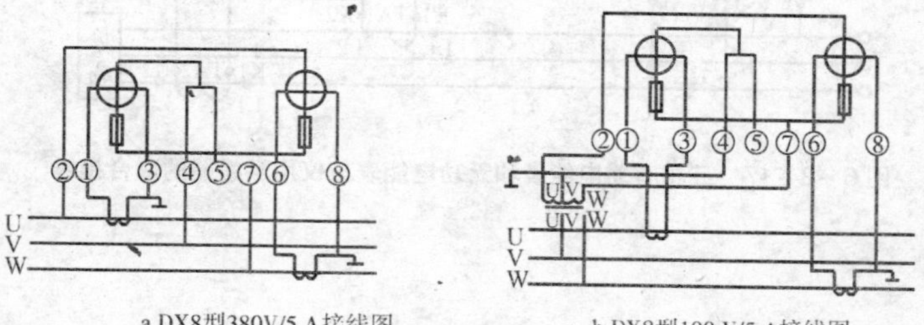

a.DX8型380V/5 A接线图　　b.DX8型100 V/5 A接线图

图 6-2-16 三相无功电能表经互感器接入测量无功电能电路

6. 三相有功电能表和无功电能表与仪用互感器的联合接线电路

三相有功电能表和无功电能表与仪用互感器的联合接线电路

如图 6 –2 –17 所示。该电路所用的有功电能表和无功电能表都是两元件表，分别测量有功电能和无功电能。接线时应注意：

（1）电能表在通过仪用互感器接入电路时，必须注意互感器接线端的极性，以便使电能表的接线仍能满足发电机端守则。

（2）互感器二次侧应可靠接地。

（3）三相有功电能表和无功电能表的电流线圈应按相位串联，电压线圈应按相位并联，两个线圈的首尾端不能接反。

本电路适用于既需要测量有功电能又需要测量无功电能的三相三线制电路。

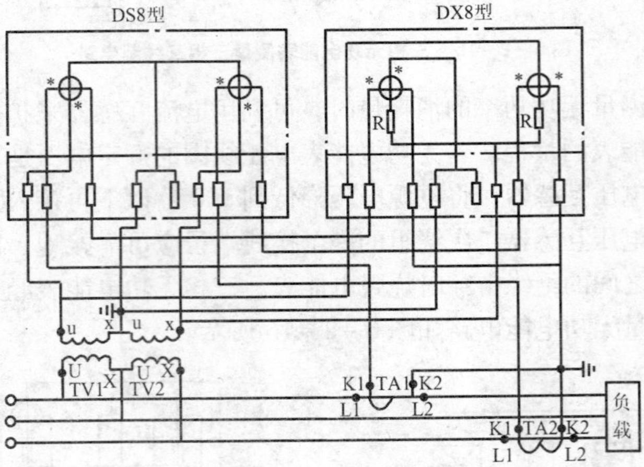

图 6 –2 –17　三相有功电能表和无功电能表与仪用互感器的联合接线

第七章　PLC 与变频器应用电路

第一节　PLC 应用电路

一、正转电路

连续运行主电路如图 7－1－1a 所示，该电路可以控制电动机连续运转，并且具有短路、过载、欠压及失压保护功能。用西门子 S7—300PLC 实现三相交流异步电动机连续运行控制的输入/输出接线，如图 7－1－1b 所示。

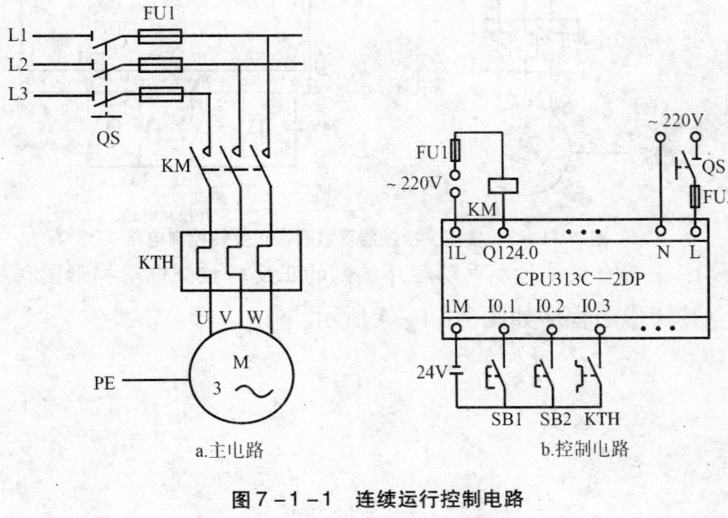

图 7－1－1　连续运行控制电路

PLC 连续运行控制梯形图程序，如图 7－1－2 所示。

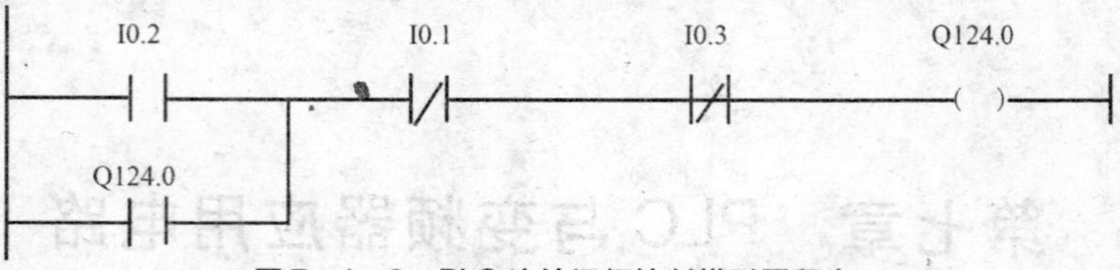

图 7－1－2　PLC 连续运行控制梯形图程序

二、正反转电路

按钮、接触器双重联锁正反转主电路如图 7－1－3 所示，该电路兼有两种联锁控制电路的优点，操作方便，工作安全可靠。

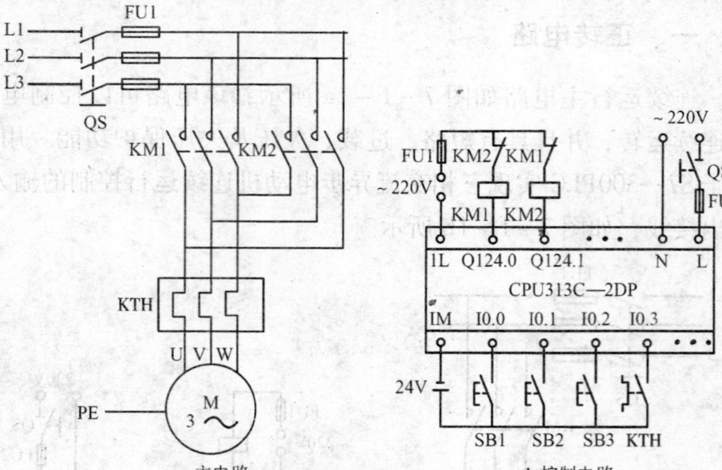

a.主电路　　b.控制电路

图 7－1－3　按钮、接触器双重联锁正反转控制电路

1. 采用自保持控制电路程序编制的正反转控制电路梯形图程序

其梯形图程序如图 7－1－4 所示。

程序段 1：

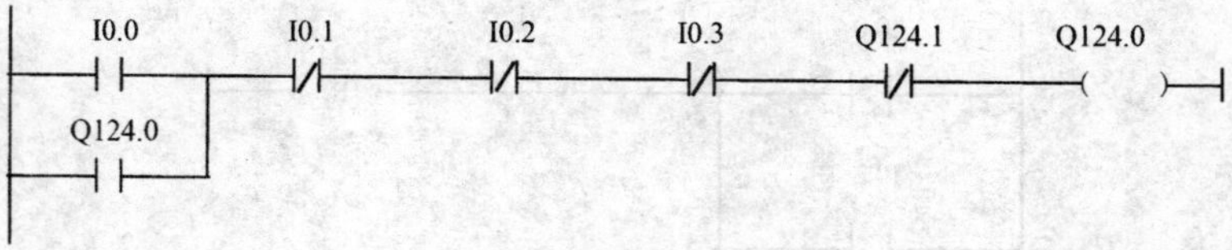

程序段 2：

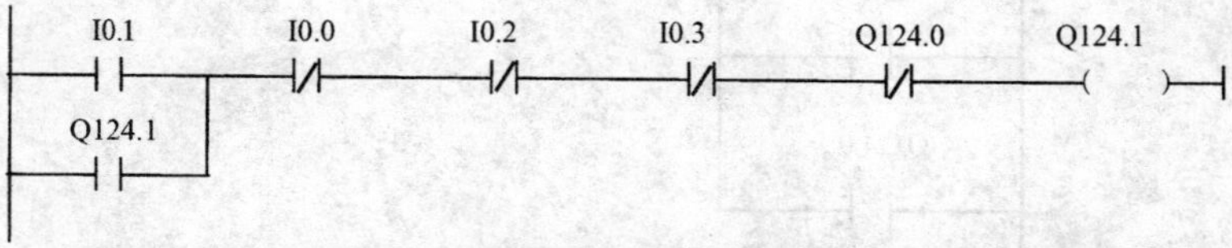

图 7－1－4　采用自保持控制电路程序编制的正反转控制电路梯形图

2. 采用 S、R 指令设计梯形图程序

其梯形图程序如图 7－1－5 所示。

程序段 1：

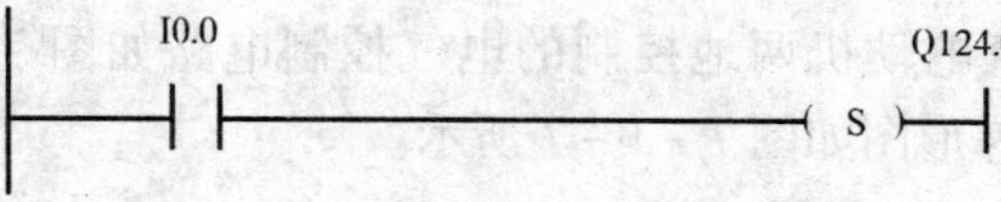

程序段 2：

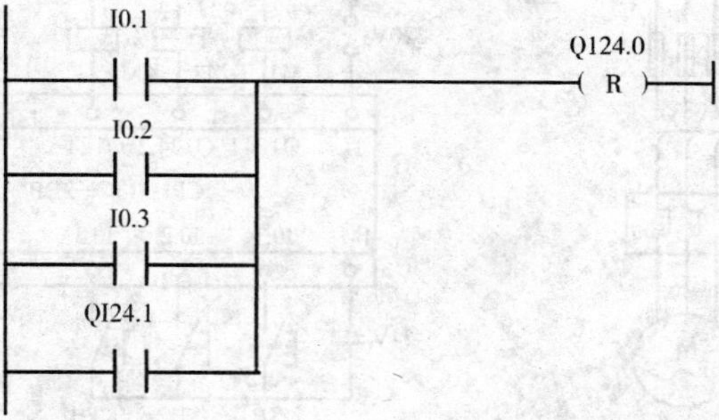

程序段 3：

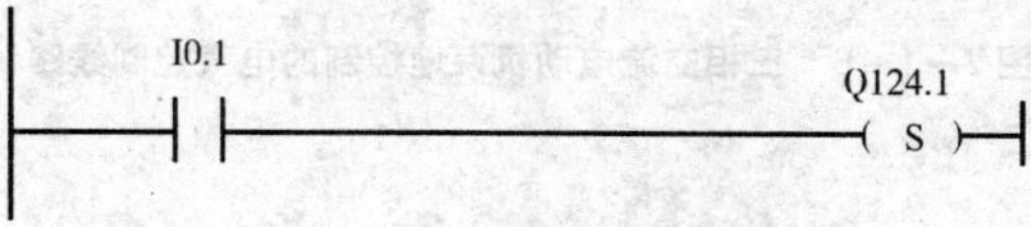

程序段4：

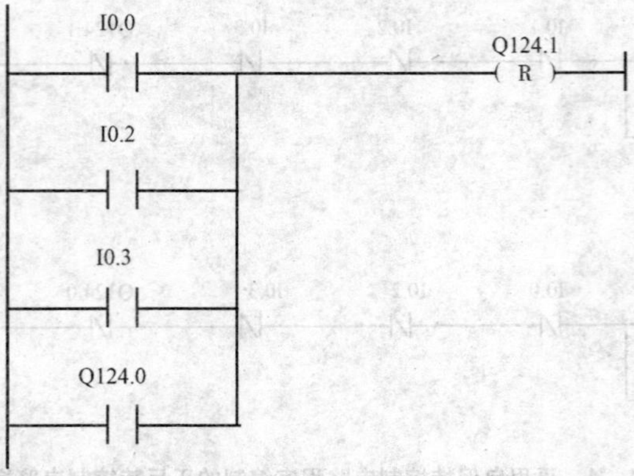

图7-1-5 采用S、R指令设计梯形图程序

三、两地控制电路

三相交流电动机两地控制的电气控制电路如图7-1-6所示，其PLC梯形图如图7-1-7所示。

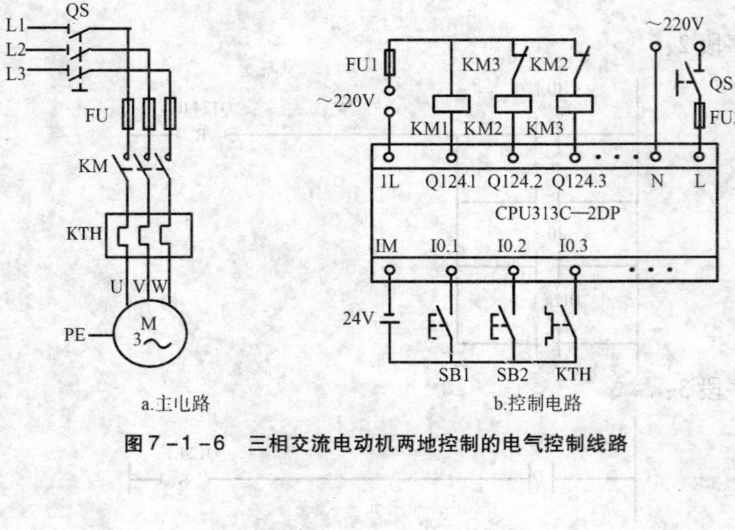

图7-1-6 三相交流电动机两地控制的电气控制线路

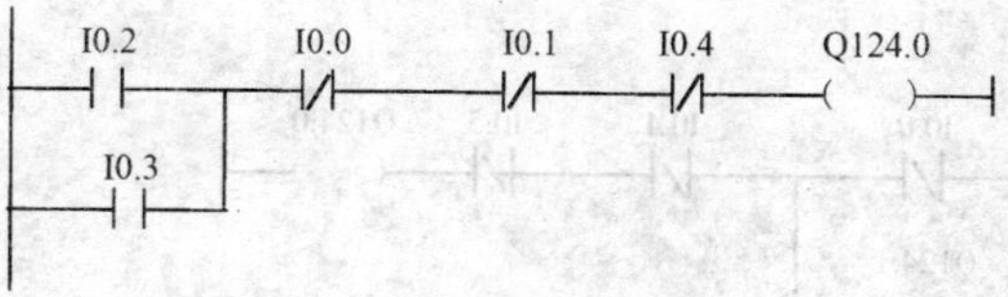

图7-1-7　PLC梯形图

四、顺序控制电路

在装有多台电动机的生产机械上，各电动机所起的作用是不同的，有时需按一定的顺序启动或停止，才能保证过程的合理和工作的安全可靠。三相交流电动机顺序控制电路如图7-1-8所示，该电路保证了M1启动后，M2才能启动；M2停止后，M1才能停止的顺序控制要求。

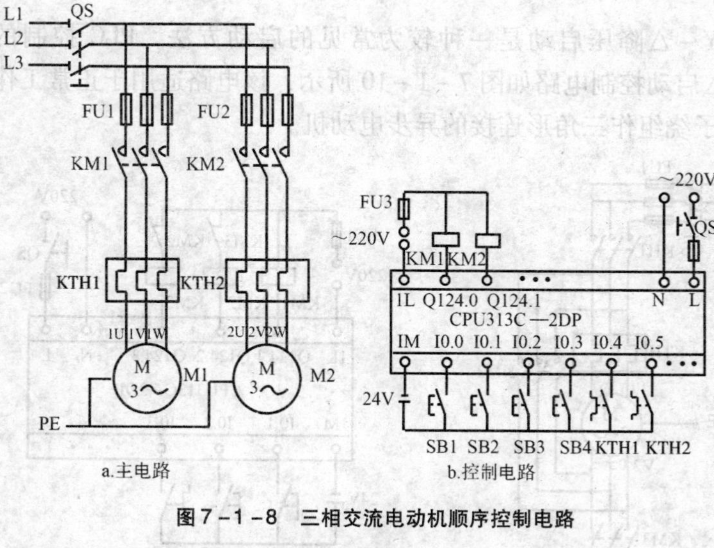

图7-1-8　三相交流电动机顺序控制电路

PLC顺序控制梯形图程序如图7-1-9所示。

程序段1：

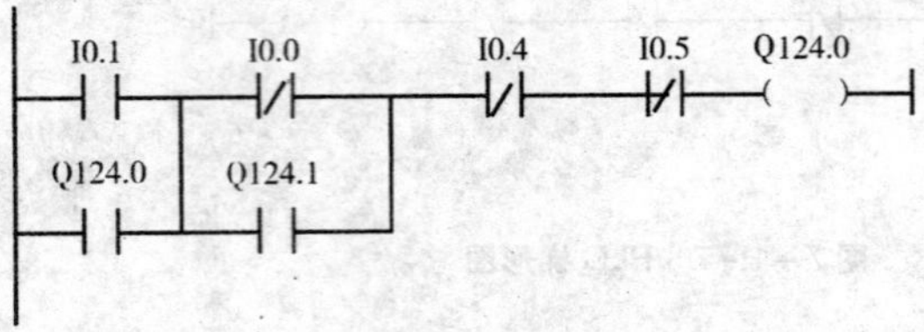

程序段2：

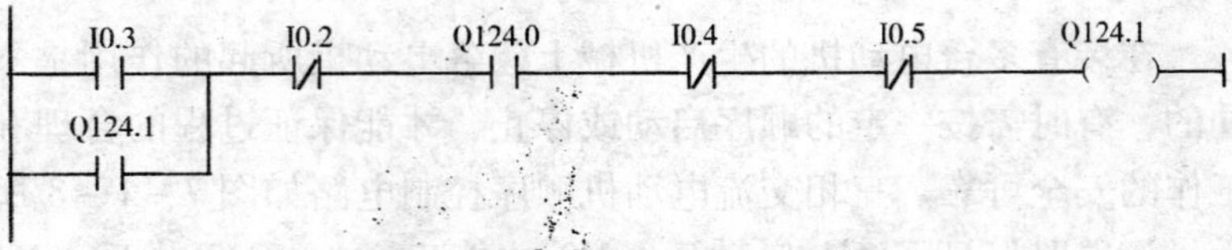

图7－1－9　PLC顺序控制梯形图程序

五、Y－Δ降压启动电路

Y－△降压启动是一种较为常见的启动方法，PLC控制的Y－△启动控制电路如图7－1－10所示，该电路适用于正常工作时定子绕组作三角形连接的异步电动机。

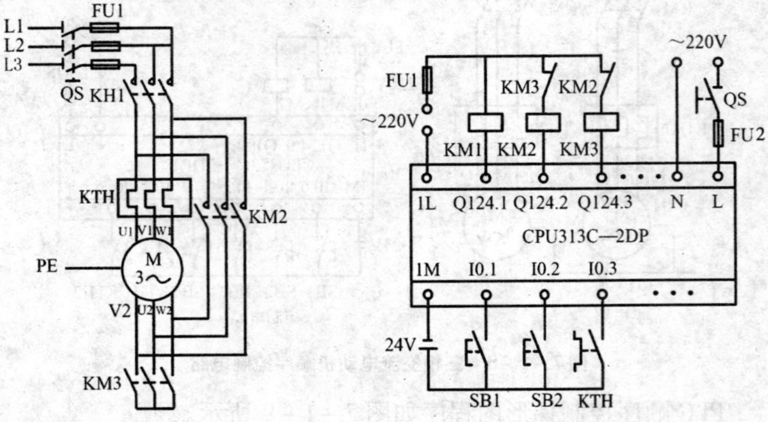

a.主电路　　b.控制电路

图7－1－10　Y－Δ降压启动控制电路

PLC 梯形图程序如图 7－1－11 所示。

OB1：

程序段 1：

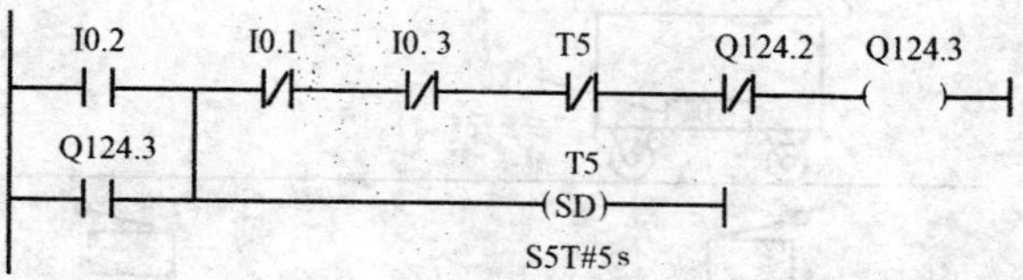

程序段 2：

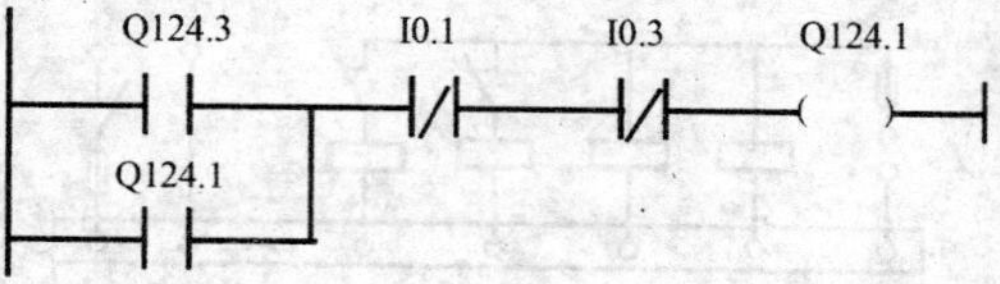

程序段 3：

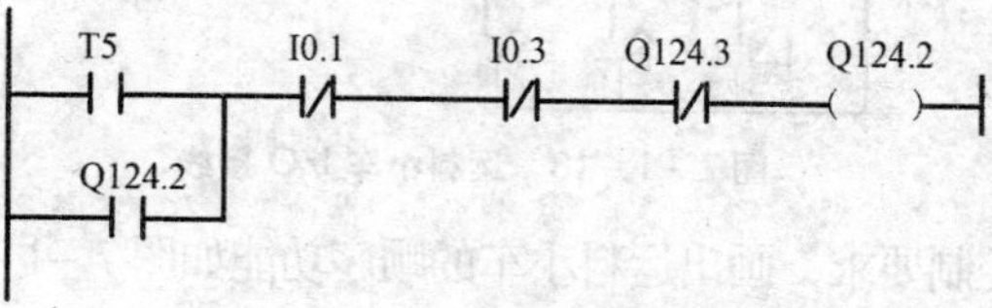

图 7－1－11 Y－Δ 启动控制梯形图程序

六、自动生产线上的运料小车控制电路

自动生产线上的运料小车运行示意如图 7－1－12 所示，开始时小车在左侧限位开关 SQ1 处。按下启动按钮 SB1，小车向右运行，到达右侧后，压下右限位开关 SQ2，装料漏斗的翻斗门打开，生产用料从漏斗中装入小车，7 s 后装料完毕，翻斗门自动关闭，小车向左运行返回，到达左侧后，压下左限位开关 SQ1，小车底门打开，生产用料从小车中取出，5 s 后取料结束，一次运行完成。

用西门子 S7—300PLC 实现运料小车控制的控制电路如图 7－1－13 所示。运料小车的正转和反转在硬件上进行了互锁保护。

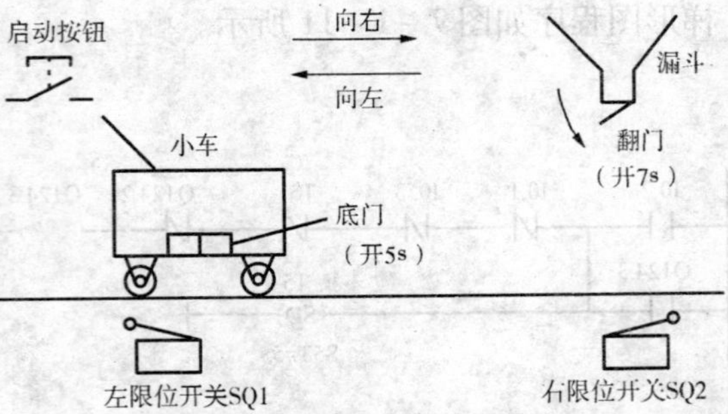

图7－1－12 运料小车运行示意

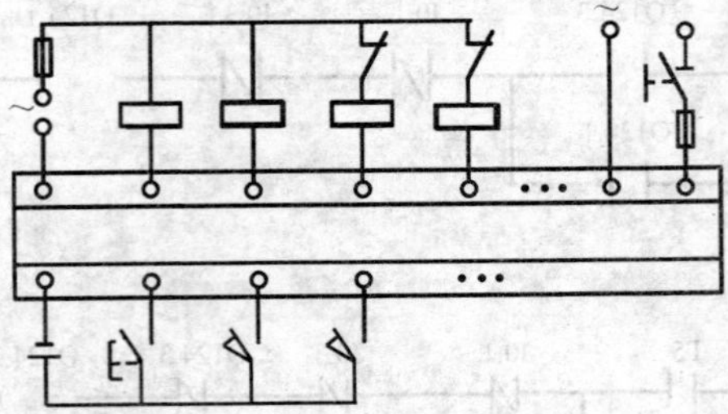

图7－1－13 运料小车 I/O 接线

根据控制要求，画出运料小车的顺序功能如图7－1－14所示。

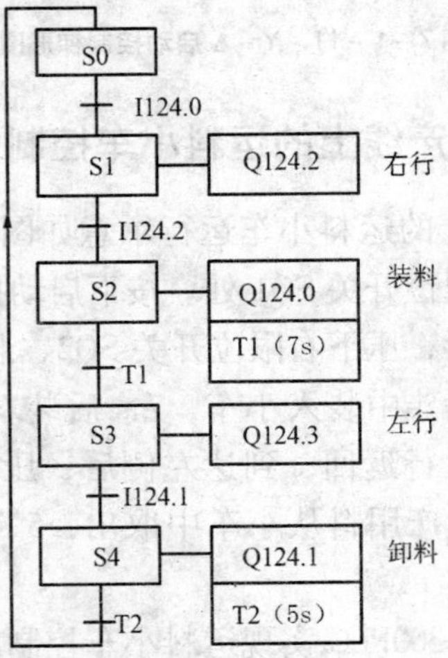

图7－1－14 顺序功能

根据顺序功能图编写出的梯形图如图 7－1－15 所示。

OB100：

程序段 1：

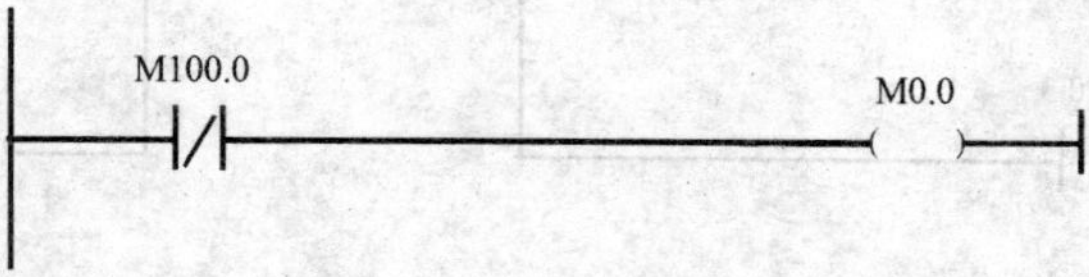

OB1："运料小车"

程序段 1：

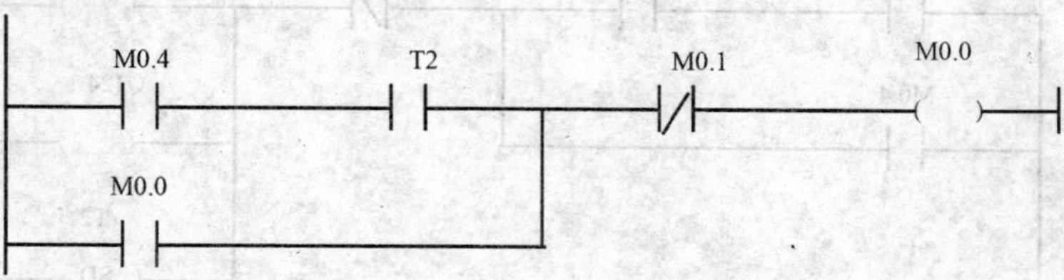

程序段 2：

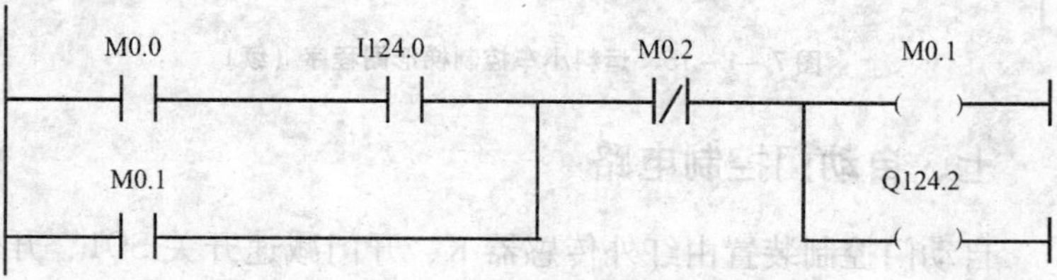

程序段 3：

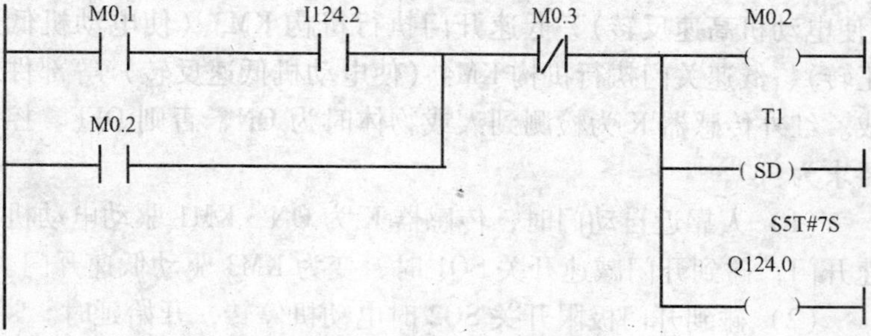

图 7－1－15　运料小车控制梯形图程序

程序段 4：

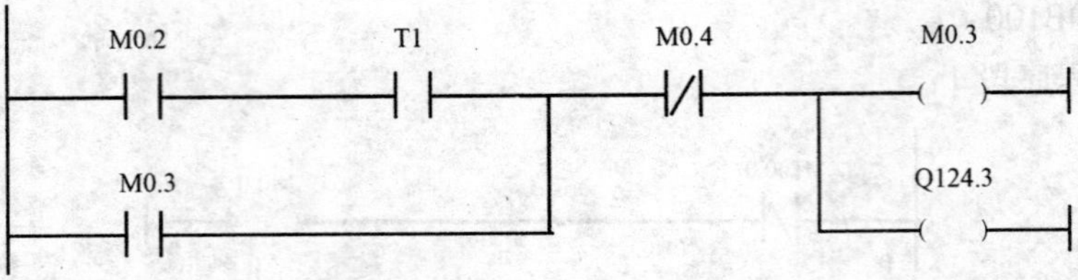

程序段 5：

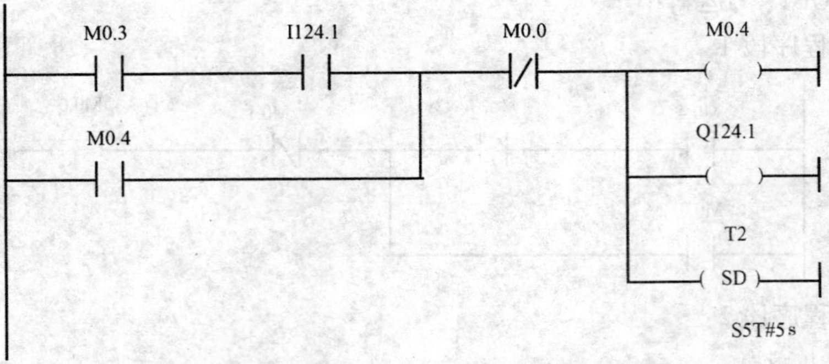

图 7－1－15　运料小车控制梯形图程序（续）

七、自动门控制电路

自动门控制装置由红外传感器 K、开门减速开关 SQ1、开门限位开关 SQ2、关门减速开关 SQ3、关门限位开关 SQ4、高速开门执行机构 KM1（使电动机高速正转）、高速关门执行机构 KM2（使电动机高速反转）、低速开门执行机构 KM3（使电动机低速正转）、低速关门执行机构 KM4（使电动机低速反转）等部件组成。红外传感器 K 为检测到人或物体时为 ON，否则 OFF。控制要求为：

（1）人靠近自动门时，传感器 K 为 ON，KM1 驱动电动机高速开门，碰到开门减速开关 SQ1 时，变为 KM3 驱动低速开门。

（2）碰到开门极限开关 SQ2 时电动机停转，开始延时。

（3）若在 0.5 s 内感应器检测到无人，KM2 启动电动机高速关门。

（4）碰到关门减速开关 SQ3 时，改为 KM4 驱动低速关门，碰到关门极限开关 SQ4 时电动机停转。

（5）在关门期间若感应器检测到有人，停止关门，T1 延时 0.5 s 后自动转换为高速开门。

用西门子 S7—300PLC 实现自动门控制电路如图 7－1－16 所示。

（6）根据控制要求画出顺序功能图。

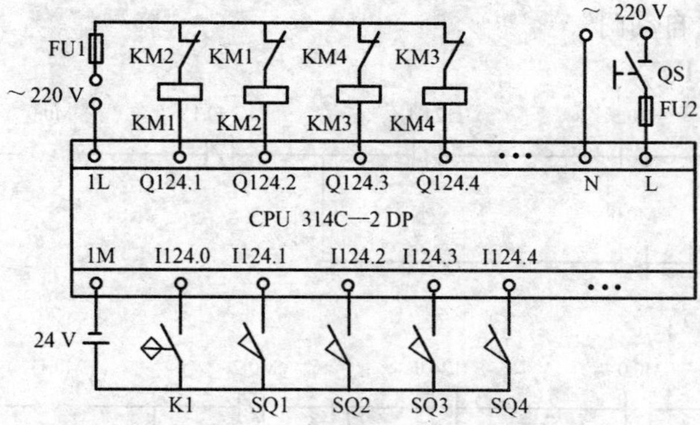

图 7－1－16　自动门控制 I/O 接线

自动门控制的顺序功能如图 7－1－17 所示。

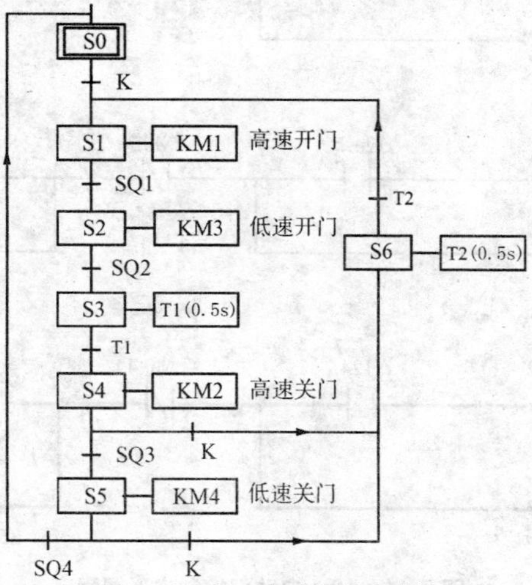

图 7－1－17　自动门顺序功能

根据顺序功能编写出的梯形图如图 7－1－18 所示。

OB100：

程序段 1：

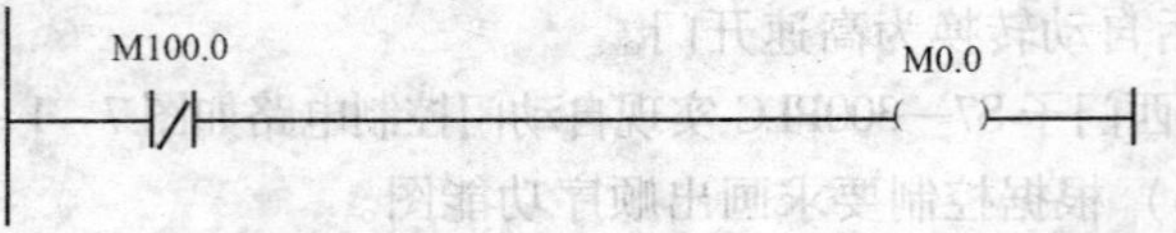

OB1："自动门"

程序段 1：

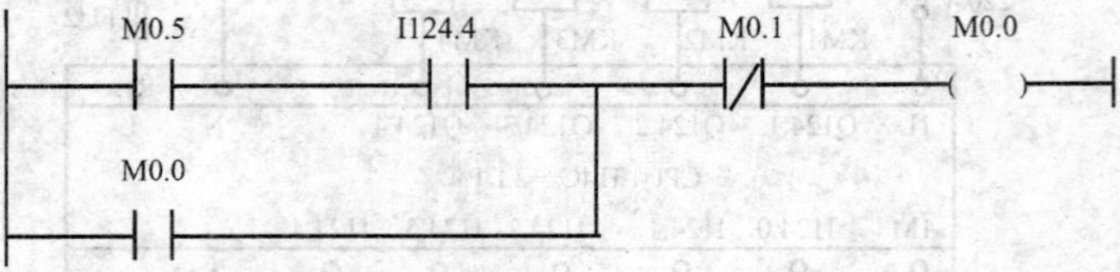

程序段 2：

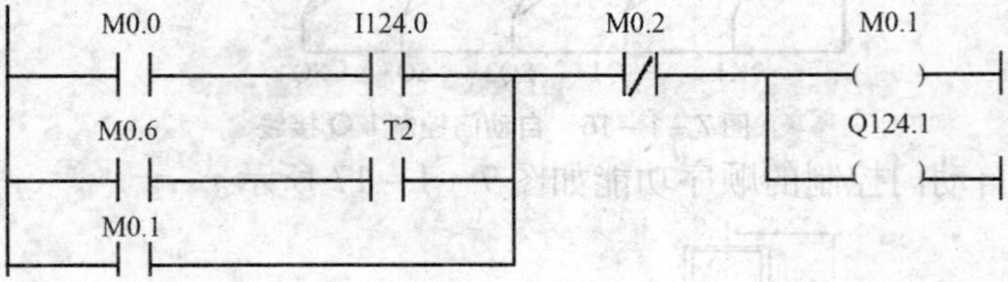

程序段 3：

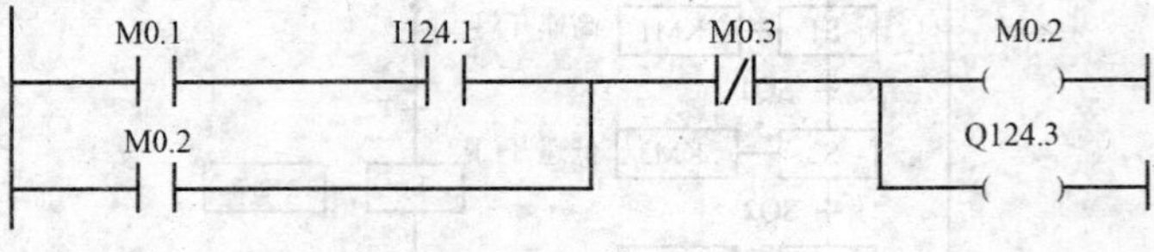

程序段 4：

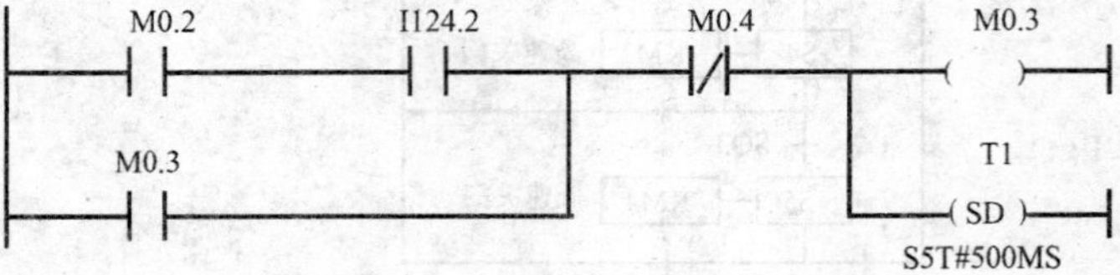

图 7－1－18　自动门控制梯形图程序

程序段 5：

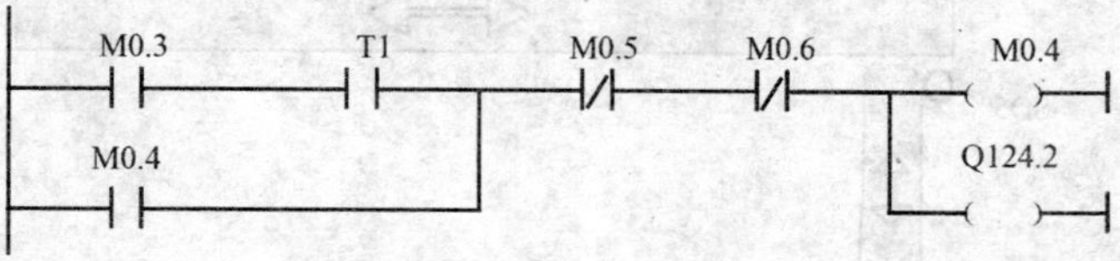

程序段 6：

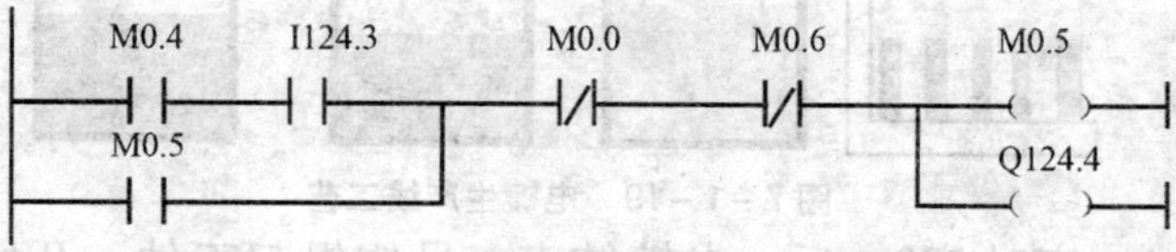

程序段 7：

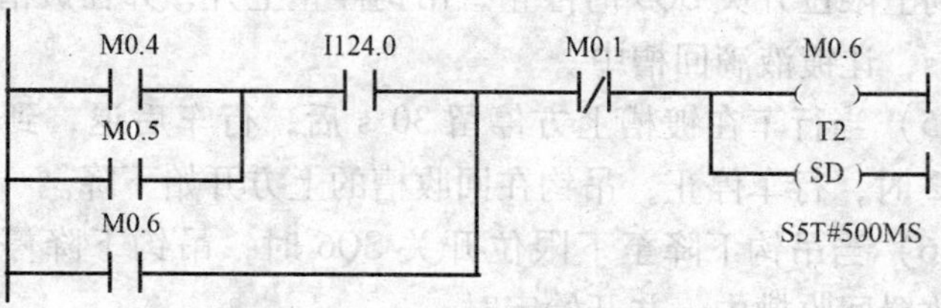

图 7－1－18　自动门控制梯形图程序（续）

八、电镀生产线控制电路

电镀生产线采用专用行车，行车架上装有可升降的吊钩，行车和吊钩各由一台电动机拖动，行车的进/退和吊钩的升/降，均由相应的限位开关 SQ 定位，控制要求有手动和自动控制两种方式。电镀生产线工艺如图 7－1－19 所示。自动控制工艺流程如下：

（1）按启动按钮 SB1，吊钩提起工件，开始上升，当碰到上限位开关 SQ5 时停止上升，行车前进。

（2）当行车前行至电镀槽限位开关 SQ1 时，吊钩在电镀槽的上方开始下降。

（3）当吊钩下降至下限位开关 SQ6 时，吊钩下降停止，工件浸入镀液槽中，并开始定时。

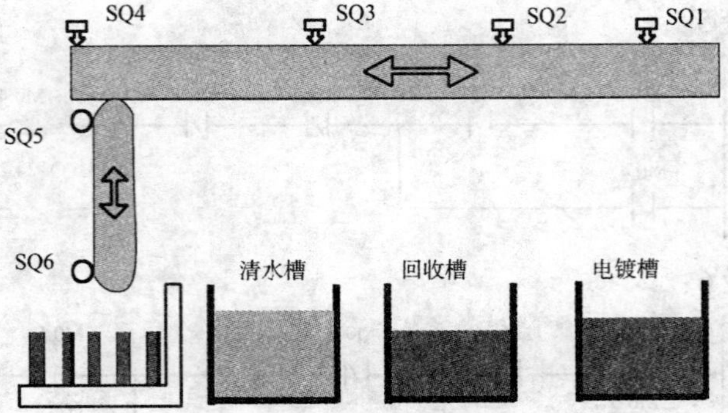

图7－1－19 电镀生产线工艺

（4）定时300 s后，电镀结束，吊钩提起工件，开始上升，当碰到上限位开关SQ5时停止，吊钩停止上升，并在镀槽上方停留30 s，让镀液滴回槽中。

（5）当行车在镀槽上方停留30 s后，行车后退，到限位开关SQ2时，行车停止，吊钩在回收槽的上方开始下降。

（6）当吊钩下降至下限位开关SQ6时，吊钩下降停止，工件被放置回收槽中，并开始定时。

（7）定时30 s后，吊钩又开始上升，当碰到上限位开关SQ5时停止，吊钩停止上升，并开始定时。

（8）定时20 s后，行车继续向后退，直到碰压清水槽限位开关SQ3时，行车停止，吊钩开始下降。

（9）当吊钩下降至下限位开关SQ6时，吊钩下降停止，工件置于清水槽中，并开始定时。

（10）定时30 s后，吊钩提起工件，开始上升，当碰到上限位开关SQ5时停止，吊钩停止上升，并开始定时。

（11）定时20 s后，行车开始后退，当后退至原位限位开关SQ4时，行车停止后退，吊钩开始下降，当吊钩下降至下限位开关SQ6时，吊钩下降停止，镀好的工件被取下来。

用西门子S7—300PLC实现电镀槽自动线的控制电路如图7－1－20所示。图中对行车的前后、吊钩的上下分别进行了硬件互锁保护。

根据控制要求，画出电镀槽控制的顺序功能如图 7－1－21 所示。为简化程序，这里没有将定时器单独作为一步，步的划分是按接触器动作进行划分的。

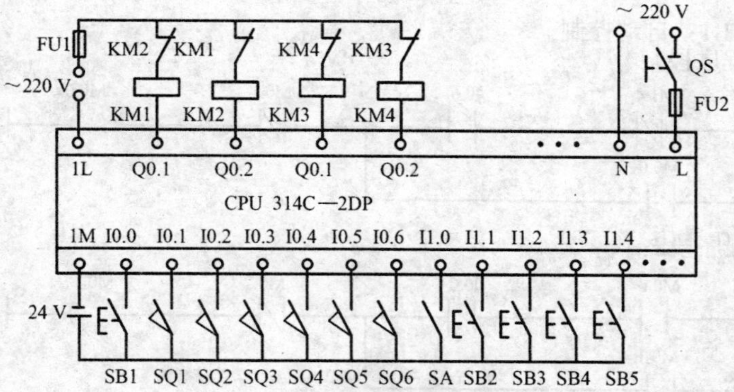

图 7－1－20　电镀槽控制 I/O 接线

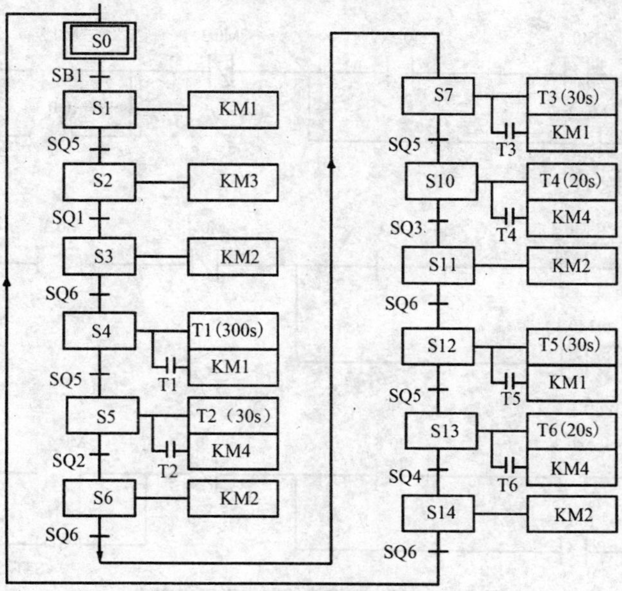

图 7－1－21　电镀槽顺序功能

根据顺序功能编写出的梯形图如图 7－1－22 所示。

OB100：

程序段1：

FB1：自动控制

程序段1：

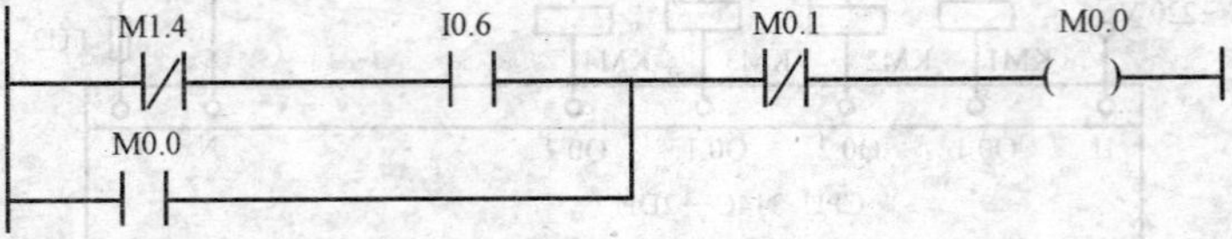

程序段2：

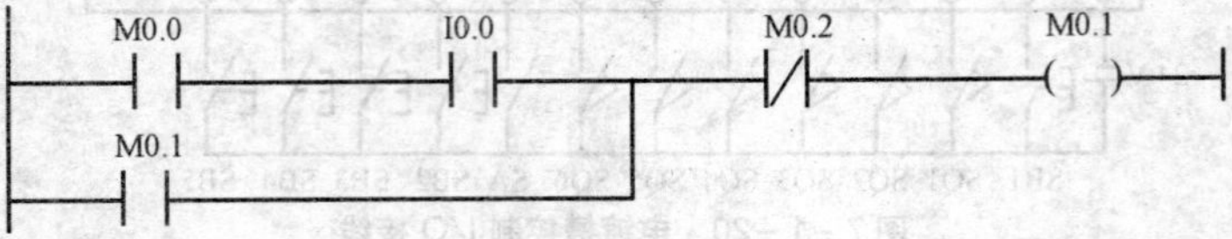

程序段3：

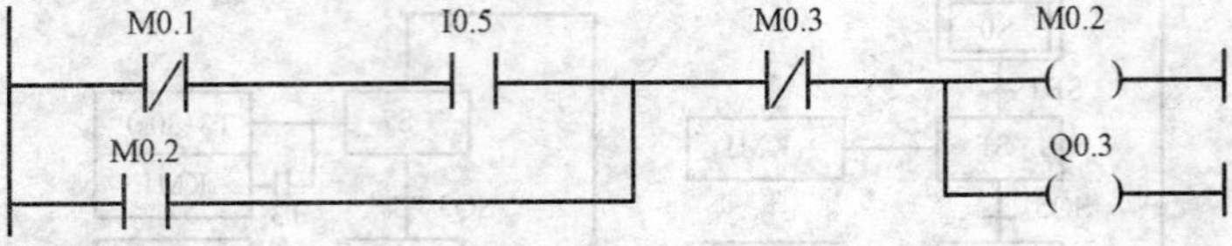

程序段4：

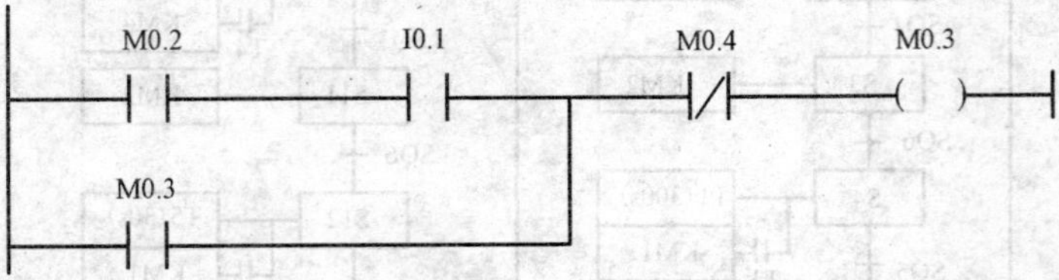

程序段5：

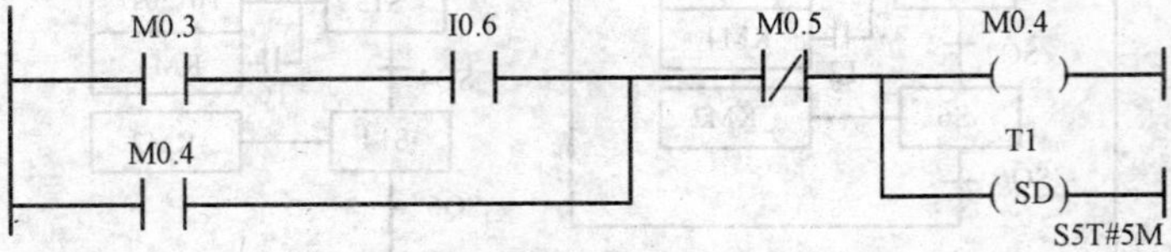

图 7－1－22　电镀槽控制梯形图程序 A

程序段6：

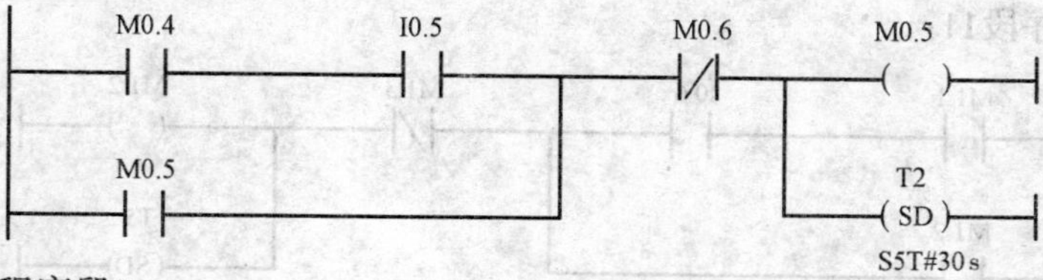

程序段7：

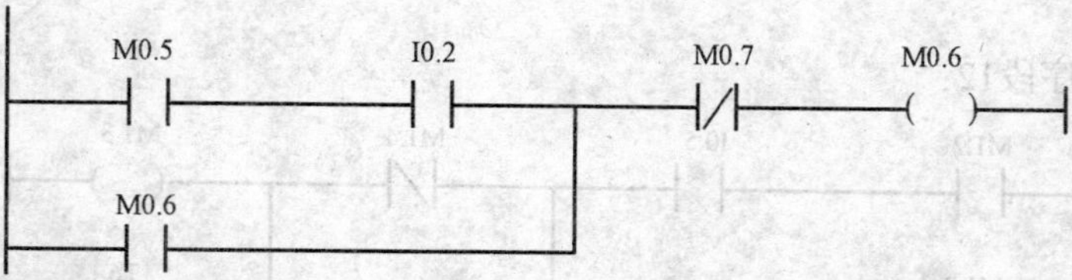

程序段8：

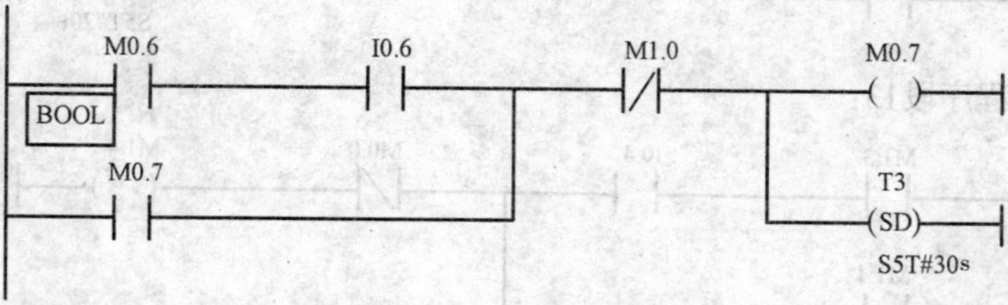

程序段9：

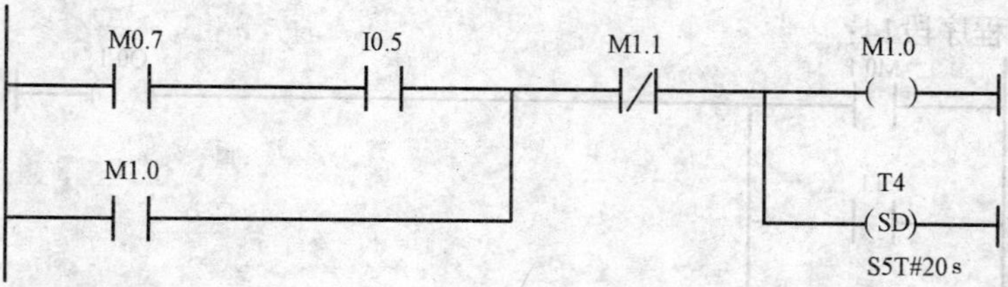

程序段10：

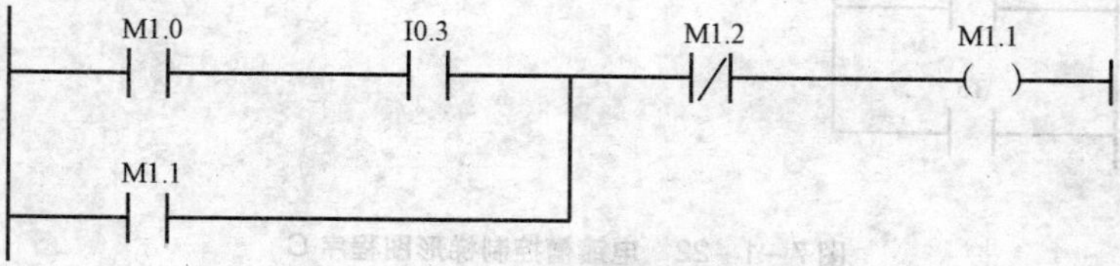

图 7-1-22　电镀槽控制梯形图程序 B

程序段11：

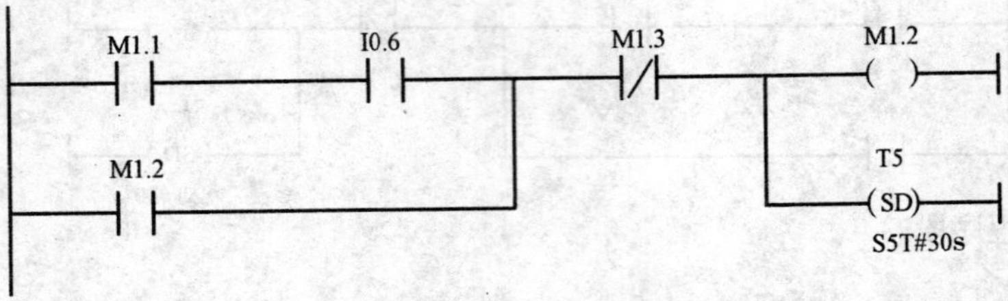

程序段12：

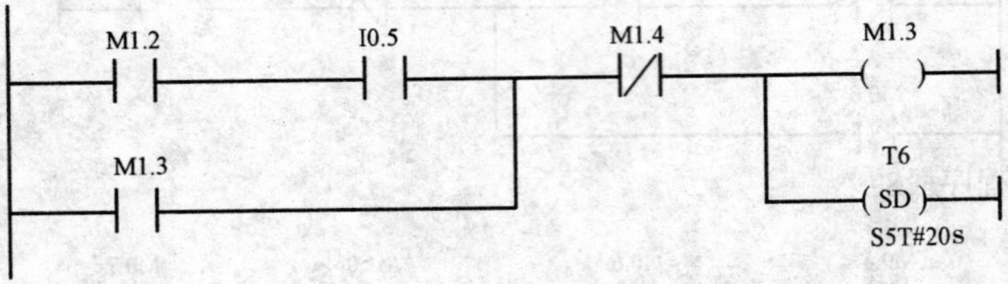

程序段13：

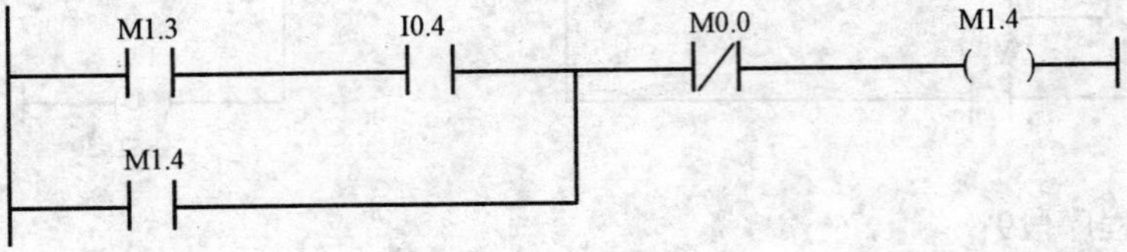

程序段14：

图 7－1－22　电镀槽控制梯形图程序 C

程序段15：

程序段16：

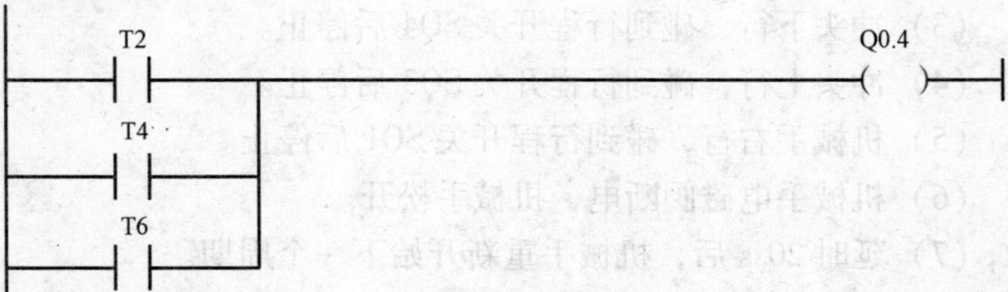

FB2：手动控制

程序段1：

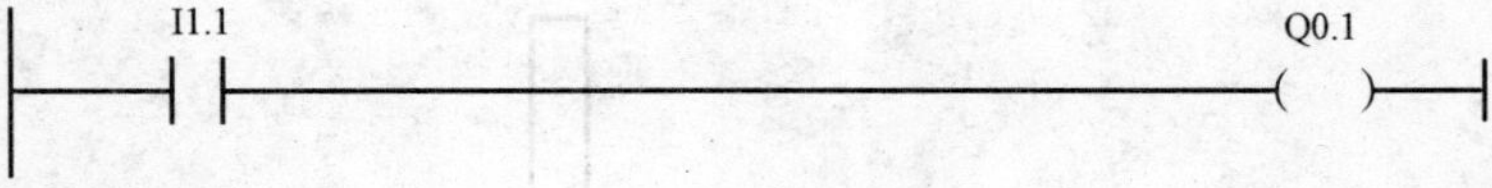

程序段2：

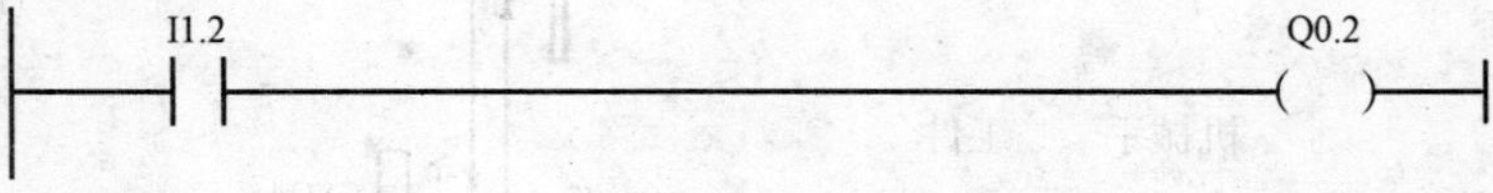

程序段3：

程序段4：

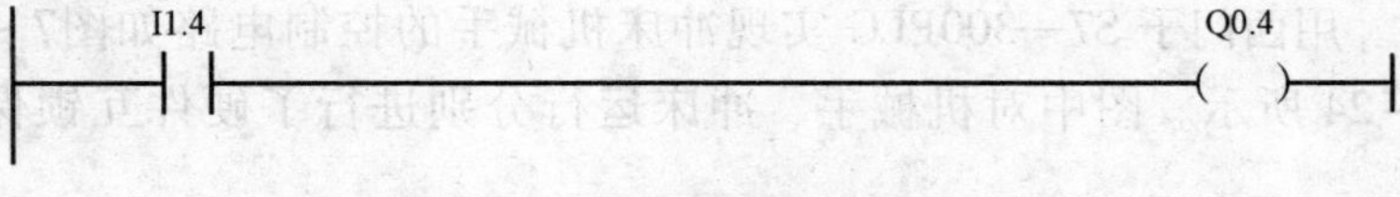

图7-1-22 电镀槽控制梯形图程序

九、冲床机械手控制电路

某冲床机械手控制电路如图 7－1－23 所示。初始状态时，机械手在左侧，冲床在上方，机械手处于松开状态。其控制过程如下：

（1）按下启动按钮，电磁阀通电，机械手夹紧工件，开始计时。

（2）计时 5 s 后，机械手右行，碰到行程开关 SQ2 后停止。

（3）冲头下行，碰到行程开关 SQ4 后停止。

（4）冲头上行，碰到行程开关 SQ3 后停止。

（5）机械手右行，碰到行程开关 SQ1 后停止。

（6）机械手电磁阀断电，机械手松开。

（7）延时 20 s 后，机械手重新开始下一个周期。

（8）按下停止按钮，机械手当前工件加工完成后，机械手停止运行。

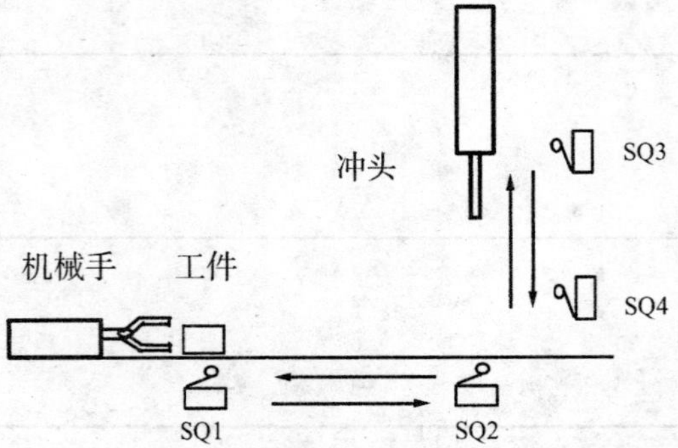

图 7－1－23　冲床机械手控制结构示意

用西门子 S7—300PLC 实现冲床机械手的控制电路如图7－1－24 所示。图中对机械手、冲床运行分别进行了硬件互锁保护。

冲床机械手控制的顺序功能如图 7－1－25 所示。

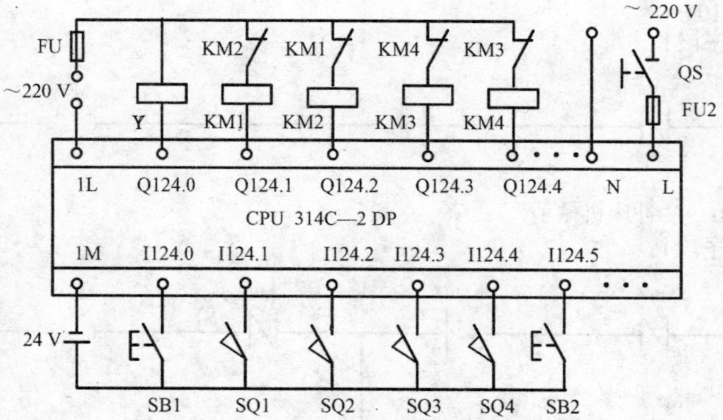

图 7－1－24　冲床机械手控制 I/O 接线

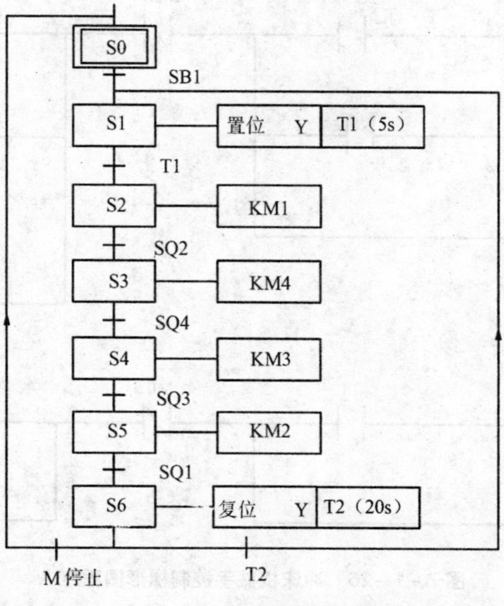

图 7－1－25　冲床机械手顺序功能

根据顺序功能编写出的梯形图如图 7－1－26 所示。

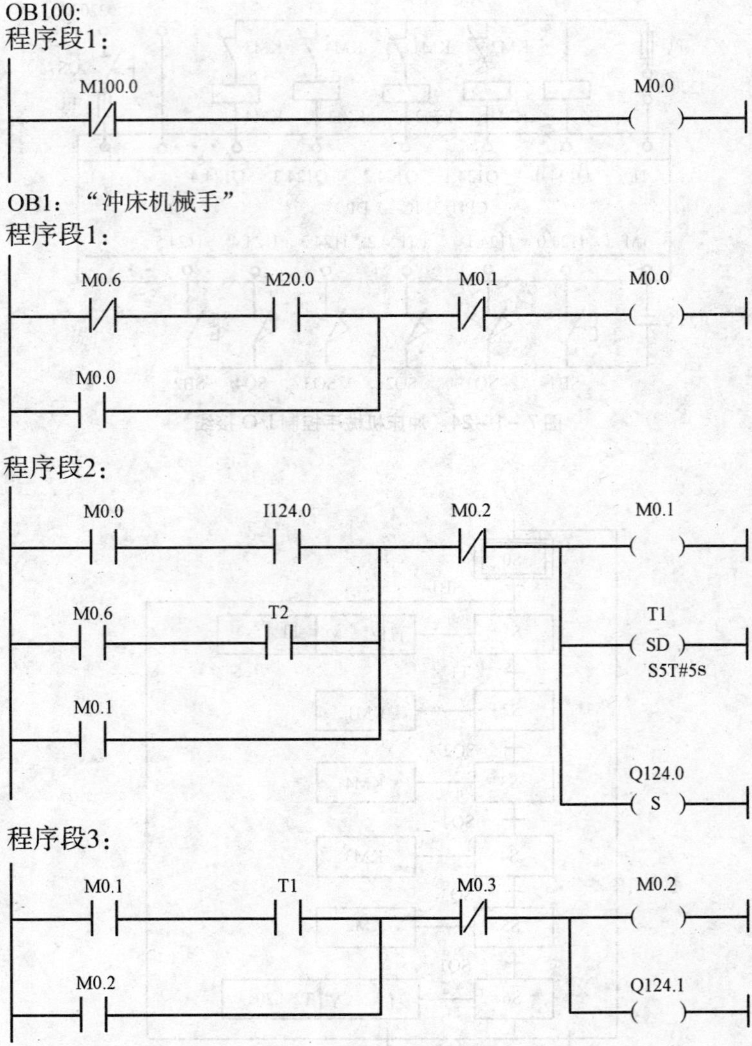

图 7 -1 -26 冲床机械手控制梯形图程序 A

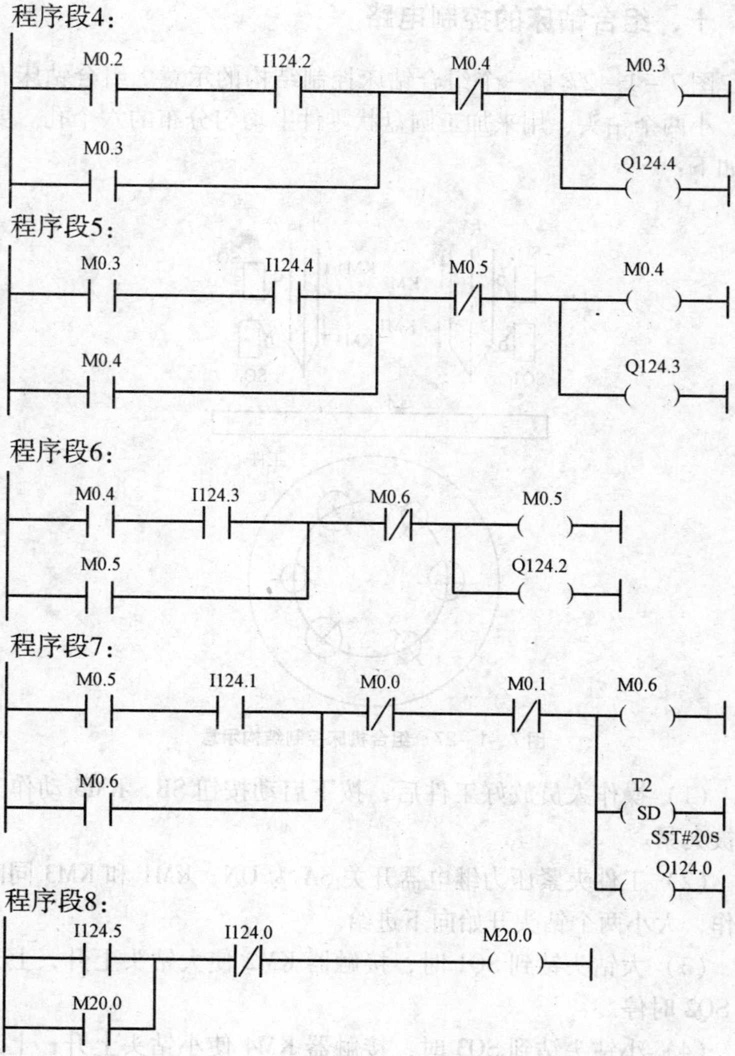

图 7－1－26　冲床机械手控制梯形图程序

十、组合钻床的控制电路

图 7－1－27 是一个组合钻床控制结构的示意。组合钻床有大、小两个钻头，用来加工圆盘状零件上均匀分布的六个孔。要求如下：

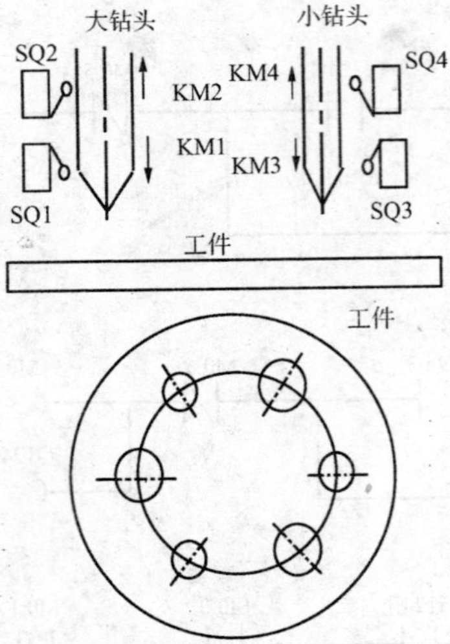

图 7－1－27 组合机床控制结构示意

（1）操作人员放好工件后，按下启动按钮 SB，KM5 动作工件被夹紧。

（2）工件夹紧压力继电器开关 SA 为 ON，KM1 和 KM3 同时动作，大小两个钻头开始向下进给。

（3）大钻头钻到 SQ1 时，接触器 KM2 使大钻头上升，上升到 SQ2 时停。

（4）小钻头钻到 SQ3 时，接触器 KM4 使小钻头上升，上升到 SQ4 时停。

（5）两个钻头都上升到位后，KM7 使工件旋转 120°（SQ5 动作），旋转到位后开始钻第二对孔。

（6）第二对孔钻完后，钻第三对孔。

（7）六个孔钻完后，KM6 使工件松开，松开到位 SQ6 后，系统返回初始状态。

用西门子 S7—300PLC 实现组合钻床的控制电路如图 7－1－28 所示，大钻头和小钻头的上下、工件夹紧松开分别实现硬件互锁。

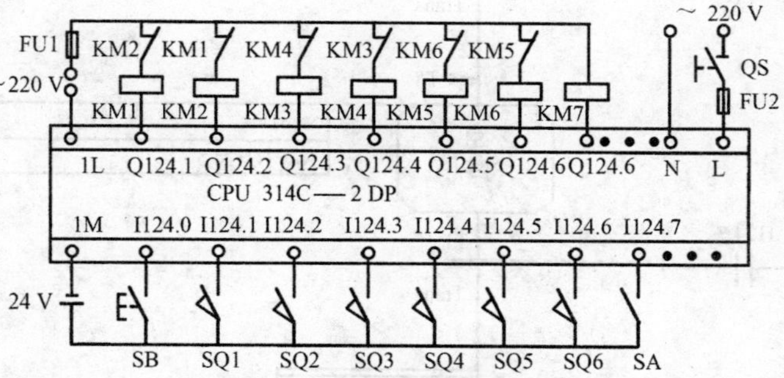

图 7－1－28　组合钻床控制 I/O 接线

组合钻床控制的顺序功能如图 7－1－29 所示。

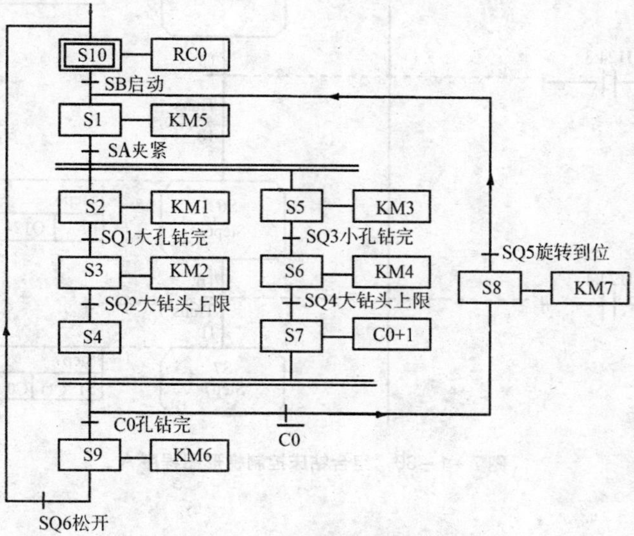

图 7－1－29　组合钻床顺序功能

根据顺序功能编写 S7GRAPH 程序，如图 7－1－30 所示。

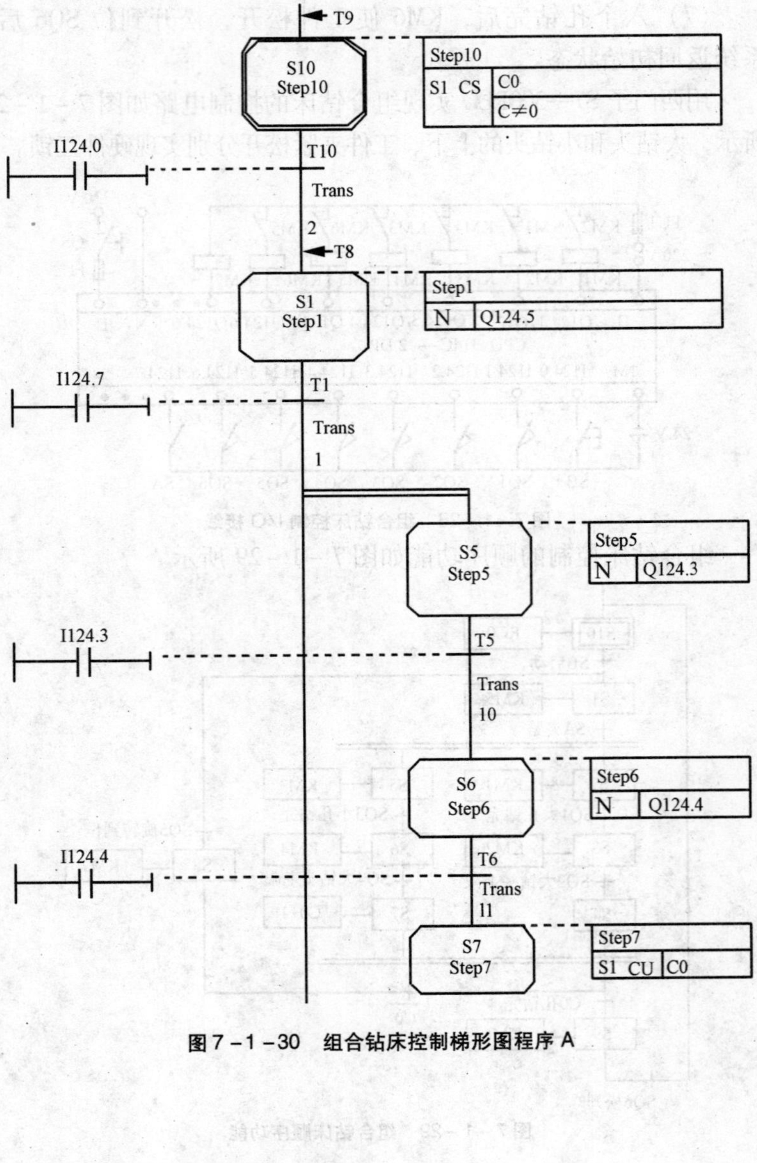

图 7－1－30　组合钻床控制梯形图程序 A

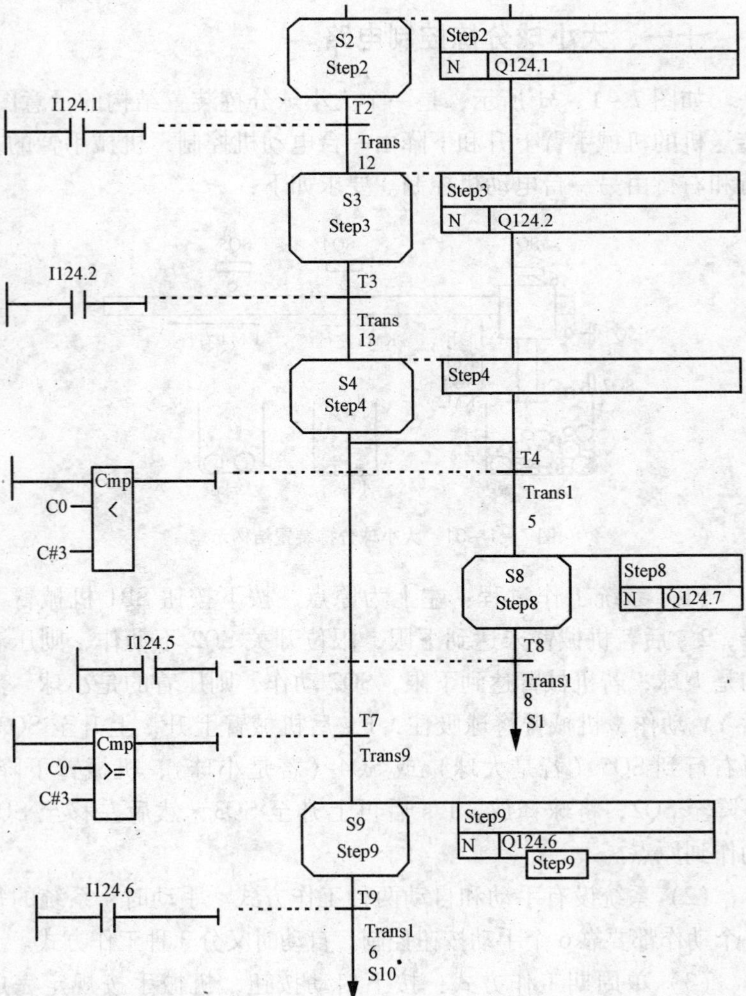

OB1:“组合机床”

程序段1:

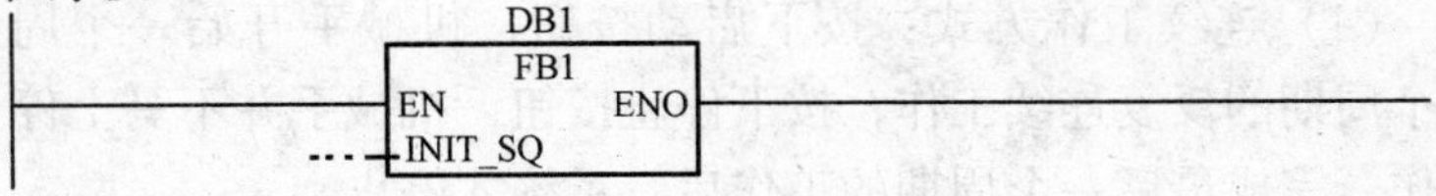

图 7`-1-30　组合钻床控制梯形图程序

十一、大小球分拣控制电路

如图 7－1－31 所示，是一个大小球分拣装置结构的示意图。传送机的机械手臂上升和下降由一台电动机控制，机械手臂的左行和右行由另一台电动机控制。要求如下：

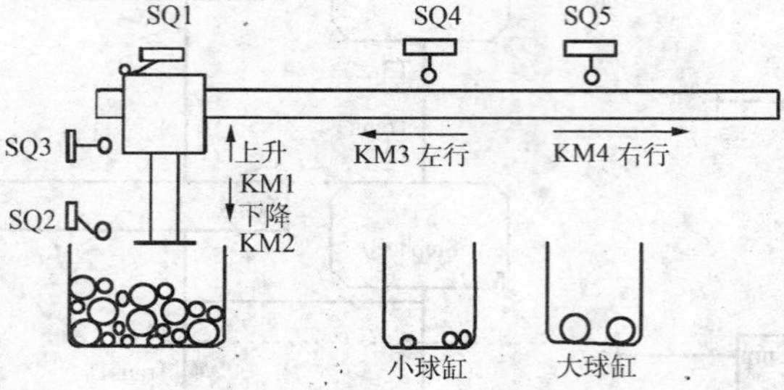

图 7－1－31　大小球分拣装置结构示意

（1）系统工作过程：左上为原点，按下按钮 SB1 机械臂下降，2 s 后若机械臂未达到下限，限位开关 SQ2 不动作，则压着的是大球；若机械臂达到下限，SQ2 动作，则压着的是小球。然后 YV 动作，机械臂将球吸住，1 s 后机械臂上升，上升至 SQ3，再右行到 SQ5（若是大球）或 SQ4（若是小球），机械臂下降，下降至 SQ2，将球释放，1 s 后再上升至 SQ3，然后左移至 SQ1 动作到原点。

（2）系统设有手动和自动两种工作方式。手动时，系统的每一个动作都要靠 6 个手动按钮控制。自动时又分 3 种工作方式。

（3）单周期工作方式：按下启动按钮，机械手按规定完成一个周期的工作。

（4）连续工作方式：按下启动按钮，机械手开始一个周期一个周期的反复连续工作，按下停止按钮，机械手并不马上停止工作，完成最后一个周期的工作后，系统才停止。

（5）单步工作方式：从初始步开始，按下启动按钮，系统转换

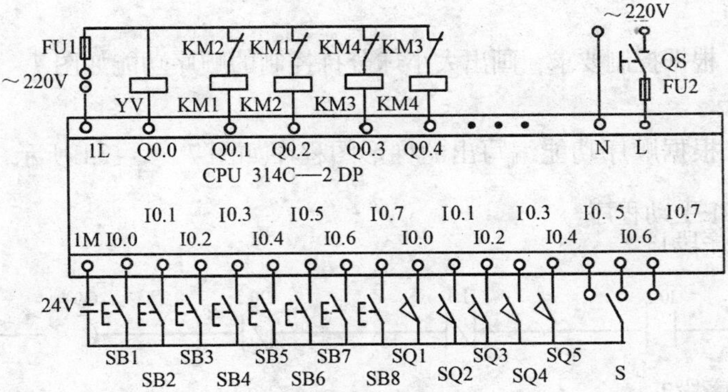

图 7－1－32　大小球分拣控制 I/O 接线

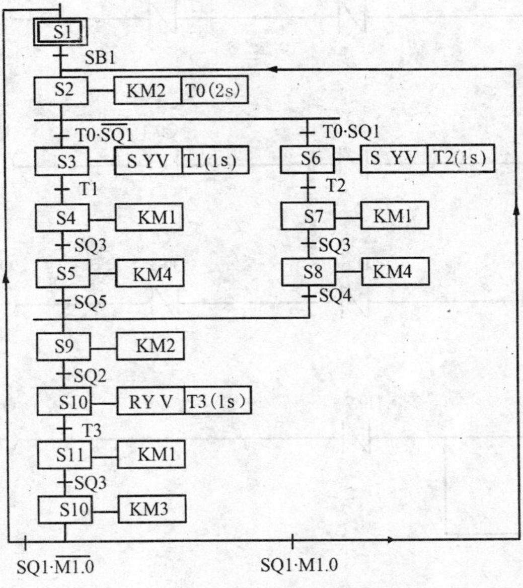

图 7－1－33　大小球分拣顺序功能

到下一步，完成该步的任务后，自动停止工作并停留在该步，再按一下启动按钮，才转换到下一步。

用西门子 S7—300PLC 实现大小球分拣控制的输入/输出接线，如图 7－1－32 所示，机械手实现上升下降和左右运行分别实现硬件互锁。

根据控制要求，画出大小球分拣控制的顺序功能如图 7－1－33 所示。

根据顺序功能编写出的梯形图程序如图 7－1－34 所示。

FC1:手动程序

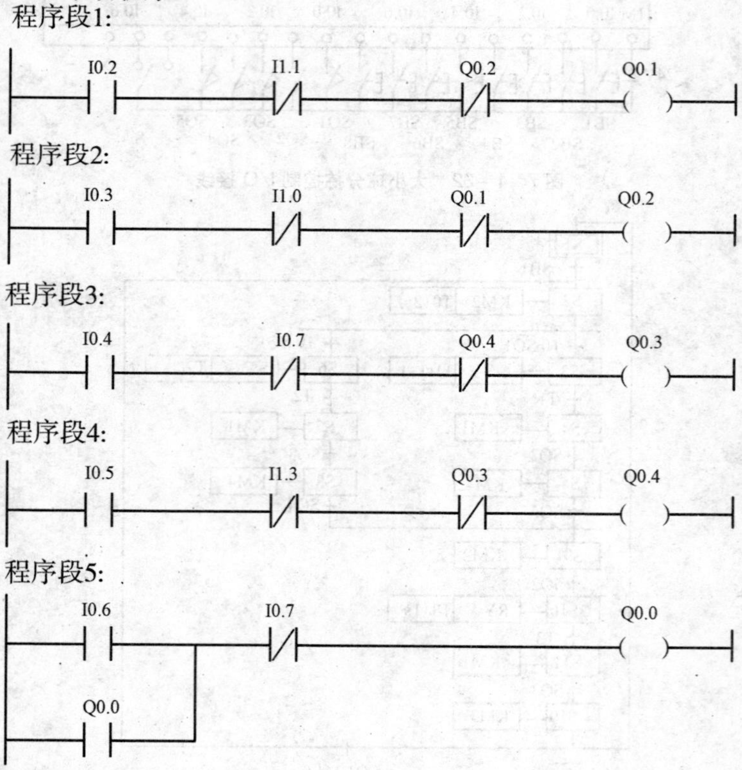

图 7－1－34 大小球分拣控制梯形图程序 A

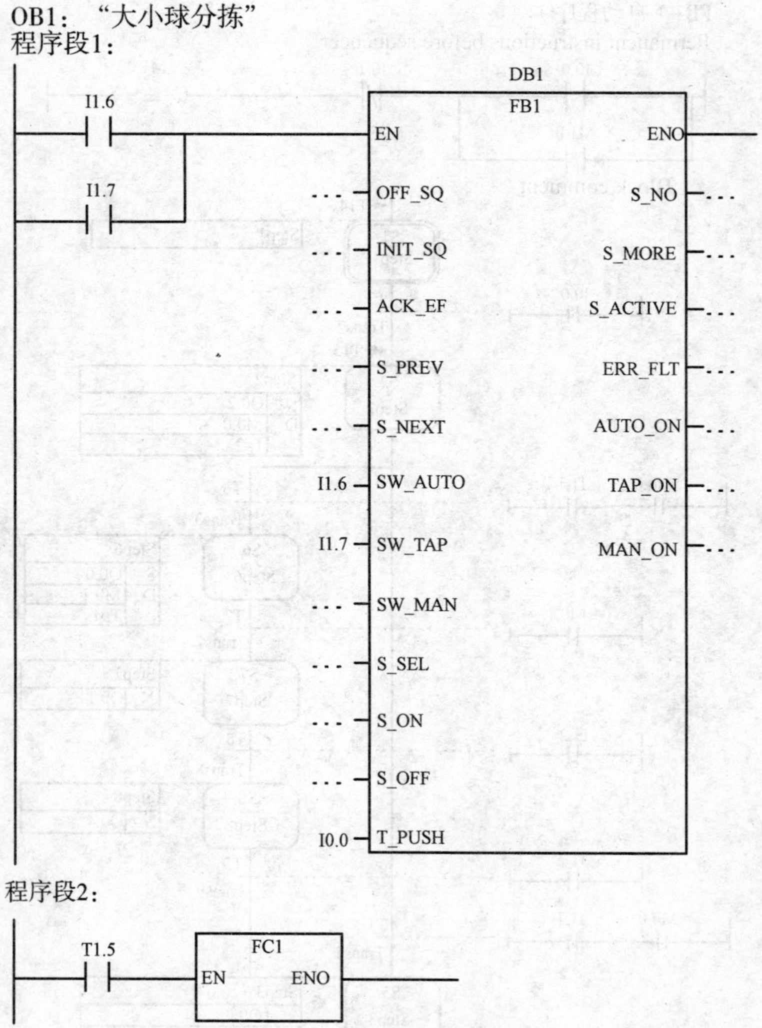

图 7－1－34　大小球分拣控制梯形图程序 B

FB1（自动程序）:

Permanent instructions before sequencer

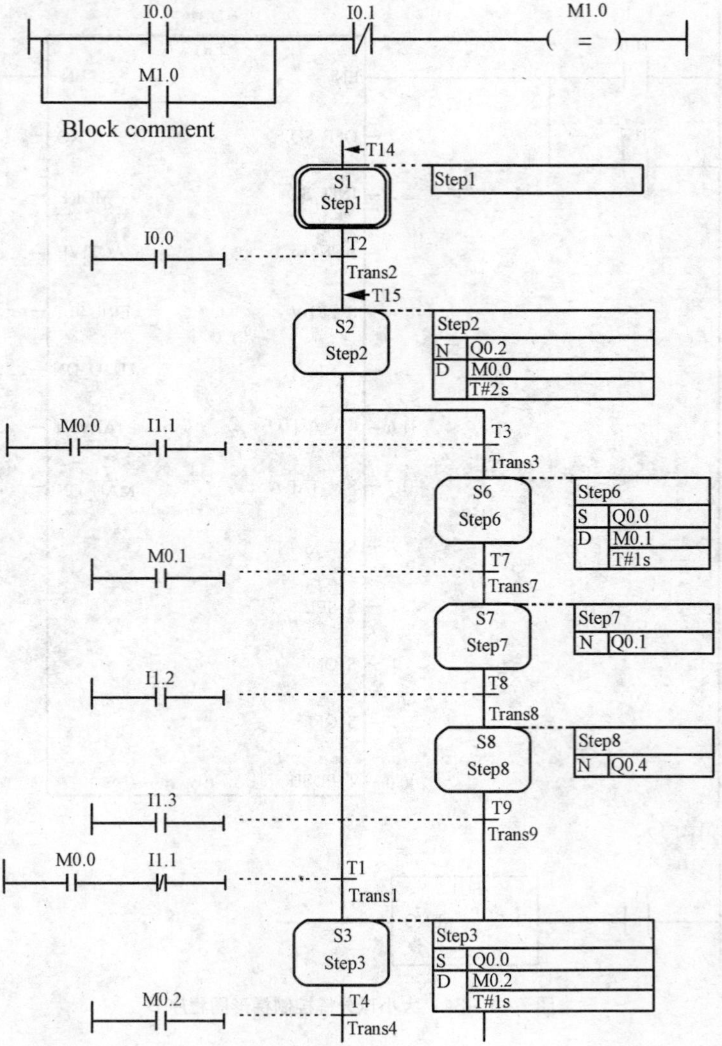

图7－1－34　大小球分拣控制梯形图程序C

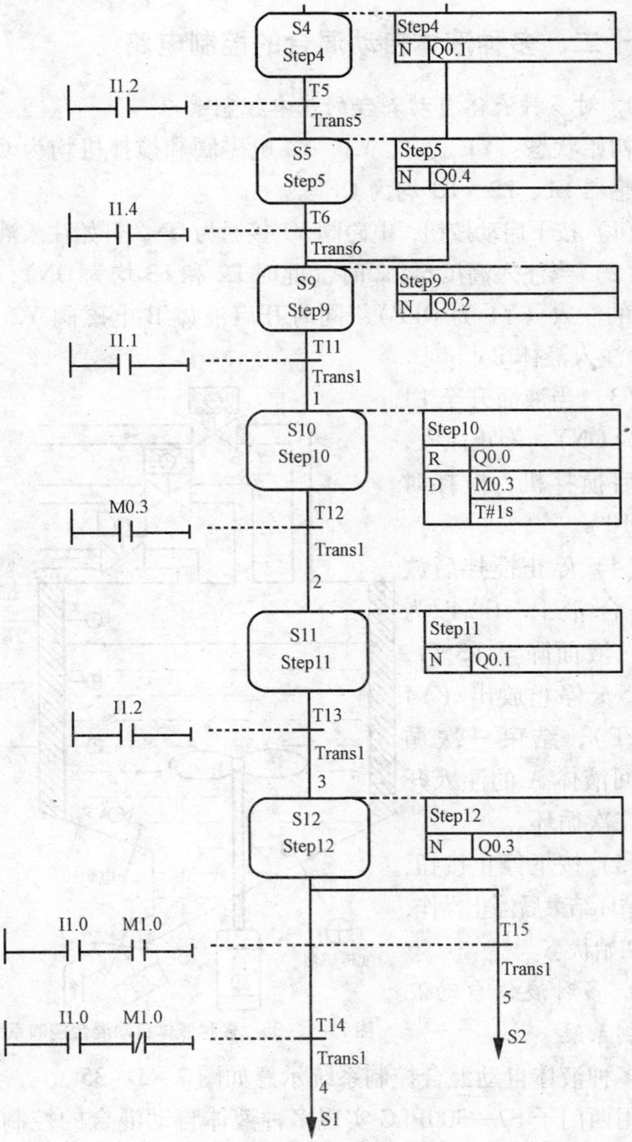

图 7－1－34 大小球分拣控制梯形图程序

十二、多种液体自动混合的控制电路

1. 对多种液体自动混合的基本控制要求

初始状态：Y1、Y2、Y3、Y4 电磁阀和搅拌机均为 OFF，液面传感器 L1、L2、L3 均为 OFF。

(1) 按下启动按钮，电磁阀 Y1 接通为 ON，开始注入液体 A。

(2) 当注入高度至 L2 时（此时 L2 和 L3 均为 ON），停止液体 A 的注入（Y1 为 OFF），同时开启液体 B 电磁阀 Y2（Y2 为 ON）注入液体 B。

(3) 当液面升至 L1（L1 为 ON），停止注入，并开启搅拌机，搅拌时间为 10 s。

(4) 停止搅拌后放出混合液体（Y4 为 ON），液面降至 L3 后，再经 5 s 停止放出（Y4 为 OFF），结束一次循环返回液体 A 的注入开始第二次循环。

(5) 按下停止按钮，当前循环结束后停止操作，回到初始状态。

2. 多种液体自动混合控制系统

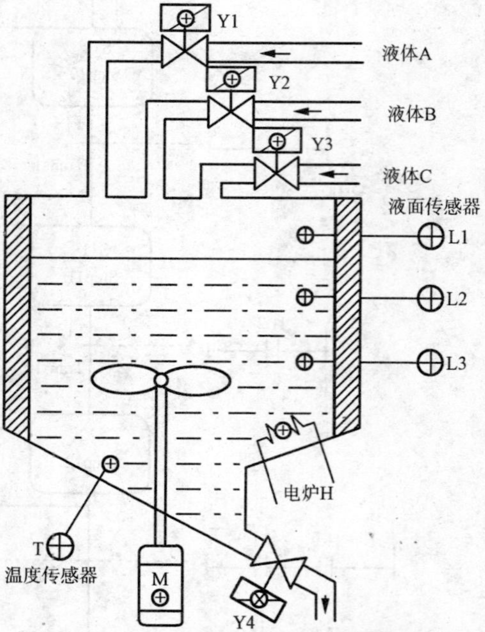

图 7-1-35 多种液体自动混合控制系统示意

多种液体自动混合控制系统示意如图 7-1-35。

用西门子 S7—300PLC 实现多种液体自动混合的控制电路如图 7-1-36 所示。

按照上述要求编制出的梯形图如图 7-1-37 所示。

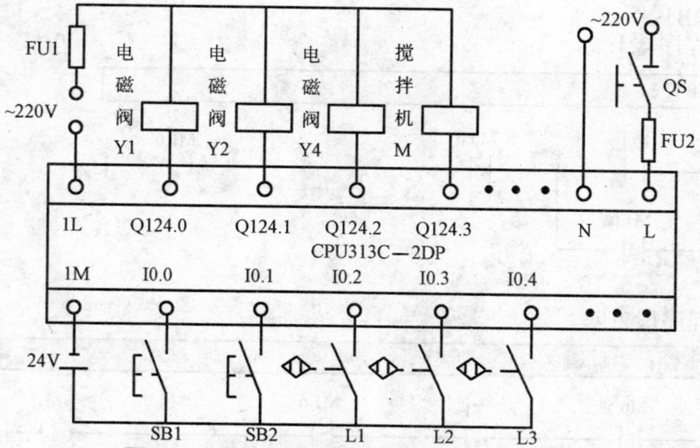

图 7－1－36　多种液体自动混合 PLC 控制电路

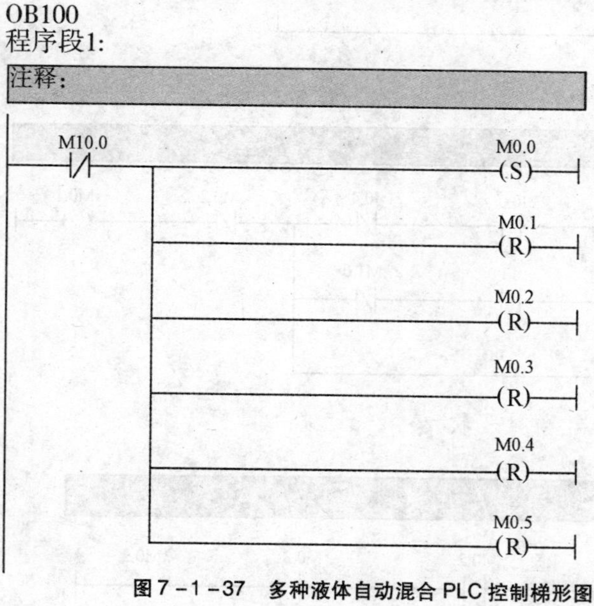

图 7－1－37　多种液体自动混合 PLC 控制梯形图 A

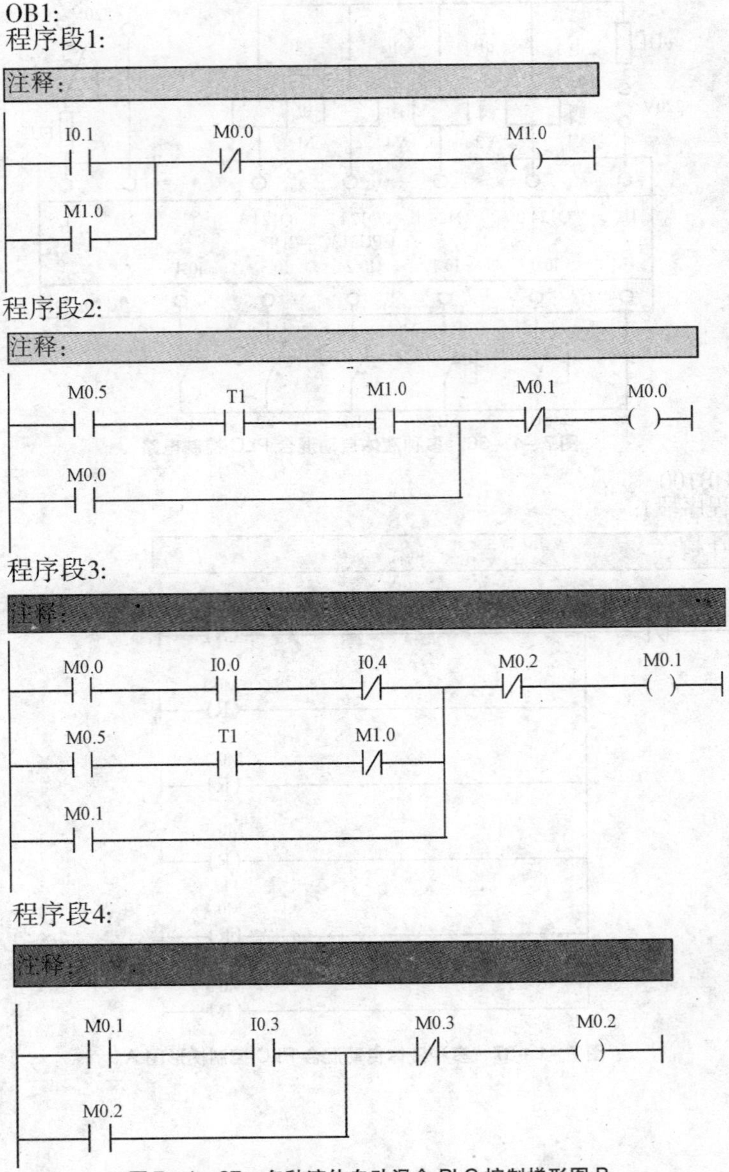

图7－1－37　多种液体自动混合 PLC 控制梯形图 B

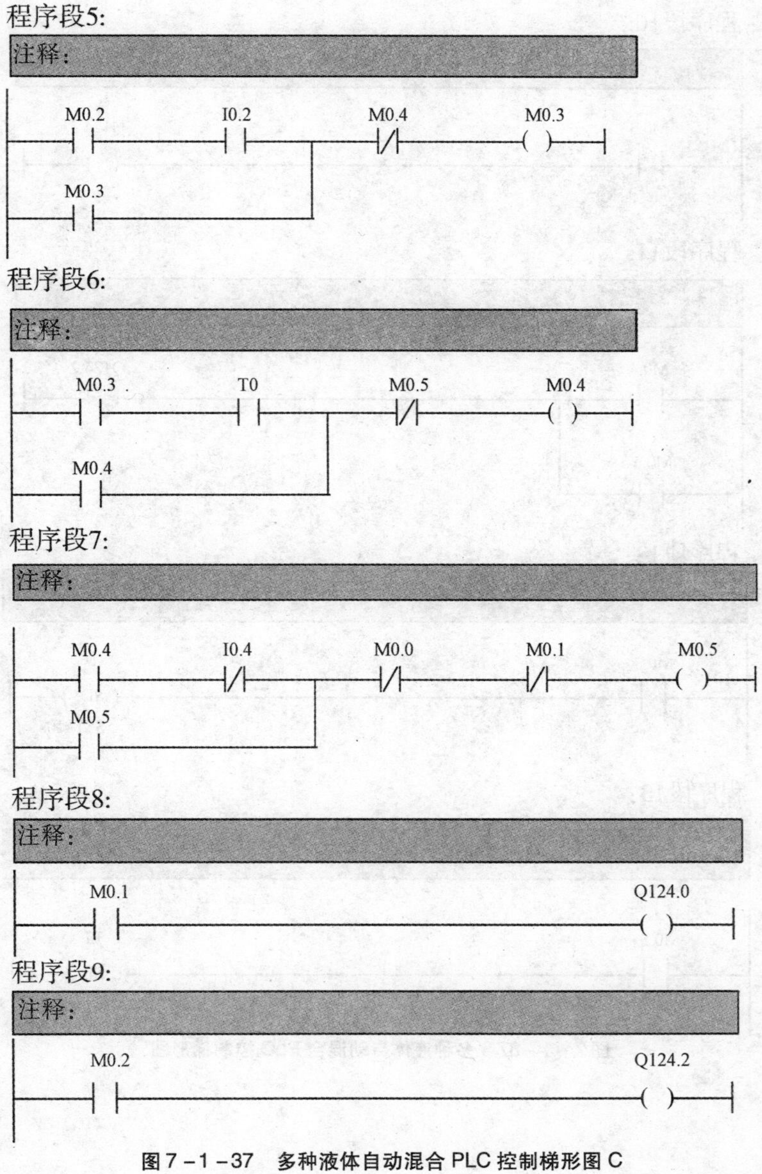

图 7－1－37　多种液体自动混合 PLC 控制梯形图 C

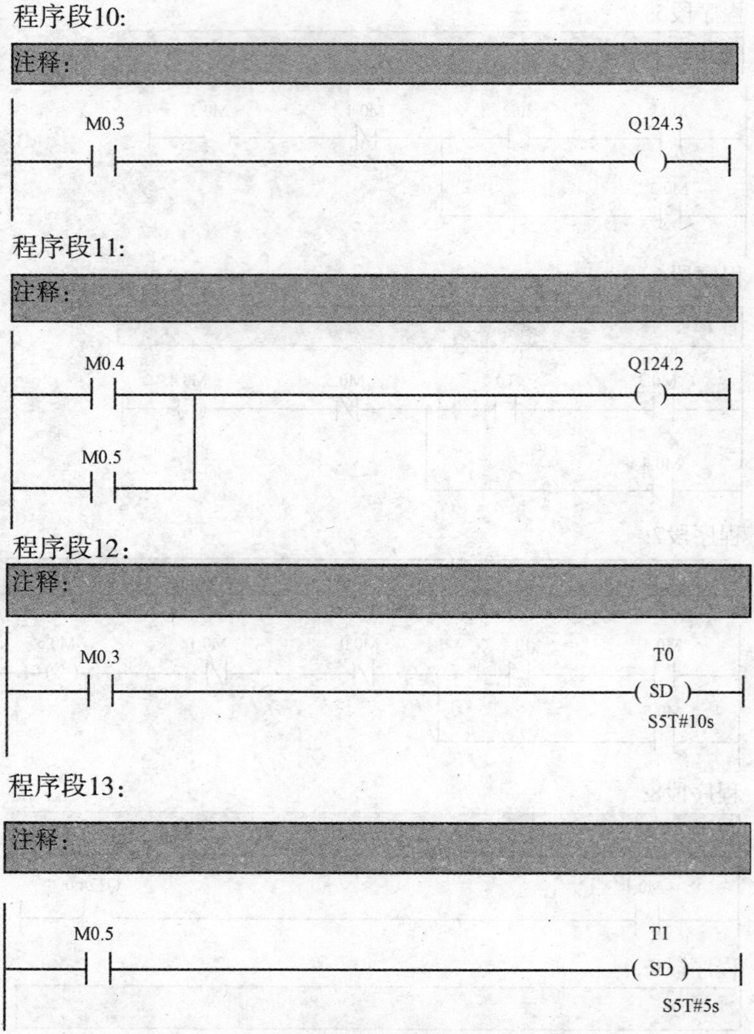

图 7－1－37　多种液体自动混合 PLC 控制梯形图

第二节　变频器应用电路

一、正反转电路

电路的连接是：输入端子 L、N 接单相电源，输出端子 U、V、W 接电动机。输入、输出端子的控制电路如图 7－2－1 所示。

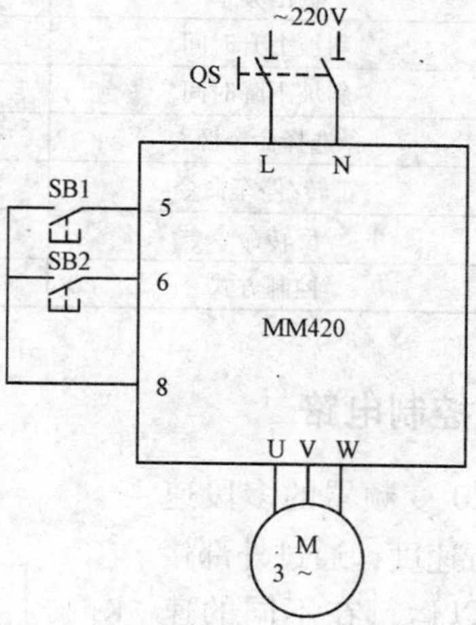

图 7－2－1　正反转电路输入、输出端子的控制电路

正反转控制参数设定见表 7－2－1。

表 7－2－1　正反转控制参数设定

参数代码	功能	设定数据
P0010	工厂设置	30
P0970	参数复位	1
P0010	快速调试	1
P0100	功率以千瓦（kW）表示	0
P0304	电动机额定电压	230 V

继表

参数代码	功能	设定数据
P0305	电动机额定电流	1 A
P0307	电动机额定功率	1.1
P0310	电动机额定频率	50 Hz
P3900	结束快速调试	1
P0003	扩展访问级	2
P1000	频率设定选择 BOP	1
P1040	输出频率	50 Hz
P1120	斜坡上升时间	10 s
P1121	斜坡下降时间	10 s
P0700	选择命令源	2
P0701	正转/停车命令	1
P0702	反转命令	12
P1300	控制方式	0

二、多段速控制电路

西门子 MM420 变频器的多段速运行共有 8 种运行速度，通过外部接线端子的控制可以运行在不同的速度上，特别是与可编程控制器联合起来控制更方便，在需要经常改变速度的生产工艺和机械设备中得到广泛应用。

主电路的连接：输入端子 L、N 接单相电源，输出端子 U、V、W 接电动机。外端子控制回路的连接如图 7－2－2 所示。

设定相关参数见表 7－2－2。

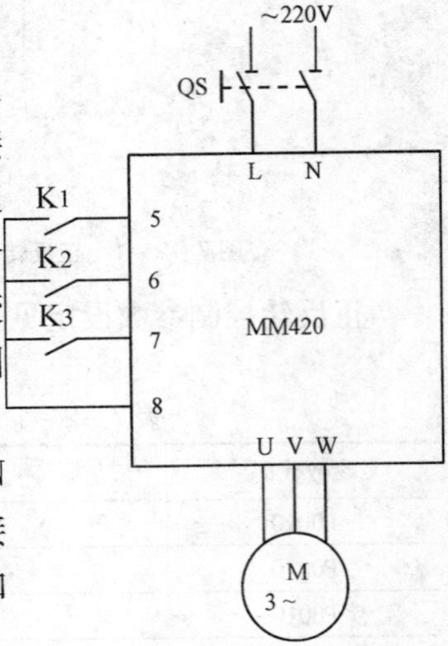

图 7－2－2 多段速控制电路外端子控制回路

表7-2-2 多段速控制参数设定

参数代码	功能	设定数据
P0010	工厂设置	30
P0970	参数复位	1
P0010	快速调试	1
P0100	功率以千瓦（kW）表示	0
P0304	电动机额定电压	230 V
P0305	电动机额定电流	1 A
P0307	电动机额定功率	1.1
P0310	电动机额定频率	20 Hz
P3900	结束快速调试	1
P0003	扩展访问级	2
P1000	频率设定选择 BOP	3
P1040	输出频率	0 Hz
P1120	斜坡上升时间	10 s
P1121	斜坡下降时间	10 s
P0700	选择命令源	2
P0701	设定数字输入端1的功能	17
P0702	设定数字输入端2的功能	17
P0703	设定数字输入端3的功能	17
P1001	设定固定频率1	15 Hz
P1002	设定固定频率2	30 Hz
P1003	设定固定频率3	50 Hz
P1004	设定固定频率4	20 Hz
P1005	设定固定频率5	-25 Hz
P1006	设定固定频率6	-45 Hz
P1007	设定固定频率7	-10 Hz
P1300	控制方式	0

三、恒压供水电路

恒压供水系统主电路如图7-2-3所示。通常采用PLC和变频器进行控制。

（1）当用水量较小时，KM1得电闭合，启动变频器；KM2得电闭合，水泵电动机M1投入变频运行。

（2）随着用水量的增加，当变频器的运行频率达到上限值时，KM2 失电断开，KM3 得电闭合，水泵电动机 M1 投入工频运行；KM4 得电闭合，水泵电动机 M2 投入变频运行。

（3）在电动机 M2 变频运行 5 s 后，当变频器的运行频率达到上限值时，KM4 失电断开，KM5 得电闭合，水泵电动机 M2 投入工频运行；KM6 得电闭合，水泵电动机 M3 投入变频运行。电动机 M1 继续工频运行。

（4）随着用水量的减小，在电动机 M3 变频运行时，当变频器的运行频率达到下限值时，KM6 失电断开，电动机 M3 停止运行；延时 5 s 后，KM5 失电断开，KM4 得电闭合，水泵电动机 M2 投入变频运行，电动机 M1 继续工频运行。

（5）在电动机 M2 变频运行时，当变频器的运行频率达到下限值时，KM4 失电断开，电动机 M2 停止运行；延时 5 s 后，KM3 失电断开，KM2 得电闭合，水泵电动机 M1 投入变频运行。

（6）压力传感器将管网的压力变为 4 mA 的电信号，经模拟量模块输入 PLC，PLC 根据设定值与检测值进行 PID 运算，输出控制信号经模拟量模块至变频器，调节水泵电动机的供电电压和频率。、

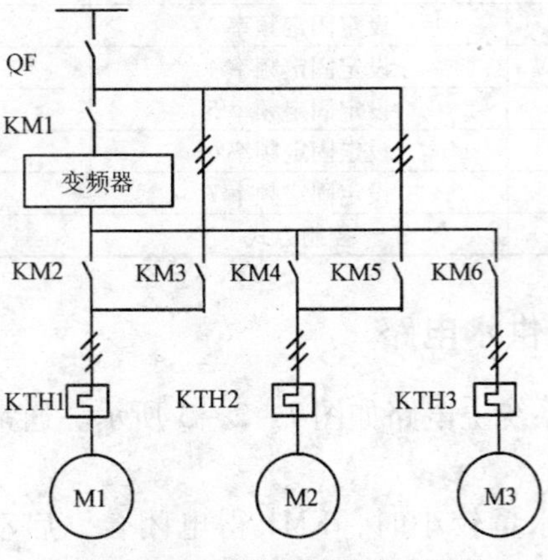

图 7－2－3　恒压供水主电路原理

用西门子 S7—300PLC 和变频器实现恒压控制的电路如图7－2－4 所示。

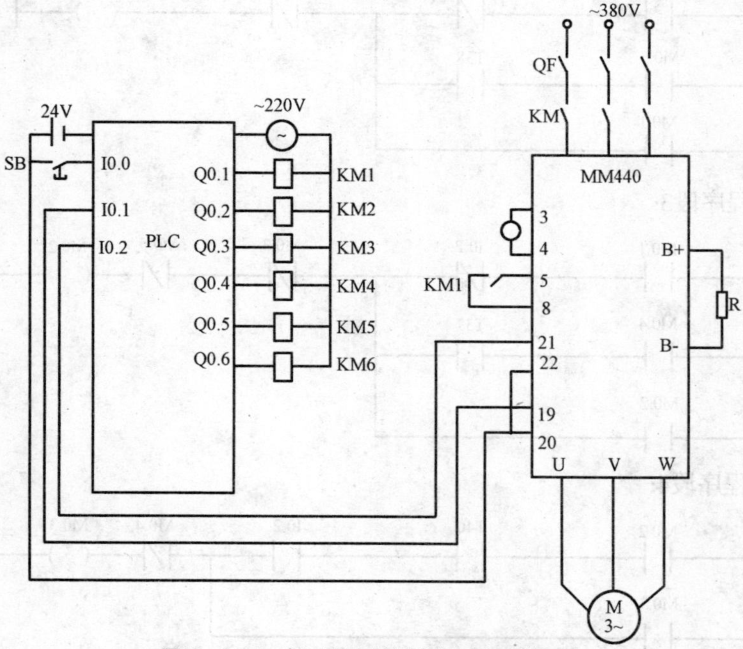

图 7－2－4 恒压供水控制变频调速系统原理

编写的梯形图程序如图 7－2－5 所示。

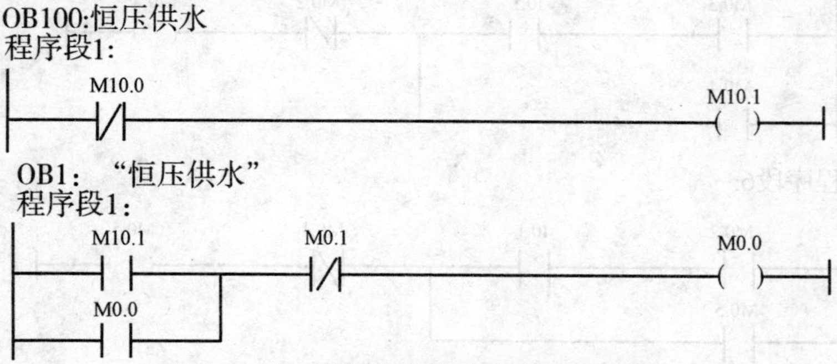

图 7－2－5 恒压供水控制系统 PLC 参考程序 A

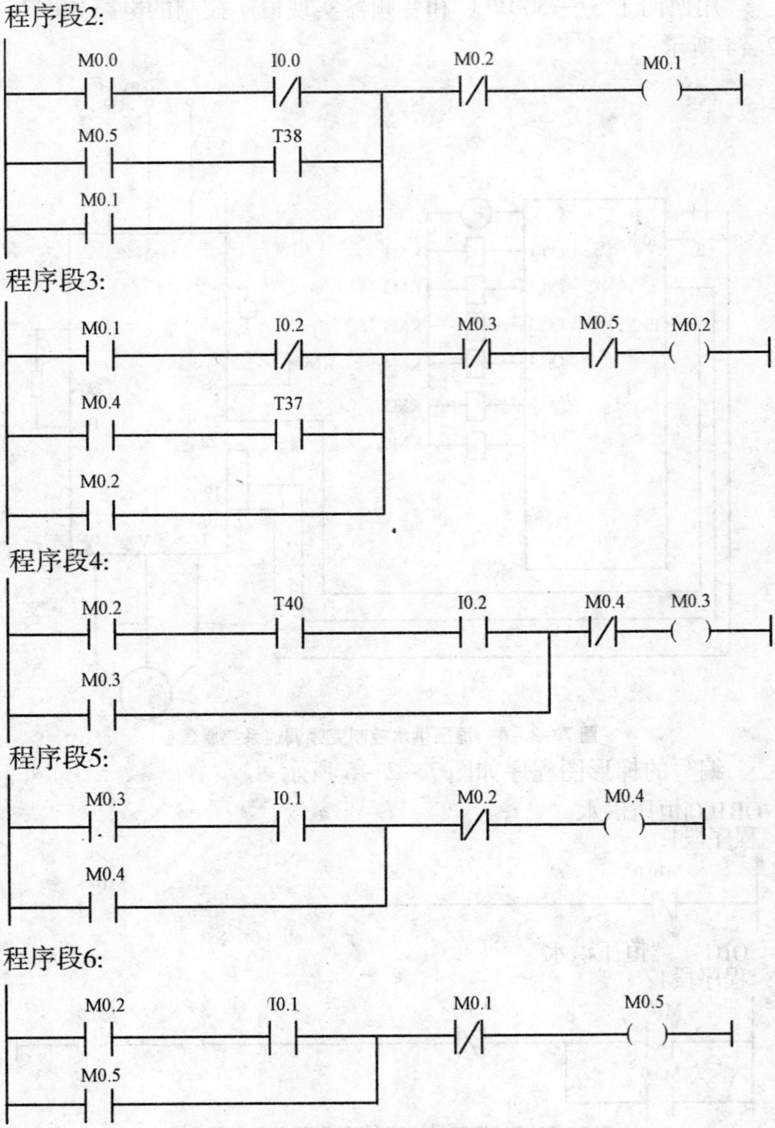

图 7-2-5 恒压供水控制系统 PLC 参考程序 B

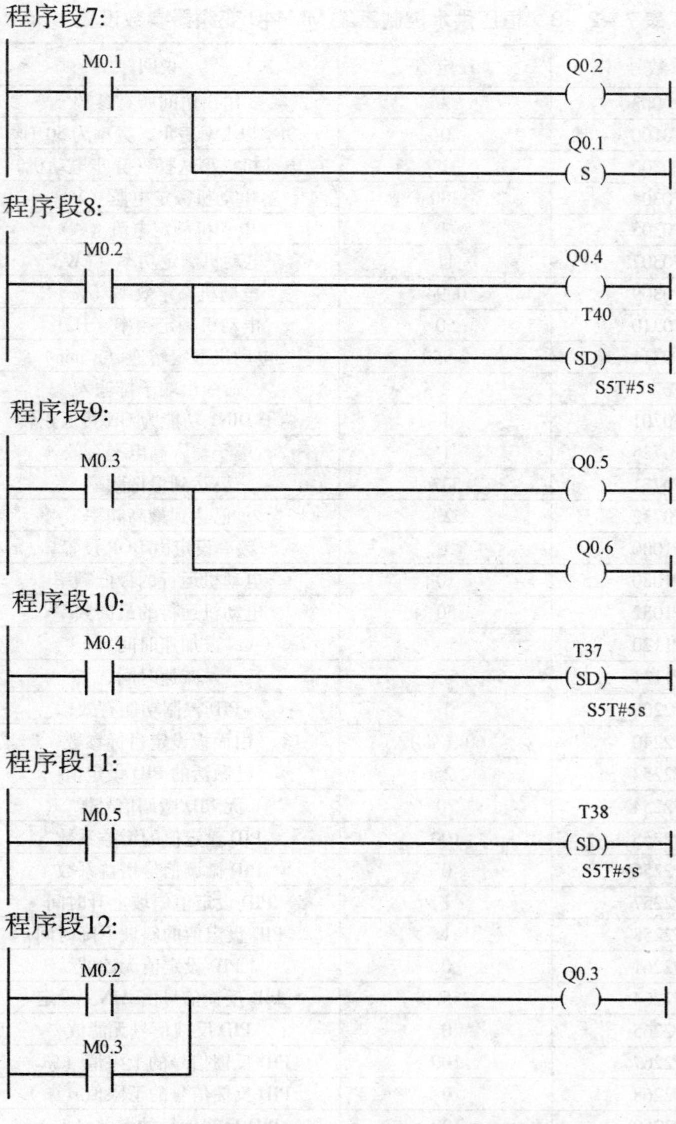

图 7－2－5　恒压供水控制系统 PLC 参考程序

恒压供水控制系统变频器参数设置见表7－2－3 所示。

表7-2-3 恒压供水控制系统MM440变频器参数设置

参数号	设定值	说明
P0003	3	用户访问所有参数
P0100	0	功率以kW表示，频率为50 Hz
P0300	1	电动机类型选择（异步电动机）
P0304	380	电动机额定电压（V）
P0305	3	电动机额定电流（A）
P0307	11	电动机额定功率（kW）
P0309	0.94	电动机额定效率（%）
P0310	50	电动机额定频率（Hz）
P0311	2 950	电动机额定转速（r/min）
P0700	2	命令由端子排输入
P0701	1	端子DIN1功能为ON接通正转
P0725	1	端子输入高电平有效
P0731	532	已达到最低频率
P0732	52A	已达到最高频率
P1000	1	频率设定由BOP设置
P1080	10	电动机运行的最低频率
P1082	50	电动机运行的最高频率
P1120	5 s	加速时间
P1121	5 s	减速时间
P2200	1	PID控制功能有效
P2240	60（%）	由面板设定目标参数
P2253	2 250	已激活的PID设定值
P2254	70	无PID微调信号源
P2255	100	PID设定值的增益系数
P2256	0	PID微调信号增益系数
P2257	1	PID设定值斜坡上升时间
P2258	1	PID设定值的斜坡下降时间
P2261	0	PID设定值无滤波
P2264	755.0	PID反馈信号由AIN+设定
P2265	0	PID反馈信号无滤波
P2267	100	PID反馈信号的上限值（%）
P2268	0	PID反馈信号的下限值（%）
P2269	100	PID反馈信号的增益（%）
P2270	0	不用PID反馈器的数学模型
P2271	0	PID传感器的反馈型式为正常

续表

参数号	设定值	说明
P2280	15	PID 比例增益系数
P2285	10	PID 积分时间
P2291	100	PID 输出上限（%）
P2292	0	PID 输出下限（%）
P2293	1	PID 限幅的斜坡上升/下降时间（s）

参考文献

[1] 王建，赵金周．电气设备安装与维修．北京：机械工业出版社，2007.

[2] 李敬梅．电力拖动控制线路与技能训练．4 版．北京：中国劳动社会保障出版社，2010.

[3] 金续曾．电动机电气线路 365 例．北京：中国电力出版社，2009.

[4] 金续曾．实用电工电气线路 365 例．北京：中国电力出版社，2009.

[5] 王俊峰．电工实用电路 300 例．北京：机械工业出版社，2010.

[6] 任致程．常用电工电路精选．北京：机械工业出版社，2007.

[7] 刘法治，马孝琴．新编电工实用电路集萃．北京：机械工业出版社，2009.

[8] 孙余凯，吴鸣山，项绮明．电工实用电路集锦．北京：电子工业出版社，2008.

[9] 陈玉芝，王建．实用电工电路．沈阳：辽宁科学技术出版社，2010.